Le problème des modules pour les branches planes

Oscar Zariski

Le problème des modules pour les branches planes

Cours donné au Centre de mathématiques
de l'École Polytechnique

Nouvelle édition revue par l'auteur

Rédigé par François Kmety et Michel Merle
Avec un appendice de Bernard Teissier

Hermann, éditeurs des sciences et des arts

ISBN 2 7056 6036 4

R E M E R C I E M E N T S

Pendant les mois d'Octobre et Novembre 1973, le professeur Oscar Zariski a donné un cours au Centre de Mathématiques de l'Ecole Polytechnique sur le problème des modules pour les branches planes.

Les notes de ce cours, fortement enrichies par O. Zariski au cours de la rédaction,constituent le texte que l'on va lire. B. Teissier a ajouté un appendice.

Les rédacteurs

Table des matières

*
* *
*

Introduction

Le problème des modules, pour les courbes algébriques de genre donné g est un problème classique qui remonte à Riemann.

Ce problème, de nature globale, a déjà été résolu. On sait que l'espace des modules est un ouvert d'une variété algébrique de dimension 3g-3 (si $g > 1$). Les compactifications de cette variété ont été également étudiées.
L'article le plus récent sur ce sujet est celui de P. Deligne et D. Mumford (Pub. Math. de l'I.H.E.S. No 36).

Dans ce cours, nous étudions le problème local analogue de l'espace des modules des branches d'une même classe d'équisingularité, l'équivalence birationnelle du problème global est remplacée par l'équivalence analytique. On a très peu écrit sur ce problème : citons deux articles :

1) S. Ebey, The classification of singular points of algebraic curves, Trans. of the AMS (1965) ;
2) K. Wollfardt, Variation of complex structure in a point, Amer. J. of Math. (1968).

Le problème de la description complète de l'espace des modules M d'une classe d'équisingularité donnée est entièrement ouvert et les quelques exemples du chapitre V montrent que M a une structure trop complexe pour espérer répondre totalement à la question.

La question, pourtant plus restrictive, de la détermination de la dimension de la "composante générique" de M n'est pas résolue. Nous donnons cependant quelques résultats partiels pour la caractéristique (n,m) où n et m sont premiers entre eux*.

Le chapitre VI est entièrement consacré à ce cas particulier et nous y traitons seulement de la "composante générique". Nous déterminons la dimension q de cette composante lorsque $m = n+1$. Nous avons pu également trouver q dans le cas où $m \equiv 1 \pmod n$ mais nous donnons la formule sans démonstration.

Au chapitre V nous donnons une description complète de l'espace des modules pour les caractéristiques $(n,m) \in \{(2,m),(3,m),(4,5),(5,6),(6,7)\}$. Dans le cas (6,7), le plus intéressant, on observe plusieurs des particularités que peut présenter l'espace des modules.

Au chapitre IV, nous montrons que M est quasi-compact (M est toujours non séparé, sauf s'il est réduit à un point) seulement si la caractéristique est (n,m) (m et n premiers entre eux) ou (4,6,2s+1).

Dans les chapitres I, II, III, nous traitons de la structure d'une branche singulière et des principaux invariants numériques d'une classe d'équisingularité (l'exposant du conducteur c, la caractéristique de la classe, le semi-groupe Γ des entiers positifs associés à la classe, etc...). La plupart de ces notions sont classiques et bien connues, mais il était essentiel pour nous et utile -croyons-nous- pour de jeunes lecteurs de les rassembler ici.

Nous espérons que ce cours stimulera de nouveaux travaux sur le sujet. Un des problèmes que nous recommandons au lecteur est celui-ci de l'identification de l'espace des modules avec un constructible d'une variété V.

Rappelons qu'un constructible C d'une variété V est une union finie d'ensembles de la forme $C_i - D_i$ où C_i est une sous-variété irréductible de V, et D_i une sous-variété stricte de C_i. Nous avons la caractéri- suivante (non publiée) de la structure d'un ensemble constructible :

---

* voir à ce sujet l'article de Ch. Delorme, exposé au Groupe d'étude des singularités 1974-75. Publ. du Département de Mathématiques, Université Paris-Sud Orsay.

Il existe une et une seule décomposition

$$C = (C_1 - D_1) \cup (C_2 - D_2) \cup \dots \cup (C_k - D_k)$$

d'un ensemble constructible, satisfaisant les conditions suivantes :

a) La décomposition n'est pas redondante (i.e. aucun des termes $C_i - D_i$ ne peut être omis).

b) Les sous-variétés C_i sont irréductibles et distinctes.

c) Les D_i sont minimaux : plus précisément si $D'_1, D'_2, \dots, D'_h$ sont des sous-variétés strictes $C_1 C_2 \dots C_h$ telles que $\forall\, i \in \{1,2,\dots,h\}$, $D'_i \subset D_i$ et vérifiant

$$C = (C_1 - D'_1) \cup \dots \cup (C_k - D'_k) \quad \text{alors } D'_i = D_i \quad \forall\, i \in \{1,2,\dots,h\} \ .$$

e) Si $C_i \supset C_j$ alors $D_i \supset C_j$.

Les h variétés C_i sont appelées les composantes irréductibles de C, C_i est appelée une composante immergée s'il existe C_j tel que $C_i \subset C_j$.
Soit C' un autre ensemble constructible et soit

$$C' = (C'_1 - D'_1) \cup \dots \cup (C'_{k'} - D'_{k'})$$

sa décomposition satisfaisant les conditions a, b, c, d, e. Nous disons que C et C' sont isomorphes si les conditions suivantes sont satisfaites

1. $h = h'$.
2. Pour un ordre convenable des composantes irréductibles nous avons $C_i \subset C_j$ si et seulement si $C'_i \subset C'_j$.
3. Il existe un isomorphisme $\varphi : \bigcup_{i=1}^{h} C_i \to \bigcup_{i=1}^{h} C'_i$ tel que $\varphi(C_i) = C'_i$ et $\varphi(D_i) = D'_i$ pour tous les indices $i \in \{1,2,\dots,h\}$.

Ce résultat et la définition ci-dessus donnent un sens précis à notre question concernant l'isomorphisme entre M et un constructible donné. Puisque la topologie de M n'est pas la topologie d'un constructible (que ce soit la topologie forte ou la topologie de Zariski), la réponse à la question n'est possible qu'à la condition qu'on mette une topologie convenable sur l'ensemble constructible.

* * *

Chapitre I:
Préliminaires

1. Classe d'équisingularité d'une branche. Espace des modules.

Définition 1.1 : Soit f un élément de l'anneau $\mathbb{C}[[X,Y]]$ des séries formelles de deux variables à coefficients complexes. f sera toujours supposé avoir les deux propriétés suivantes :

a) f définit une série convergente dans un voisinage de l'origine de $\mathbb{C}^2$

b) f est irréductible dans $\mathbb{C}[[X,Y]]$.

L'équation $f(X,Y) = 0$ définit alors une branche analytique (un germe de courbe analytique irréductible) complexe C.

Ces branches vont jouer le rôle des courbes globales considérées par Riemann.

Nous devons définir maintenant le type topologique d'une branche. On peut tout de suite remarquer que n'importe quelle branche C est homéomorphe à $(\mathbb{C},0)$ (germe à l'origine de la droite complexe), si l'on munit C, dans un voisinage de l'origine, de la topologie induite par celle de $\mathbb{C}^2$.

Cet homéomorphisme peut être obtenu en paramétrant la branche ; pour le cusp ($y^2 = x^3$) par exemple : on a un homéomorphisme donné par $t \mapsto (t^2,t^3)$.

On n'obtient pas en regardant de tels homéomorphismes une définition raisonnable du type topologique. (On veut que le type topologique du cusp soit différent de celui d'une courbe lisse). Il est donc nécessaire d'introduire une relation d'équivalence plus stricte :

Définition 1.2 : Deux branches analytiques C et D ont le même type topologique, (on écrira $C \equiv D$), si et seulement si C et D sont topologiquement équivalentes en tant que surfaces plongées dans $\mathbb{C}^2$ (ou $\mathbb{R}^4$), c'est-à-dire s'il existe un homéomorphisme

$$T : U \to U' \quad ,$$

U et U' voisinages ouverts de l'origine dans $\mathbb{C}^2$, tels que :

a) C est définie dans U

D est définie dans U'

(cela a un sens car une branche est définie par une série qui converge dans un voisinage de l'origine) et

b) $T(C \cap U) = D \cap U'$.

On note L(C) l'ensemble des branches D telles que : $D \equiv C$. Si D et C ont même type topologique, on dit aussi que les deux branches sont équisingulières : L(C) s'appelle la classe d'équisingularité de C, et c'est dans cet ensemble que nous allons nous placer maintenant.

A l'instar du problème de Riemann nous introduisons dans L(C) une relation d'équivalence (plus fine que la première), qui est la relation d'isomorphisme analytique.

Définition 1.3 : On dira que C et D sont analytiquement équivalentes ($C \cong D$) s'il existe un isomorphisme analytique $T : U \to U'$ tel que :

C est définie dans U, D est définie dans U'

$T(C \cap U) = D \cap U'$.

L'espace des modules d'une classe d'équisingularité L, est l'espace quotient de L par cette dernière relation d'équivalence. Nous verrons que cet espace peut être muni d'une topologie (non séparée en général) ; mais on ne peut pas le munir d'une structure d'ensemble algébrique, ni même d'une structure de schéma.

Remarque 1.4 : On pourrait considérer une situation en apparence plus générale, en travaillant sur des séries formelles, à coefficients dans un corps algébriquement clos de caractéristique zéro. L'équation d'une branche (dite algébroïde dans ce cas) est définie à un facteur unité près.

Comment définit-on l'analogue de l'équivalence topologique dans le cas algébroïde ? Zariski a introduit une notion abstraite d'équisingularité, qui, dans le cas d'une seule branche, repose essentiellement sur la notion de points infiniment voisins, due à M. Nœther. Cette notion, une fois restreinte au domaine convergent, coïncide avec la notion topologique. Nous rappelons brièvement cette définition qui fait intervenir des transformations quadratiques locales :

Soit f une équation d'une branche algébroïde de C, et $f = f_n + f_{n+1} + \dots$, $f_n \neq 0$, la décomposition de f en somme de polynômes homogènes.

L'entier n, degré de la forme initiale, ne change pas si l'on multiplie f par une unité, et n est aussi indépendant du choix des coordonnées ; c'est donc un <u>invariant</u> de la courbe. On l'appelle la <u>multiplicité</u> de C à l'origine : $n = e(C)$.

Si f est irréductible, la forme initiale f_n est une puissance d'un facteur linéaire

$$f_n = (aX + bY)^n \quad .$$

Quitte à faire un changement de coordonnées, on peut supposer : $f_n \neq c.X^n$, c'est-à-dire $b \neq I$; la transformation $X_1 = X$, $Y_1 = aX + bY$, est alors un isomorphisme analytique ; ceci nous montre que la forme initiale de f peut toujours s'écrire, avec de bonnes coordonnées :

$$f_n = Y^n \quad .$$

<u>Nous supposerons désormais $n > 1$ (i.e. C singulière)</u>.

Le théorème de préparation de Weierstrass permet alors d'écrire $f = uf^*$, où u est une unité de $\mathbb{C}[[X,Y]]$, et f^* un polynôme distingué en Y de $\mathbb{C}[[X]][Y]$. f^* est irréductible dans $\mathbb{C}[[X,Y]]$. (Zariski-Samuel, Vol. II, Corollary 2 p. 146).

Faisons la transformation quadratique de centre l'origine définie par $X = X'$; $Y = X'Y'$,

$$f(X,Y) = f(X',X'Y') = X'^n \; f'(X',Y')$$

ce qui donne pour f^* :

$$u(X',X'Y') \; f^*(X',X'Y') = u(X',X'Y') \; X'^n \; f'^*(X',X'Y')$$

et l'on voit que f'^* est le polynôme de Weierstrass distingué en Y' associé à f'. Pour montrer que <u>f' est irréductible</u>, il suffit de montrer que f'^* l'est.

Supposons le contraire : $f'^* = \tilde{f}_1 . \tilde{f}_2$ dans $\mathbb{C}[[X]][Y]$, $\tilde{f}_1$ et $\tilde{f}_2$ seront deux polynômes distingués en Y, de degré respectif n_1 et n_2 $(n_1 + n_2 = n)$. Puisque $f^*(X',X'Y') = X'^n \; f'^*(X',Y')$, nous trouvons $f^*(X',X'Y') = [X'^{n_1} \tilde{f}_1(X',Y')][X'^{n_2} \tilde{f}_2(X',Y')]$, ce qui contredit l'hypothèse f^* irréductible.

f' définit donc une branche C', appelée la <u>transformée quadratique</u> de C. On a $e(C') \leq e(C)$ et le théorème de la résolution des singularités de courbes planes affirme que par une succession <u>finie</u> de transformations quadratiques on obtient une branche $\overline{C}$ avec $e(\overline{C}) = 1$, c'est-à-dire $\overline{C}$ non singulière.

Donc à une branche C donnée est associée une suite de transformées quadratiques $C, C', \ldots, C^{(\mu)}, \ldots$ telle que $e(C) \geq e(C') \geq \ldots \geq \ldots$.

Posons $e(C^{(i)}) = e_i$. On a donc attaché à une branche quelconque une suite de nombres entiers tous égaux à 1 à partir d'un certain rang.

Soit $e^*(C)$ les N premiers termes de cette suite, tels que $e_N = 1$ $e_{N-1} \neq 1$, nous pouvons alors définir formellement l'équisingualrité de deux branches algébroïdes C et D.

<u>Définition 1.5</u> : $(C \equiv D) \Longleftrightarrow (e^*(C) = e^*(D))$.

Dans ce cas complexe, les deux définitions de l'équisingularité coïncident, et c'est un résultat non trivial.

Comme dans le cas convergent on introduit dans une classe d'équivalence L de branches algébroïdes la relation d'isomorphisme analytique (formel) et l'on obtient l'espace des modules $L/\cong$.

Notre remarque est la suivante : le passage au domaine formel n'est qu'une généralisation apparente du concept ; ceci vient du fait que :

a) toute branche algébroïde (resp. analytique) est isomorphe formellement (resp. analytiquement) à une branche algébrique (c'est-à-dire définie par un polynôme) [Samuel : J. of Pure and Appl. Maths. No 35, 1956].

b) Si deux branches analytiques sont isomorphes formellement, elles sont aussi isomorphes analytiquement.

La situation formelle n'est donc pas plus générale et il suffit de considérer le cas analytique (ou même algébrique).

2. Développement de Puiseux.

Nous nous posons maintenant le problème suivant : construire une application de L(C) dans un espace affine de dimension finie, de telle sorte que deux branches ayant même image soient analytiquement isomorphes.

Dans l'image de L(C) il faudra ensuite identifier certains points pour obtenir une description de l'espace des modules; néanmoins, par cette construction, nous obtenons un moyen de munir notre espace des modules d'une structure topologique.

<u>Quelques rappels algébriques</u> : Soit C une branche d'équation $f(X,Y) = 0$ où l'on a choisi les coordonnées dans $\mathbb{C}^2$ de manière à avoir $f_n(X,Y) = Y^n$.

On peut appliquer alors le théorème de préparation de Weierstraß :

f est donc, à une unité près, un polynôme

$$f = Y^n + A_1(X)Y^{n-1} + \dots + A_n(X) \quad ,$$

où $A_i(X) \in \mathbb{C}[[X]]$. De plus, C étant de multiplicité n et f_n égal à Y^n, $A_i(X)$ est d'ordre > i.

On sait que le polynôme de Weierstraß est aussi irréductible en tant que polynôme à coefficients dans $K = \mathbb{C}((X))$. (Zariski-Samuel Vol. II p. 146).

Soit $\mathcal{O} = \mathbb{C}[[X,Y]]/(f) = \mathbb{C}[[x,y]]$ où x et y sont les classes de X et Y dans $\mathcal{O}$. $\mathcal{O}$ est un anneau local, intègre car f est irréductible. $\mathcal{O}$ est dit l'anneau local de la branche C.

Désignons par F le corps des fractions de $\mathcal{O}$. On a :

- $F = \mathbb{C}((X))[Y]/(f) = K[Y]/(f)$

où $K = \mathbb{C}((X))$ = corps local des fonctions méromorphes de X dans un voisinage de l'origine $X = 0$.

- $F = K[y]$.

- $[F : K] = n$.

F est une extension de degré n de $\mathbb{C}((X))$.

Le théorème de Puiseux nous dit alors :

a) F est une extension cyclique de K.

b) Il existe un élément t dans F tel que : $t^n = X$.

On a donc aussi : $F = K[t]$: y et t sont des éléments primitifs pour l'extension F/K. y est entier sur $\mathbb{C}[[X]]$, puisque c'est une racine de f, donc $\mathbb{C}[[X]]$ et $\mathcal{O} = \mathbb{C}[[X]][y]$ ont la même clôture intégrale dans F. Mais t est entier sur $\mathbb{C}[[X]]$ $(t^n = X)$, et $\mathbb{C}[[t]]$ est intégralement clos dans $F = K[t] = \mathbb{C}((t))$. Donc : $\overline{\mathcal{O}} = \mathbb{C}[[t]]$.

$$\begin{array}{ccccccc}
\mathbb{C}[[X]] & \hookrightarrow & \mathcal{O} & \hookrightarrow & \overline{\mathcal{O}} & \hookrightarrow & F \\
\| & & \| & & \| & & \| \\
\mathbb{C}[[t^n]] & \hookrightarrow & \mathcal{O} & \hookrightarrow & \mathbb{C}[[t]] & \hookrightarrow & \mathbb{C}((t))
\end{array} \quad .$$

Donc y appartient à $\mathbb{C}[[t]]$ et s'exprime à l'aide d'une série entière en t : ceci nous donne une représentation paramétrique de C (développement de Puiseux)

$$\begin{cases} x = t^n \\ y = \sum_{i \geq m} a_i t^i \qquad m > n \end{cases} .$$

***

Chapitre II :

Invariants d'équisingularité

Dans le chapitre précédent nous avons déterminé la clôture intégrale de $\mathcal{O}$ dans son corps de fractions F : c'est l'anneau $\mathbb{C}[[t]]$ des séries formelles à une indéterminée.

La valuation ordinaire définie sur les séries en fait un anneau de valuation discrète. Cette valuation s'étend de façon naturelle à $\mathbb{C}((t)) = F$ (en considérant le développement de Laurent d'un élément de F). C'est une application surjective $v : F^* \to \mathbb{Z}$ vérifiant les propriétés habituelles

$$v(\xi\eta) = v(\xi) + v(\eta)$$

$$v(\xi + \eta) \geq \inf(v(\xi), v(\eta)) \text{ (avec égalité si } v(\xi) \neq v(\eta))$$

par convention : $v(0) = \infty$.

Nous allons étudier la restriction de v à $\mathcal{O}$ et plus précisément l'image de $\mathcal{O}$ par v.

1. Le semi-groupe $\Gamma = v(\mathcal{O})$.

Proposition 1.1 : Le semi-groupe $\Gamma = v(\mathcal{O})$ contient tous les entiers assez grands. Plus précisément :

$$\exists\, c > 0 \qquad (\forall\, i \in \mathbb{Z}_+ \quad i \geq c \Longrightarrow i \in \Gamma)$$

Faisons quelques remarques préliminaires :

F étant le corps des fractions de $\mathcal{O}$, tout élément $\xi \in F$ est le quotient $\frac{\xi_1}{\xi_2}$ de deux éléments de $\mathcal{O}$. On a donc $v(\xi) = v(\xi_1) - v(\xi_2)$ avec $v(\xi_i) \in \Gamma$ $(i=1,2)$

$v : F^* \longrightarrow \mathbb{Z}$ étant surjective, tout élément de $\mathbb{Z}$ peut s'écrire comme différence de deux éléments de Γ. En particulier $1 \in \mathbb{Z}$ donc : $1 = \alpha - \beta$ avec $\alpha \in \Gamma$, $\beta \in \Gamma$ (α et β sont donc premiers entre eux). Il n'existe pas de diviseur commun $\neq 1$ à tous les éléments de Γ.

D'autre part le semi-groupe Γ contient le semi-groupe $\alpha\mathbb{Z}_+ + \beta\mathbb{Z}_+$. Il est donc suffisant de montrer que le semi-groupe $\alpha\mathbb{Z}_+ + \beta\mathbb{Z}_+$ contient tous les entiers assez grands. (plus précisément $\alpha\mathbb{Z}_+ + \beta\mathbb{Z}_+$ contient tous les entiers supérieurs ou égaux à $(\alpha - 1)(\beta - 1)$).

En effet, soit $\nu \in \mathbb{Z}_+$, $\nu \geq (\alpha - 1)(\beta - 1)$. Montrons que $\nu \in \Gamma$, c'est-à-dire $\nu = \alpha u + \beta v$, où u et $v \in \mathbb{Z}_+$.

Puisque $(\alpha,\beta) = 1$, il existe deux entiers relatifs a et b tels que $\nu = a\alpha + b\beta$.

- Si $a \geq 0$ et $b \geq 0$, c'est terminé.
- Sinon, supposons, par exemple, $b < 0$; alors a est nécessairement positif et $a\alpha = \nu - b\beta \geq \nu + \beta$.

Mais $\nu \geq (\alpha - 1)(\beta - 1)$ donc $a\alpha \geq \nu + \beta \geq \alpha\beta - \alpha + 1 > \alpha(\beta - 1)$, ce qui prouve que $a > \beta - 1$ soit $a - \beta \geq 0$.

ν s'écrit donc sous la forme $a'\alpha + b'\beta$ avec $a' = a - \beta \geq 0$ et $b' = b + \alpha > b$.

- Si $b' \geqslant 0$ la démonstration s'achève.
- Si $b' < 0$, la nouvelle décomposition de ν vérifie les mêmes hypothèses que l'ancienne. On peut donc lui appliquer le raisonnement précédent.

Au bout de $\left[-\frac{b}{\alpha}\right] + 1$ opérations de genre on obtient la décomposition souhaitée pour ν. Ceci achève la démonstration de la proposition 1.

Remarque: Montrons que si Γ se réduit à $\alpha\mathbb{Z}_+ + \beta\mathbb{Z}_+$, $(\alpha - 1)(\beta - 1) - 1 \notin \Gamma$.

Supposons qu'il existe deux entiers positifs ou nuls a et b tels que $(\alpha - 1)(\beta - 1) - 1 = \alpha\beta - \alpha - \beta = a\alpha + b\beta$, alors : $\beta(b + 1) = \alpha(\beta - 1 - a)$ et comme α et β sont premiers entre eux, α divise $b + 1$. De même β divise $a + 1$, ce qui montre que $a = \gamma\beta - 1$, $b = \delta\alpha - 1$, et que $(\alpha - 1)(\beta - 1) - 1$ s'écrit $\gamma\alpha\beta - \alpha + \delta\alpha\beta - \beta$, donc $(\gamma + \delta) = 1$. L'un des deux entiers γ, δ est nul, ce qui entraîne que a ou b est négatif : contradiction.

Proposition 1.2 : L'entier c de la proposition 1.1 a la propriété suivante : l'idéal principal engendré par t^c dans $\mathbb{C}[[t]]$ est contenu dans $\mathcal{O}$ mais $t^{c-1} \notin \mathcal{O}$.

En d'autres termes : l'idéal principal (t^c) engendré par t^c dans $\mathbb{C}[[t]]$ est le plus grand idéal de $\mathbb{C}[[t]]$ contenu dans $\mathcal{O}$ (c'est donc un idéal de $\mathcal{O}$ et c'est le conducteur de $\mathcal{O}$ dans $\mathbb{C}[[t]]$).

Démonstration : La proposition 1.1 signifie exactement que pour tout entier $n \geq c$, il existe un élément $\xi \in \mathcal{O}$, de valuation n. On veut montrer en fait que tout élément de $\mathbb{C}[[t]]$ de valuation $\geq c$ est déjà dans l'anneau local $\mathcal{O}$.

Pour cela il suffit de le montrer pour un entier $N > c$: en effet, $\mathcal{O}$ contenant un élément de valuation $N-1$ ($c \leq N-1$) contient un élément de la forme $t^{N-1} + \xi$ où $v(\xi) \geq N$. Par hypothèse $\xi \in \mathcal{O}$, donc $\mathcal{O}$ contient t^{N-1} et donc tous les éléments de valuation $N-1$. On raisonne ensuite par récurrence jusqu'à c.

En d'autres termes il est suffisant de montrer que $\mathcal{O}$ contient un idéal non réduit à zéro de $\mathbb{C}[[t]]$ (c'est-à-dire que $\mathcal{O}$ a un conducteur non nul dans $\mathbb{C}[[t]]$ [Zariski-Samuel : Commutative Algebra, vol. 1, p. 269].

Nous utiliserons le théorème général suivant [Van der Waerden : Algebra, § 1, p. 79, ou Zariski-Samuel : Commutative Algebra, vol. 1, p. 264] :

Soit R un anneau intègre, intégralement clos dans son corps de fractions K, et soit $L = K[\alpha]$ une extension algébrique séparable de K. La clôture intégrale R' de R dans L est contenue dans $\frac{1}{\Delta}R[\alpha]$ où Δ est le discriminant du polynôme minimal de α par rapport à l'extension L/K.

$$\begin{array}{ccc} R' & \hookrightarrow & L = K[\alpha] \\ | & & | \\ R & \hookrightarrow & K \end{array}$$

Dans la situation présente cela nous donne : $\mathbb{C}[[t]]$ (= clôture intégrale de $\mathbb{C}[[X]]$ dans $\mathbb{C}((X))[y]$) est contenu dans $\frac{1}{\Delta} \cdot \mathbb{C}[[X]][y] = \frac{1}{\Delta} \cdot \mathcal{O}$, où Δ est le discriminant de $f(X,Y) = Y^n + A_1(X)Y^{n-1} + \ldots + A_n(X)$.

Considérons maintenant les inclusions :

$$\mathcal{O} \hookrightarrow \mathbb{C}[[t]] \hookrightarrow \frac{1}{\Delta} \cdot \mathcal{O} \quad .$$

Ce qui veut dire : $\Delta \cdot \mathbb{C}[[t]] \hookrightarrow \mathcal{O}$. Or $\Delta \cdot \mathbb{C}[[t]]$ est un idéal de $\mathbb{C}[[t]]$, anneau principal dont chaque idéal est engendré par un t^q ($q \in \mathbb{Z}$).

Ici $\Delta \cdot \mathbb{C}[[t]] \hookrightarrow \mathcal{O}$ est donc aussi un idéal de $\mathcal{O}$. L'ensemble des idéaux communs à $\mathbb{C}[[t]]$ et $\mathcal{O}$ est non réduit à l'idéal nul (l'extension L/K est séparable). Puisqu'il est évident que $t^{c-1} \notin \mathcal{O}$, la proposition 1.2 est alors démontrée. L'idéal principal $t^c\mathbb{C}[[t]]$, conducteur de $\mathbb{C}[[t]]$ dans $\mathcal{O}$ sera noté $\mathfrak{C}(\mathcal{O},\mathbb{C}[[t]])$ ou plus simplement $\mathfrak{C}$.

L'anneau quotient $\overline{\mathcal{O}}/\mathfrak{C}$ (resp. $\mathcal{O}/\mathfrak{C}$) (où $\overline{\mathcal{O}} = \mathbb{C}[[t]]$, clôture intégrale de $\mathcal{O}$ dans son corps de fractions) a une structure naturelle d'espace vectoriel sur $\mathbb{C}$, et nous avons $\dim_{\mathbb{C}}(\overline{\mathcal{O}}/\mathfrak{C}) = c$.

2. L'anneau local complet $\mathcal{O}$ d'une branche est un anneau de Gorenstein, on a donc :

$$c = \dim_{\mathbb{C}}(\overline{\mathcal{O}}/\mathfrak{C}) = 2 \dim_{\mathbb{C}}(\mathcal{O}/\mathfrak{C}) .$$

[Gorenstein : Transactions of the A.M.S., 1952]. c est donc un entier pair et l'on a $\frac{c}{2} = \dim_{\mathbb{C}}\overline{\mathcal{O}}/\mathcal{O} = \dim_{\mathbb{C}}\mathcal{O}/\mathfrak{C}$. C'est un résultat classique que $\dim_{\mathbb{C}}\overline{\mathcal{O}}/\mathcal{O} = \sum_i \frac{e_i(e_i - 1)}{2}$ (où l'on se souvient que $(e_i) = e^*(C)$ est la suite des multiplicités de C et de ses transformées quadratiques successives). Une démonstration algébrique de ce résultat est donnée dans [H. Hironaka : On the Arithmetic Genera and the Effective Genera of Algebraic Curves, Memoirs College of Science, University of Kyoto, vol. XXX, n° 3 (1957), theorem 1, p. 185]. L'entier $\delta(P;C)$ qui apparaît dans la formulation d'Hironaka a été défini par lui [p. 182 (définition 2)] comme $\dim_{\mathbb{C}}\overline{\mathcal{O}}/\mathcal{O}$. Il vient donc :

$$c = \sum_i e_i(e_i - 1) . \tag{2.1}$$

Nous allons donner maintenant une autre démonstration qui repose sur la formule suivante, qui sera établie plus loin (p. 11) :

$$\overline{\mathcal{O}}f'_y = \mathfrak{C}\mathfrak{D}_x . \tag{2.2}$$

$\overline{\mathcal{O}}$ et $\mathfrak{C}$ ont déjà été définis plus haut. $\mathfrak{D}_x$ est la différente de $\overline{\mathcal{O}}$ sur l'anneau $R = \mathbb{C}[[x]]$ (pour la définition de la différente voir [Zariski-Samuel : Commutative Algebra, vol. 1, p. 298]). La formule (2.2) est valide, plus généralement, sous les hypothèses suivantes :

R est un anneau de Dedekind, F une extension algébrique finie et séparable du corps K des fractions de R, y un élément primitif de l'extension F sur K entier sur R, f(Y) est le polynôme unitaire minimal de y sur K (donc $f(Y) \in R[Y]$), $\mathcal{O} = R[y]$ et $\overline{\mathcal{O}}$ la clôture intégrale de R (donc aussi de $\mathcal{O}$) dans F.

Dans le cas particulier des corps de nombres algébriques (où l'on prend $R = \mathbb{Z}$), la formule (2.2) se trouve, par exemple, dans [Hecke : Vorlesungen über die Theorie der algebraischen Zahlen (1948), p. 134, n° 67]. Mais la démonstration de Hecke peut s'appliquer sans modification notable au cas plus général des anneaux de Dedekind.

Dans ce dernier cadre la formule (2.2) est donnée dans [Zariski : An Introduction to the Theory of Algebraic Surfaces, Springer Lecture Notes n° 83, p. 81]. Cependant la démonstration y est seulement esquissée.

Pour la clarté de l'exposé nous donnons ici une démonstration de la formule (2.2) utilisant les notions de module complémentaire, de différente et leurs propriétés élémentaires [Zariski-Samuel : loc. cit., p. 298 et p. 303-304].

D'après la définition de $\mathfrak{D}_x$ nous avons $\mathfrak{D}_x = \mathcal{C}^{-1}_{\bar{\mathcal{O}}/R}$, où $\mathcal{C}_{\bar{\mathcal{O}}/R}$ est le module complémentaire de $\bar{\mathcal{O}}$ par rapport à R. $\mathfrak{D}_x$ et $\mathcal{C}_{\bar{\mathcal{O}}/R}$ sont deux $\bar{\mathcal{O}}$-modules et $\mathfrak{D}_x$ est un idéal de $\bar{\mathcal{O}}$. Considérons aussi le module complémentaire $\mathcal{C}_{\mathcal{O}/R}$ où $\mathcal{O} = R[y]$. Il est facile de voir que $\mathcal{C}_{\mathcal{O}/R} = R.1/f'_y$ (voir [Zariski-Samuel : loc. cit., p. 304, démonstration du théorème 29]).

De la définition même des modules complémentaires, il découle $\mathcal{C}_{\bar{\mathcal{O}}/R} \subset \mathcal{C}_{\mathcal{O}/R} = \mathcal{O}.1/f'_y$. Alors $f'_y \mathfrak{D}_x^{-1} \subset \mathcal{O} \subset \mathcal{O}'$, ce qui revient à dire que $f'_y \mathfrak{D}_x^{-1}$ est un idéal de $\mathcal{O}'$ contenu dans $\mathcal{O}$. Donc $f'_y \mathfrak{D}_x^{-1} \subset \mathfrak{C}$ ou :

$$(2.3) \qquad \bar{\mathcal{O}}\, f'_y \subset \mathfrak{C}\, \mathfrak{D}_x \quad .$$

D'autre part, si ξ est un élément de $\mathfrak{C}$ et η un élément de $\bar{\mathcal{O}}$ alors $\xi\eta \in \mathcal{O}$. Il s'en suit que $Tr_{F/K}(\xi\eta.1/f'_y) \in R$ (voir [Zariski-Samuel : loc. cit., démonstration du théorème 29, p. 304]). Ceci implique que $\xi/f'_y \in \mathcal{C}_{\bar{\mathcal{O}}/R} = \mathfrak{D}_x^{-1}$, c'est-à-dire $\xi \mathfrak{D}_x \subset \bar{\mathcal{O}} f'_y$.

Nous avons donc montré que $\mathfrak{C}\mathfrak{D}_x \subset \bar{\mathcal{O}} f'_y$, et ceci ajouté à (2.3) termine la démonstration de (2.2).

Puisque $x = t^n$, n-1 est l'exposant de ramification (réduit) $e(\mathfrak{m})$ de l'idéal maximal $\mathfrak{m} = t\bar{\mathcal{O}}$ de $\bar{\mathcal{O}}$ sur l'idéal maximal xR de R. Donc d'après [Zariski-Samuel : loc. cit., théorème 28, p. 302], n-1 est aussi l'exposant différentiel $m(\mathfrak{m})$ de $\mathfrak{m}$ sur R, ce qui veut dire $\mathfrak{D}_x = \bar{\mathcal{O}} t^{n-1}$. Donc pour démontrer (2.1), il suffit de prouver que

$$(2.4) \qquad v(f'_y) = \sum_i e_i(e_i - 1) + n-1 \quad .$$

Nous ferons la démonstration par récurrence sur le nombre de transformations quadratiques nécessaires pour désingulariser C. (Si $n = e(C) = 1$, la formule (2.4) est évidente, ses deux membres étant égaux à zéro).

Cependant la nature de la récurrence nous oblige à montrer (2.4) sans supposer $e(C) = v(x)$, c'est-à-dire sans supposer que x est un paramètre transverse de $\mathcal{O}$ (ou de façon équivalente sans supposer que $v(x) \leq v(y)$).

Nous supposerons donc que la formule (2.4) est vraie pour $\overline{C}$, première transformée quadratique de C, et nous considèrerons deux cas selon que $n = v(x) = e(C) = e_o$ ou que $n = v(x) > e(C) = e_o$.

■ <u>1er cas</u> : $n = e_o$. Nous pouvons alors supposer que $v(y) > v(x)$ et par suite que $\overline{C}$ est définie par l'équation $\overline{f}(x,\overline{y}) = 0$, où $\overline{y} = y/x$ et $f(x,y) = x^n \overline{f}(x,\overline{y})$.

Nous avons alors $f'_y = x^{n-1}\overline{f}'_{\overline{y}}$ et par hypothèse de récurrence $v(\overline{f}'_{\overline{y}}) = \sum_{i>0} e_i(e_i - 1) + n-1$. La formule (2.4) se déduit alors de l'égalité

$$v(f'_y) = n(n-1) + v(\overline{f}'_{\overline{y}}) = e_o(e_o - 1) + v(\overline{f}'_{\overline{y}}) \quad .$$

■ <u>2ème cas</u> : $n > e_o$. Dans ce cas nous avons $v(y) = e_o$ et le 1er cas nous montre que $v(f'_x) = e_o - 1 + \sum_{i\geq 0} e_i(e_i - 1)$.

Il faut noter que si $g(X,y)$ est le polynôme minimal de x sur $\mathbb{C}[[y]]$, $g(X,Y)$ est le produit de $f(Y,X)$ par une unité, ce qui montre que $v(g'_x(x,y)) = v(f'_x(y,x))$. Si l'on regarde alors le développement de Puiseux de C, on voit que $v(xf'_x) = v(yf'_y)$ (en utilisant $\frac{dy}{dx} = -f'_y / f'_x$).

Donc $n + (e_o - 1) + \sum_{i\geq 0} e_i(e_i - 1) = e_o + v(f'_y)$ et ceci établit (2.4) dans ce dernier cas.

Ceci termine la démonstration de (2.4) et de (2.1). c est donc un invariant numérique de la <u>classe d'équisingularité</u> de C.

<u>Remarque 2.5</u> : Soient n et m les valuations respectives de x et y.

■ Si m et n sont premiers entre eux, soit $\xi \in \mathcal{O}$. $\xi = \sum_{i,j} c_{ij} x^i y^j$ avec <u>$j < n$</u>. La valuation de $x^i y^j$ étant $ni + mj$, deux monômes de ξ ne peuvent avoir même valuation. Sinon $ni + mj = ni' + mj'$

$$n(i - i') = m(j' - j) \text{ et } j' - j < n \ ,$$

ce qui entraîne $i = i'$ et $j = j'$.

Le semi-groupe Γ est alors <u>engendré</u> par m et n : $\Gamma = m\mathbb{Z}_+ + n\mathbb{Z}_+$. Nous avons déjà fait dans ce cas le calcul de c : $c = (m-1)(n-1)$.

■ Dans le cas général, notons que les nombres de l'ensemble formé de n et des puissances de t apparaissant effectivement dans le développement de y n'ont pas de diviseur commun autre que 1. Sinon, soit e ce diviseur. $s = t^e$ est un paramètre pour C, ce qui est en contradiction avec $[F:K] = n$ (théorème de Puiseux).

Il apparaît donc que, à un isomorphisme analytique près, nous pouvons toujours supposer que m n'est pas divisible par n.

En effet supposons que $m = hn$, $h \in \mathbb{Z}_+$. Par la transformation

$$\begin{cases} x' = x \\ y' = y - a_m x^h \end{cases}$$

qui est un isomorphisme analytique, la représentation paramétrique de C devient :

$$\begin{cases} x = t^n \\ y = a_{m+k} t^{m+k} + \dots \end{cases}$$

où a_{m+k} est le premier terme non nul différent de a_m.

Si $m+k \not\equiv 0 \pmod n$ c'est terminé, sinon on réitère le procédé. On sait d'après la remarque précédente, qu'il existe au moins un $a_i \neq 0$ non divisible par n.

Désormais nous supposerons toujours que $m \not\equiv 0 \pmod n$. Il est immédiat que les deux entiers m et n sont définis intrinsèquement par la classe d'équivalence de C (modulo isomorphisme analytique).

Précisément : n est le plus petit entier positif de $\Gamma = v(\mathcal{O})$, m est le plus petit entier positif de Γ non divisible par n.

Dans le paragraphe suivant, nous verrons que m et n sont aussi des invariants de la classe d'équisingularité définie par C. c est donc un invariant numérique de la classe d'équisingularité de C.

3. Caractéristique d'une branche.

Soit C la branche définie par la représentation paramétrique

$$(3.1) \qquad \begin{cases} x = t^n \\ y = \sum_{i=m}^{\infty} a_i t^i \qquad m > n,\ m \not\equiv 0 \pmod n \end{cases}.$$

Définition 3.2 : La caractéristique d'une branche C est la suite $(n, \beta_1, \dots \beta_g)$ des $g+1$ entiers suivants :

a) $n = e(C)$ est la multiplicité de la branche

b) β_1 est le plus petit entier positif tel que $a_{\beta_1} \neq 0$ et $\beta_1 \not\equiv 0 \pmod n$.

Donc $\beta_1 = m$.

c) Soit $e_1 = (n,\beta_1)$ le p.g.c.d. de n et β_1.

■ si $e_1 = 1$, c'est-à-dire si m et n sont premiers entre eux, la caractéristique de C sera par définition $(n,\beta_1) = (n,m)$.

■ si $e_1 > 1$, dans le développement $\sum_{i \geq m} a_i t^i$ de y, figurent effectivement des termes dont l'exposant n'est pas divisible par e_1 (cf. 2.5,*). Soit alors β_2 le plus petit entier tel que : $a_{\beta_2} \neq 0$ et $\beta_2 \not\equiv 0 \pmod{e_1}$. Posons $e_2 = (e_1,\beta_2)$, e_2 est un diviseur propre de e_1.

A nouveau, si $e_2 = 1$, on s'arrête et $(n;\beta_1,\beta_2)$ est la caractéristique, sinon on itère le processus.

Celui-ci s'arrête nécessairement car il fait apparaître une suite strictement décroissante $e_1 > e_2 > \ldots$, de diviseurs de n.

On obtient alors un système d'entiers $(n;\beta_1,\ldots,\beta_g)$ et une suite : $e_1 > e_2 > \ldots > e_g = 1$ définie par récurrence par $e_i = (e_{i-1},\beta_i)$ $(e_o = n)$.

β_i est le plus petit entier tel que $a_{\beta_i} \neq 0$ et $\beta_i \not\equiv 0 \pmod{e_{i-1}}$.

<u>Théorème 3.3</u> : Deux branches sont équisingulières si et seulement si elles ont même caractéristique [Zariski : S.E.S. III, p. 983, théorème 2.1].

Le semi-groupe $\Gamma = v(\mathcal{O})$ peut se calculer effectivement à partir de la caractéristique de la branche C d'anneau local $\mathcal{O}$.

Soit h_q le plus grand entier positif ou nul tel que $\beta_q + h_q e_q < \beta_{q+1}$ $(q \in \{1,2\ldots g-1\})$. Alors dans (3.1) le développement de Puiseux de y peut s'écrire :

$$y = b_1 t^{\beta_1} + \sum_{0<j\leq h_1} a_{j,1} t^{\beta_1 + je_1} + b_2 t^{\beta_2} + \sum_{0<j\leq h_2} a_{j,2} t^{\beta_2+je_2} + \ldots$$

(3.4)
$$+ \ldots + b_g t^{\beta_g} + \sum_{j=1}^{\infty} a_{j,g} t^{\beta_g + j}$$

où $b_1,\ldots,b_g$ sont différents de zéro. En d'autres termes dans (3.1) nous avons $a_i = 0$ pour tous les i vérifiant $\beta_q < i < \beta_{q+1}$ et $i \not\equiv 0 \pmod{e_q}$ $(q \in \{1,2\ldots g\})$. Posons $e_o = n$, $e_g = 1$; $n_q = e_{q-1}/e_q$, pour $q = 1,2,\ldots,q$. Les g entiers $n_1,\ldots,n_g$ sont strictement plus grands que 1 et

$$e_{q-1} = n_q e_q \text{ , } \beta_q = m_q e_q \quad \text{avec} \quad (m_q,n_q) = 1$$

(3.4)
$$e_{q-1} = n_q n_{q+1} \ldots n_g \qquad (q \in \{1,2\ldots g\}) \text{ ;}$$

* "cas général"

en particulier $n = n_1 \dots n_g$.

Pour $q \in \{2,3,\dots g\}$ nous noterons z_q la fonction de x définie par les sommes partielles suivantes de la série (3.4)

$$(3.6) \qquad z_q = \sum_{m \le i < \beta_q} a_i\, t^i = b_1\, t^{\beta_1} + \sum_{0<j\le h_1} a_{j,1}\, t^{\beta_1 + je_1} + \dots$$

$$\dots + b_{q-1}\, t^{\beta_{q-1}} + \sum_{0<j\le h_{q-1}} a_{j,q-1}\, t^{\beta_{q-1}+je_{q-1}} .$$

Il est clair que z_q est une fonction multiforme à $n_1 \dots n_{q-1}$ déterminations obtenues par la permutation des racines n-ièmes de x. En effet tout entier i tel que $m \le i < \beta_q$ et que $a_i \neq 0$ est divisible par e_{q-1} ; si nous posons alors $i = \rho_i\, e_{q-1}$ nous avons

$$z_q = \sum_{m \le i < \beta_q} a_i\, x^{\frac{\rho_i}{n_1 n_2 \dots n_{q-1}}} .$$

D'autre part le plus grand commun diviseur des entiers $n_1 n_2 \dots n_{q-1}$, ρ est 1. (On a $\rho_{\beta_1} = m_1 n_2 \dots n_{q-1}$, $\rho_{\beta_2} = m_2 n_3 \dots n_{q-1}$, ..., $\rho_{\beta_{q-1}} = m_{q-1}$ et $(m_k, n_k) = 1$ pour $1 \le k \le g$).

Soit $f_q(Z)$ le polynôme unitaire (unique) de degré $n_1 \dots n_{q-1}$, à coefficients dans $\mathbb{C}[[x]]$ tel que $f_q(z_q) = 0$; soit

$$(3.7) \qquad \xi_q = f_q(y) \ , \quad q \in \{2,3\dots g\}$$

$\xi_1, \dots \xi_g$ sont des éléments de $\mathcal{O}$. Nous posons

$$(3.8) \qquad \begin{cases} \overline{\beta}_q = v(\xi_q) & q \in \{2,3\dots g\} \\ \overline{\beta}_o = n = v(x), & \overline{\beta}_1 = \beta_1 = m = v(y) \end{cases}$$

$\overline{\beta}_o$, $\overline{\beta}_1, \dots \overline{\beta}_g$ sont donc des éléments du semi-groupe Γ.

<u>Théorème 3.9</u> :

a) Nous avons

$$(3.10) \qquad \overline{\beta}_q = (n_1 - 1) n_2 \dots n_{q-1} \beta_1 + (n_2 - 1) n_3 \dots n_{q-1} \beta_2 + \dots + (n_{q-1} - 1)\beta_{q-1} + \beta_q$$

pour $q \in \{2,3\dots g\}$,

et (par conséquent) les relations de récurrence suivantes :

$$(3.11) \qquad \overline{\beta}_q = n_{q-1}\overline{\beta}_{q-1} - \beta_{q-1} + \beta_q \qquad q \in \{2,3\ldots g\} \ .$$

b) Soit η un élément de $\mathcal{O}$ et soit d le degré du polynôme $\psi(y)$ à coefficients dans $\mathbb{C}[[x]]$ tel que $d < n$ et $\psi(y) = \eta$ (ψ est déterminé de façon unique par ces conditions) : si $d < n_1 \ldots n_q$ alors $v(\eta) \in \sum_{\nu=0}^{q} \overline{\beta}_\nu \ \mathbb{Z}_+$.

En particulier $\overline{\beta}_o, \overline{\beta}_1, \ldots \overline{\beta}_g$ engendrent Γ sur $\mathbb{Z}_+$.

c) Le plus grand commun diviseur de e_{q-1} et $\overline{\beta}_q$ est e_q ($q \in \{1,2\ldots g\}$). De plus $\overline{\beta}_q$ est le plus petit élément non nul de Γ qui n'est pas divisible par e_{q-1} .

<u>Démonstration</u> : Soit ω une racine primitive n-ième de l'unité et φ_ν le $\mathbb{C}$-automorphisme de $\mathbb{C}[[t]]$ défini par $\varphi_\nu(t) = \omega^\nu t$ ($\nu \in \{1,2\ldots n\}$). L'ensemble de ces n automorphismes est le groupe de Galois de l'extension cyclique F/K.

Les $n_1 n_2 \ldots n_{q-1}$ conjuguées $z_{q,\mu}$ de z_q sont les éléments $z_{q,\mu} = \varphi_\mu(z_q)$ ($\mu \in 1,2,\ldots,n_1 \ldots n_{q-1}$) obtenus en substituant $\omega^\mu t$ à t dans la formule (3.6). Par définition du polynôme $f_q(Z)$ nous avons

$f_q(Z) = \sum_{\nu=1}^{n_1\ldots n_{q-1}} (Z - \varphi_\mu(z_q))$. Donc par (3.7) et (3.8) nous obtenons

$$(3.12) \qquad \overline{\beta}_q = v\left(\prod_{\mu=1}^{n_1\ldots n_{q-1}} (y - z_{q,\mu})\right) = \sum_{\mu=1}^{n_1\ldots n_{q-1}} v(y - z_{q,\mu}) \ .$$

$\varphi_\mu(t^{\beta_1}) = \omega^{\mu\beta_1} t^{\beta_1}$ et par suite $\varphi_\mu(t^{\beta_1}) = t^{\beta_1}$ si et seulement si $\mu\beta_1 \equiv 0$ (mod n), c'est-à-dire si et seulement si $\mu \equiv 0$ (mod n_1) (car $\beta_1 = m_1 e_1$, $n = n_1 e_1$ et $(m_1, n_1) = 1$; voir (3.5)).

Il vient donc que $v(y - z_{q,\mu}) = \beta_1$ si et seulement si $\mu \not\equiv 0$ (mod n_1), tandis que si $\mu \equiv 0$ (mod n_1) alors $v(y - z_{q,\mu}) \geq \beta_2$ (puisque $\mu \equiv 0$ (mod n_1) implique $\varphi_\mu(t^{e_1}) = t^{e_1}$, chaque terme de degré $< \beta_2$ dans (3.6) disparaît dans la différence $y - z_{q,\mu}$).

Ainsi le nombre de facteurs $y - z_{q,\mu}$ de (3.12) tels que $v(y - z_{q,\mu}) = \beta_1$ est égal à $(n_1 n_2 \ldots n_{q-1}) - (n_2 n_3 \ldots n_{q-1})$. On a donc :

$$\overline{\beta}_q = (n_1 - 1) n_2 \ldots n_{q-1} \beta_1 + \sum_{\mu_1 = 1}^{n_2\ldots n_{q-1}} v(y - z_{q,n_1\mu_1}) \ .$$

De façon analogue $\varphi_{n_1\mu_1}(t^{\beta_2}) = t^{\beta_2}$ si et seulement si $\omega^{n_1\mu_1\beta_2} = 1$, c'est-à-dire si et seulement si $\mu_1 \not\equiv 0 \pmod{n_2}$, tandis que si $\mu_1 \equiv 0 \pmod{n_2}$ alors $\varphi_{n,\mu_1}(t^{\beta_2}) = t^{\beta_2}$ et $v(y - z_{q,n_1}) \geq \beta_3$. Nous concluons alors (à la deuxième étape)

$$\sum_{\mu_1=1}^{n_2 \ldots n_{q-1}} v(y-z_{q,n_1\mu_1}) = (n_2-1)\, n_3 \ldots n_{q-1}\beta_2 + \sum_{\mu_2=1}^{n_3 \ldots n_{q-1}} v(y - z_{q,n_1 n_2 \mu_2}) .$$

Après q-1 étapes nous trouvons :

$$\overline{\beta}_q = (n_1-1)n_2 \ldots n_{q-1}\beta_1 + \ldots + (n_{q-1}-1)\beta_{q-1} + v(y - z_{q,n_1 \ldots n_{q-1}}) .$$

Puisque $z_{q,n_1 \ldots n_{q-1}} = z_q$, $v(y - z_{q,n_1 \ldots n_{q-1}}) = \beta_q$ et ces deux dernières formules donnent la partie a) du théorème 3.9.

Nous allons montrer la partie b) par récurrence sur q.

■ Si $q = 1$, alors $\eta = A_o(x) + yA_1(x) + \ldots + y^d A_d(x)$ avec $d < n_1$. Nous avons $v(y^i A_i(x)) \equiv im \pmod n$. Si i et j sont $< n_1$ et $i \neq j$ alors nécessairement $(i - j)m \not\equiv 0 \pmod n$. Donc $v(y^i A_i(x)) \neq v(y^j A_j(x))$ si $i \neq j$ et i et $j < d$.

Nous aurons alors $v(\eta) = v(A_i(x)y^i)$ pour un $i \in \{0,1,\ldots,d\}$, ce qui montre que

$$v(\eta) \in \overline{\beta}_1 \mathbb{Z}_+ + \overline{\beta}_o \mathbb{Z}_+ = m\mathbb{Z}_+ + n\mathbb{Z}_+ .$$

■ Supposons maintenant que la partie b) du théorème soit vraie pour q - 1.

Soit $\eta \in \mathcal{O}$. Nous pouvons écrire le polynôme associé $\psi(Y)$ sous la forme

$$\psi(Y) = A_o(Y) + A_1(Y)f_q(Y) + \ldots + A_s(Y)(f_q(Y))^s$$

avec $s < n_q$ et $A_o \ldots A_s$ des polynômes de degré $< n_1 \ldots n_{q-1}$ à coefficients dans $\mathbb{C}[[x]]$. On a donc

$$\eta = A_o(y) + A_1(y)\xi_q + \ldots + A_s(y)(\xi_q)^s \qquad s < n_q . \tag{3.13}$$

L'hypothèse de récurrence montre que $v(A_i(y)) \in \sum_{\nu=0}^{q-1} \overline{\beta}_\nu \mathbb{Z}_+$. En particulier $v(A_i(y)) \equiv 0 \pmod{e_{q-1}}$ (voir (3.10)). Il s'en suit que $v(A_i(y)\xi_q^i) \equiv i\overline{\beta}_q \pmod{e_{q-1}}$.

. Si $i < n_q$, $j < n_q$ et $i \neq j$, alors $(i-j)\overline{\beta}_q \not\equiv 0 \pmod{e_{q-1}}$ puisque $e_{q-1} = n_q e_q$ et que (3.10) montre clairement que $(\overline{\beta}_q, e_{q-1}) = e_q$. Nous en déduisons que les (s+1) termes de (3.13) ont des valuations différentes.
$v(\eta)$ est donc l'une des $v(A_i(y)\xi_q^i)$ ($i \in \{0,1,\ldots,s\}$) et $v(\eta) \in \sum_{\nu=0}^{q} \overline{\beta}_\nu \mathbb{Z}_+$.
Ceci termine la démonstration de la partie b).

Quant à la partie c), nous avons déjà utilisé que $(\overline{\beta}_q, e_{q-1}) = e_q$ (déduit de (3.10)). La seconde assertion de c) découle des inégalités $\overline{\beta}_o < \overline{\beta}_1 < \ldots < \overline{\beta}_g$, de la partie b) du théorème et du fait que $\overline{\beta}_\nu \equiv 0 \pmod{e_{q-1}}$, $\nu \in \{0,1,\ldots,q-1\}$.

Nous remarquons que la partie c) du théorème nous dit que $\overline{\beta}_o, \overline{\beta}_1, \ldots, \overline{\beta}_g$ forment un <u>système minimal</u> de générateurs de Γ (en ce sens que $\overline{\beta}_q$ est le plus petit élément de Γ qui n'appartient pas au semi-groupe engendré par $\overline{\beta}_o \ldots \overline{\beta}_{q-1}$).

Nous allons maintenant en déduire une expression de c en termes de la caractéristique $(n, \beta_1, \ldots, \beta_g)$. Dans (2.1) nous avions donné une expression de c au moyen des multiplicités des transformées quadratiques successives de la branche C. Par récurrence sur le nombre de transformations quadratiques nécessaires pour désingulariser C nous allons montrer que

(3.14) $$c = \beta_g(e_{g-1} - 1) + \beta_{g-1}(e_{g-2} - e_{g-1}) + \ldots + \beta_1(n - e_1) - (n-1)$$

Si C' est la première transformée quadratique de C alors (2.1) montre que

(3.15) $$c = c' + n(n-1)$$

où l'on a $e(C) = n = v(x) < v(y) = m$ et où c' est à C' ce que c est à C. Nous distinguerons deux cas selon que $m \geq 2n$ ou $m < 2n$.
Dans les deux cas, une représentation paramétrique de C' est donnée par :

(3.16) $$\begin{cases} x = t^n \\ y' = \sum_{i \geq m} a_i t^{i-n} \end{cases}.$$

■ $m \geq 2n$. Dans ce cas $v(y') = m - n \geq n$ et la caractéristique de C' est $(n, \beta_1 - n, \beta_2 - n, \ldots \beta_g - n)$ (notons qu'en fait $m - n > n$ puisque nous avons écarté le cas où m est divisible par n). Les nombres $e_1, e_2, \ldots, e_g$ sont identiques pour C et C'. En utilisant l'hypothèse de récurrence :

$$c' = (\beta_g - n)(e_{g-1} - 1) + (\beta_{g-1} - n)(e_{g-2} - e_{g-1}) + \dots + (\beta_1 - n)(n - e_1) - (n-1)$$

$$= \beta_g(e_{g-1} - 1) + \dots + \beta_1(n - e_1) - n(n-1) - (n-1) \quad .$$

De là découle (3.14) si l'on applique (3.15).

■ $m < 2n$. Cette fois $v(y') = m - n < n = v(x)$. Nous devons utiliser la formule d'inversion [Zariski : SES II, p. 996] et la caractéristique de C' est donnée par $(n', \beta_1' - n', \dots, \beta_g' - n')$. L'hypothèse de récurrence conduit alors à l'expression (3.14) de c.

En comparant (3.10) et (3.14) nous pouvons réécrire l'expression de c comme suit :

$$c = n_g \overline{\beta}_g - \beta_g - (n-1) \quad .$$

4. Conducteur et formes différentielles régulières sur C.

Définition 4.1 : Nous dirons qu'une forme différentielle $\omega = A dx$ ($A \in F$ corps des fractions de $\mathcal{O}$) est régulière si $A \frac{dx}{dt}$ (c'est-à-dire nAt^{n-1}) appartient à $\mathbb{C}[[t]]$, autrement dit si ω est une forme différentielle holomorphe $B(t)dt$ où $B(t) \in \mathbb{C}[[t]]$.

Nous pouvons caractériser les éléments du conducteur $\mathfrak{C}$ de $\overline{\mathcal{O}}$ dans $\mathcal{O}$ en termes de formes différentielles régulières de la façon suivante :

Adx est une forme différentielle régulière si et seulement si $Af'_y \in \mathfrak{C}$. Pour le voir il suffit de remarquer que Adx est régulière si et seulement si $v(A\frac{dx}{dt}) \geq 0$ c'est-à-dire si et seulement si $v(A) + n - 1 \geq 0$.

Puisque $\mathfrak{D}_x = \overline{\mathcal{O}} t^{n-1}$ cette dernière inégalité est équivalente à l'inclusion $A\mathfrak{D}_x \subset \overline{\mathcal{O}} = \mathbb{C}[[t]]$ qui est elle-même équivalente à $A\mathfrak{D}_x \mathfrak{C} \subset \mathfrak{C}$. Puisque $\mathfrak{D}_x \mathfrak{C} = f'_y \overline{\mathcal{O}}$ l'affirmation $Af'_y \in \mathfrak{C}$ en découle.

Les formes différentielles régulières de la branche C sont donc les formes différentielles $\frac{\varphi(x,y)}{f'_y} dx$ où $\varphi \in \mathfrak{C}$.

5. Formes différentielles régulières (globales) sur une courbe algébrique plane.

Si C (définie par $f \in \mathbb{C}[X,Y]$, unitaire par rapport à Y) est une courbe algébrique du plan affine, le résultat du § 4 conduit facilement au résultat global suivant :

Si $R = \mathbb{C}[x,y] = \mathbb{C}[X,Y]/(f)$ est l'anneau de la courbe C, si $\overline{R}$ est la clôture intégrale de R dans son corps de fractions F (c'est donc aussi la clôture intégrale de $\mathbb{C}[x]$ dans F) et $\mathfrak{C}$ le conducteur de $\overline{R}$ dans R, alors une forme différentielle $\omega = A dx$ ($A \in F$) sur C est régulière si et seulement si $\omega = \frac{\varphi(xy)}{f'_y} dx$ où $\varphi \in \mathfrak{C}$.

La démonstration de ce résultat global requiert néanmoins que la relation établie au § 4 puisse s'étendre au cas de germes analytiques réductibles. Cette extension est cependant assez naturelle : l'anneau local $\mathcal{O}$ de C n'est plus intègre, la clôture intégrale $\overline{\mathcal{O}}$ de $\mathcal{O}$ dans son anneau total de fractions est la somme directe des clôtures $\overline{\mathcal{O}}_i$ des anneaux locaux intègres $\mathcal{O}_i$ des composantes irréductibles C_i de C, le conducteur à considérer est toujours celui de $\overline{\mathcal{O}}$ dans $\mathcal{O}$.

Les courbes définies par $\varphi(X,Y) = 0$ (ou plutôt les cycles si φ n'est pas réduit) telles que $\varphi \in \mathfrak{C}$ sont appelées les <u>adjointes</u> de C. (φ est appelé un polynôme adjoint de f).

Soit C_o la courbe <u>complète</u> déterminée par C dans le plan projectif : si nous supposons que tous les points à l'infini de C (c'est-à-dire les points de $C_o - C$) sont des points simples de C_o , il est facile de voir que pour une forme différentielle, la propriété d'être régulière non seulement sur C, mais aussi en tous les points à l'infini de C_o , impose seulement à un polynôme adjoint la condition supplémentaire suivante : le degré de φ en X et Y est $\leq n-3$ (où n est le degré de f).*

Donc les "formes différentielles du premier ordre" d'une courbe irréductible C, d'ordre n définie dans le plan <u>projectif</u> par un polynôme de $\mathbb{C}[[X,Y]]$, unitaire en Y, sont les formes différentielles $\frac{\varphi(x,y)}{f'_y} dx$ où $\varphi(x,y)$ est un polynôme adjoint de degré $\leq n-3$.

---

* Pour le voir il suffit d'exprimer la forme différentielle ω (prolongée à C_o de façon naturelle) dans une carte en un point à l'infini de C (donc régulier) et d'écrire qu'elle y est régulière.

6. Retour au cas local.

Nous allons conclure ce chapitre en développant le contexte géométrique de la formule (2.1), en termes de la théorie des intersections et de points infiniment voisins.

Soient $e_o, e_1, \ldots, e_i, \ldots$ les multiplicités de C et de ses transformées quadratiques successives $C', C'', \ldots, C^{(i)}, \ldots$. Supposons que $e_N > 1$ et $e_{N+1} = 1$. Soit O_i l'origine de la branche $C^{(i)}$ (nous poserons $O_o = O$).

Soit Γ une branche irréductible en O, ayant en O un point multiple d'ordre r, et $\Gamma', \Gamma'', \ldots, \Gamma^{(i)} \ldots$ ses transformées quadratiques successives. Si O_i est l'origine de $\Gamma^{(i)}$ nous appelons r_i la multiplicité de $\Gamma^{(i)}$ en O_i $(r_i > 0)$. Si l'origine de $\Gamma^{(i)}$ n'est pas O_i nous posons $r_i = 0$. Nous obtenons ainsi une suite décroissante d'entiers positifs ou nuls

$$r = r_o \geq r_1 \geq r_2 \ldots \geq r_N$$

où $r > 0$ mais où les r_i, $i \geq 1$, peuvent être nuls.

Nous dirons alors que Γ passe par les points $O, O_1, \ldots O_N$ avec les multiplicités <u>effectives</u> $r_o, r_1, \ldots r_N$.

Si $\varphi(X,Y)$ est une série entière convergente, nulle à l'origine O, et si $\varphi = \varphi_1^{\lambda_1} \varphi_2^{\lambda_2} \ldots \varphi_k^{\lambda_k}$ est la décomposition de φ en facteurs irréductibles, nous associons à φ un <u>cycle</u> analytique positif D (précisément $D = \lambda_1 D_1 + \ldots + \lambda_h D_h$, où D_i $(i \in \{1\ldots h\})$ est la branche définie par φ_i). Nous dirons que $\varphi(X,Y) = 0$ est une <u>équation</u> du cycle D.

Si Γ (définie par $\psi(X,Y) = 0$) est une branche irréductible, soit $\mathcal{O}(\Gamma) = \mathbb{C}[[\tilde{x},\tilde{y}]]$ son anneau ($\tilde{x}$ et $\tilde{y}$ sont les classes de X et Y <u>modulo ψ</u>) et $\tilde{v}$ la valuation naturelle sur le corps des fractions de $\mathcal{O}(\Gamma)$ (celui-ci est un corps de séries formelles sur $\mathbb{C}$). Nous pouvons parler de la multiplicité d'intersection <u>en O</u> (D,Γ) de tout cycle D avec Γ, si Γ n'est pas une composante de D. Si $\varphi(X,Y) = 0$ est une équation de D nous aurons :

$$(D,\Gamma) = \tilde{v}(\varphi(\tilde{x},\tilde{y})) \quad .$$

<u>Définition 6.1</u> : Nous dirons que D passe par les points $O, O_1, \ldots O_N$ avec des multiplicités <u>virtuelles</u> $s, s_1, \ldots, s_N$ si et seulement si pour <u>toute</u> branche Γ qui passe par $O, O_1, \ldots O_N$ avec les multiplicités effectives

$r, r_1 \dots r_N$, on a

$$(D,\Gamma) \geq sr + s_1 r_1 + \dots + s_N r_N \quad .$$

Nous pouvons également définir les multiplicités effectives σ_i de D aux points $0, 0_1 \dots 0_N$: soit $\varphi = \varphi_\sigma + \varphi_{\sigma+1} + \dots$ la décomposition de φ en polynômes homogènes, telle que φ_ν est un polynôme de degré ν (ou le polynôme nul) et telle que $\varphi_\sigma \neq 0$. σ est la multiplicité effective de D en 0.

Si 0_1 correspond (par exemple) à la direction $Y = 0$ nous posons $\overline{Y} = Y/X$, $\varphi(X,Y) = X^\sigma \overline{\varphi}(X,\overline{Y})$, où $\overline{\varphi} = \varphi_\sigma(1,\overline{Y}) + X\varphi_{\sigma+1}(1,\overline{Y}) + \dots$, et $D^{(1)}$, transformée quadratique de D (relativement à la direction $Y = 0$) sera le cycle d'équation $\overline{\varphi}(X,\overline{Y}) = 0$.

La multiplicité effective σ_1 de D en 0_1 est alors, par définition, la multiplicité de $D^{(1)}$ en 0_1 (cette multiplicité est nulle si et seulement si $Y = 0$ n'est tangente à aucune des composantes irréductibles de D). Si $\sigma_1 > 0$ nous répétons l'opération avec $D^{(1)}$, sinon nous posons $\sigma_i = 0$ pour $i \geq 1$.

■ On voit facilement que les multiplicités effectives de D en $0, 0_1 \dots 0_N$ sont aussi des multiplicités virtuelles de D en ces points. Cependant les <u>multiplicités virtuelles</u> de D en $0, 0_1, \dots 0_N$ <u>ne sont</u>, en général, <u>pas uniquement déterminées</u>.

Par exemple si $N = 1$, $\sigma = 3$, $\sigma_1 = 1$ alors $s = 2$ et $s_1 = 2$ sont aussi des multiplicités virtuelles de D en 0, 0_1. En effet si Γ est une branche ayant eu 0, 0_1 les multiplicités effectives r et r_1, alors

$$(D.\Gamma) \geq 3r + r_1$$

mais puisque $r \geq r_1$ on a aussi

$$(D.\Gamma) \geq 2r + 2r_1$$

ce qui prouve que $s = 2$, $s_1 = 2$ sont aussi des multiplicités virtuelles de D en 0 et 0_1.

■ Remarquons aussi que nous avons toujours $\sigma \geq s$. Pour le voir, prenons pour Γ une droite passant par 0 qui ne soit tangente ni à C ni à aucune des composantes irréductibles de D. On a donc $r = 1$ et $r_i = 0$ pour $i \geq 1$.

D'autre part nous avons $(D.\Gamma) = c$ et nous devons avoir $(D.\Gamma) \geq s.r + s_1 r_1 + \ldots + s_N r_N = s_r = s$.

Théorème 6.2 : Soit D un cycle analytique positif défini par une équation $\varphi(X,Y) = 0$ (où φ est une série convergente nulle à l'origine).

φ appartient au conducteur de $\overline{\mathcal{O}(C)}$ dans $\mathcal{O}(C)$ (ou de façon équivalente : D est un cycle adjoint de la branche C) si et seulement si D passe par les points $0, 0_1, \ldots 0_N$ avec les multiplicités virtuelles $e_o - 1$, $e_1 - 1, \ldots, e_N - 1$ (où les e_i sont les multiplicités effectives de C en $0, 0_1, \ldots 0_N$).

Démonstration :

■ Si D passe par les points $0, 0_1, 0_2 \ldots 0_N$ avec des multiplicités virtuelles $e_o - 1$, $e_1 - 1, \ldots, e_N - 1$, alors, prenant pour Γ la branche C elle-même nous trouvons que $(D,C) \geq \sum_{i=0}^{N} e_i(e_i - 1) = c$, ce qui signifie que $v(\varphi(x,y)) \geq c$ c'est-à-dire $\varphi(x,y) \in t^c \overline{\mathcal{O}} = \mathfrak{C}$.

■ La démonstration de la réciproque est moins triviale. Supposons maintenant que $\varphi(x,y) \in \mathfrak{C}$. Supposons aussi que l'axe $Y = 0$ est tangent à C (on a donc $n = v(x) = e_o$) et que C est définie par l'équation $f(X,Y) = 0$ où f est un polynôme unitaire de $\mathbb{C}[[X]][Y]$ de degré n.

Dans ces conditions nous aurons :

$$f(X,Y) = Y^n + XA_1(X)Y^{n-1} + \ldots + X^n A_n(X) \quad \text{avec} \quad A_i(X) \in \mathbb{C}[[X]] \ .$$

Si nous posons $Y_1 = \frac{Y}{X}$ alors $f(X, XY_1) = X^n f_1(X, Y_1)$ et $f_1(X, Y_1) = 0$ est l'équation définissant $C^{(1)}$ transformée quadratique de C. Ici nous avons :

$$f_1(X, Y_1) = Y_1^n + A_1(X) Y_1^{n-1} + \ldots + A_n(X) \ . \tag{6.3}$$

L'anneau local de $C^{(1)}$, $\mathcal{O}_1$ est donc $\mathbb{C}[[x]][y_1]$ où $y_1 = \frac{y}{x}$ (y et x sont comme toujours les classes modulo f de Y et X).

Nous ferons une démonstration par récurrence sur le nombre de transformations quadratiques nécessaires pour désingulariser C. Supposons le théorème vrai pour $C^{(1)}$: puisque $\varphi(x,y) \in \mathfrak{C}$ nous avons

$$\varphi(x,y)\mathfrak{D}_x \in \overline{\mathcal{O}} f'_y = \overline{\mathcal{O}} x^{n-1} f'_{1y_1} \ .$$

D'après (6.3), y_1 est entier sur $\mathbb{C}[[x]]$. Donc $\overline{\mathcal{O}} = \overline{\mathcal{O}}_1$ et par suite :

$$\frac{\varphi(x,y)}{x^{n-1}}\,\mathfrak{D}_x \in \overline{\mathcal{O}}\, f'_{1y_1} = \mathfrak{D}_x \mathfrak{C}_1$$

où $\mathfrak{C}_1$ est le conducteur de $\overline{\mathcal{O}}$ dans $\mathcal{O}_1$. Nous en déduisons que :

(6.4) $$\frac{\varphi(x,y)}{x^{n-1}} \in \mathfrak{C}_1 \quad .$$

Posons maintenant

(6.5) $$\frac{\varphi(X,Y)}{X^{n-1}} = \varphi_1(X,Y_1) \quad .$$

Nous allons maintenant montrer que

(6.6) $$\varphi_1(X,Y_1) \in \mathbb{C}[[X]][Y_1] \quad .$$

Pour cela, appelons σ la multiplicité effective de D en O, alors :
$\varphi(X,Y) = \varphi_\sigma(X,Y) + \varphi_{\sigma+1}(X,Y) + \ldots$ et

(6.7) $$\frac{\varphi(X,Y)}{X^\sigma} = \varphi_\sigma(1,Y_1) + X\varphi_{\sigma+1}(1,Y_1) + \ldots$$

où $\varphi_i(1,Y_1) \in \mathbb{C}[[X,Y_1]]$ pour $i \geq \sigma$.

Pour montrer (6.6) il suffit donc de montrer que $\sigma \geq n-1$. Supposons le contraire ($\sigma < n-1$). Alors l'inclusion (6.4) $\varphi(x,y)/x^{n-1} \in \mathbb{C}[[x,y_1]] = \mathcal{O}_1$ entraîne que $\varphi(x,y)/x^\sigma \in x\mathbb{C}[[x,y_1]]$ et donc par (6.7) que $\varphi_\sigma(1,y_1) \in x\mathbb{C}[[x,y_1]]$.

Soit maintenant $\psi(x,y_1) \in \mathbb{C}[[x,y_1]]$ tel que $\varphi_\sigma(1,y_1) = x\psi(x,y_1)$. Cette égalité dans $\mathbb{C}[[x,y_1]] = \mathbb{C}[[X]][Y_1]/f_1(X,Y_1)$ nous donne dans $\mathbb{C}[[X]][Y_1]$ une identité $\varphi_\sigma(1,Y_1) = X\psi(X,Y_1) + B(X,Y_1)f_1(X,Y_1)$ où $B(X,Y_1) \in \mathbb{C}[[X]][Y_1]$.

En faisant $X = 0$ nous trouvons que $B(0,Y_1)f_1(0,Y_1) = \varphi_\sigma(1,Y_1)$. Puisque f_1 est unitaire et de degré n en Y_1, cette dernière égalité prouve que $\sigma \geq n$, ce qui est en contradiction avec notre hypothèse. On a donc $\sigma \geq n-1$ et la formule (6.6).

Soit D le cycle analytique défini par l'équation $\varphi(X,Y) = 0$ dans le plan des (X,Y) et $D^{(1)}$ le cycle défini par $\varphi_1(X,Y_1) = 0$ dans le plan des (X,Y_1).

La relation (6.4) montre que $D^{(1)}$ est un cycle adjoint pour $C^{(1)}$ et, d'après l'hypothèse de récurrence, $D^{(1)}$ passe $O_1,\ldots O_N$ avec les multiplicités virtuelles $e_1-1,\ldots e_N-1$.

Soit maintenant Γ une branche irréductible définie par l'équation $k(X,Y)=0$, passant par $0,0_1,\dots,0_N$, avec les multiplicités effectives r, $r_1,\dots,r_N$.

■ Si l'axe $Y=0$ n'est pas tangent à Γ alors $r_1=r_2=\dots=r_N=0$ et nous avons $(D,\Gamma)\geq \sigma r\geq (n-1) = \sum_{i=0}^{N}(e_i-1)r_i$.

■ Si $Y=0$ est tangent à Γ alors $\Gamma^{(1)}$ transformée quadratique de Γ passe par 0_1. D'après l'hypothèse de récurrence, nous avons $(D^{(1)}.\Gamma^{(1)})\geq \sum_{i=1}^{N}(e_i-1)r_i$. Ce qui signifie, si $\tilde{v}$ est la valuation naturelle sur le corps $\mathbb{C}(\tilde{x},\tilde{y})=\mathbb{C}((\tilde{x},\frac{\tilde{y}}{\tilde{x}}))$ (où $\tilde{x}$ et $\tilde{y}$ sont les classes modulo k de X et Y) :

$$\tilde{v}\left(\varphi_1\left(\tilde{x},\frac{\tilde{y}}{\tilde{x}}\right)\right)\geq \sum_{i=1}^{N}(e_i-1)r_i \quad .$$

Puisque, d'après (6.5), $\varphi_1\left(\tilde{x},\frac{\tilde{y}}{\tilde{x}}\right)=\frac{\varphi(\tilde{x},\tilde{y})}{\tilde{x}^{n-1}}$, on a :

$\tilde{v}(\varphi(\tilde{x},\tilde{y})) = r_o(n-1)+\tilde{v}\left(\varphi_1\left(\tilde{x},\frac{\tilde{y}}{\tilde{x}}\right)\right)\geq \sum_{i=0}^{N}(e_i-1)r_i$. Ceci achève la démonstration du théorème 6.2.

***

Chapitre III :

Représentations paramétriques

Nous allons maintenant montrer que l'espace des modules d'une classe d'équisingularité est quotient d'un espace de dimension finie.

1. Représentation paramétrique courte d'une branche.

Nous commencerons par un lemme. Soit $\mathfrak{m} = x\mathcal{O} + y\mathcal{O}$ l'idéal maximal de $\mathcal{O}$, anneau local de la branche C.

Lemme 1.1 : Soit $\xi \in \mathfrak{m}$, $\xi = ax + by + \xi_1$ avec $\xi_1 \in \mathfrak{m}^2$. Alors

a) $v(\xi) = n \Leftrightarrow a \neq 0$;

b) $v(\xi) = m \Rightarrow a = 0$ et $b \neq 0$;

c) $v(\xi) < m \Leftrightarrow v(\xi) = in$ avec $i \leq [\frac{m}{n}]$;

d) $v(\xi) > m \Rightarrow \xi \in \mathfrak{m}^2$.

Démonstration :

a) est évident.

b) Supposons $v(\xi) = m$: nécessairement $a \neq 0$. Si de plus nous avions $b = 0$, on aurait $\xi \in \mathfrak{m}^2$ et ξ serait de la forme $\xi = \psi(x) + y\psi_1(x,y)$

avec $v(y\psi_1(x,y)) > m$ (puisque $\psi_1(x,y) \in \mathfrak{m}$)

donc $v(\xi) = v(\psi(x)) = m$; ce qui est impossible puisque $m \not\equiv 0 \pmod n$.

c) Ecrivons ξ sous la forme $\xi = \psi(x) + y\psi_1(x,y)$. Nous aurons $v(y\psi_1(x,y)) \geq m$, donc $v(\xi) = v(\psi(x)) = in$.

d) si $v(\xi) > m$ alors, d'après a), $a = 0$. Si b était non nul alors $\xi = by + \psi(x) + y\psi_1(x,y)$ avec $v(y\psi_1(x,y)) > m$ car $\psi_1(x,y) \in \mathfrak{m}$. D'autre part $v(\psi(x)) = \alpha n$ $(\alpha \in \mathbb{Z}_+)$. Comme $m \not\equiv 0 \pmod n$ $v(by) \neq v(\psi(x))$. On a donc $v(\xi) = \inf(m, \alpha n) > m$, ce qui est impossible.

Proposition 1.2 : Soient $\nu_1 < \nu_2 < \dots < \nu_q$ les entiers de l'ensemble $\{m+1, \dots, c\}$ qui n'appartiennent pas à Γ. (Sauf dans le cas $n = 2$, on a toujours $c \geq m+1$. Nous écarterons ce cas qui sera traité au ch. V, § 1.)

Alors : il existe une branche C', C' ≅ C (équivalence analytique), où C' est donnée par une représentation paramétrique de la forme

$$\begin{cases} x' = t^n \\ y' = t^m + \sum_{i=1}^{i=q} a'_{\nu_i} t^{\nu_i} \end{cases}$$

où y' est donc un polynôme en t. (Une telle représentation s'appellera désormais représentation paramétrique courte).

<u>Démonstration</u> : C est définie par

$$\begin{cases} x = t^n \\ y = a_m t^m + \ldots + a_\alpha t^\alpha + \ldots \end{cases}$$

où α est le plus petit exposant compris strictement entre m et c, appartenant à Γ, tel que $a_\alpha \neq 0$. Il existe donc un élément $\xi \in \mathcal{O}(C)$ tel que $v(\xi) = \alpha$. D'après le lemme 1.1, $\xi \in \mathfrak{m}^2$ car $v(\xi) > m$. On fait ensuite la transformation analytique suivante :

$$\begin{cases} x_1 = x \\ y_1 = y - b\xi, \quad \text{b constante convenable.} \end{cases}$$

Cette transformation de déterminant jacobien local égal à 1 définit une branche C_1 analytiquement équivalente à C. y_1 a le même développement que y jusqu'à l'ordre $\alpha - 1$, et b est choisi de façon à faire disparaître le coefficient de t^α dans y_1.

Après un nombre fini de telles opérations, on obtient une branche $C_h \cong C$, et un développement

$$\begin{cases} x_h = t^n \\ y_h = a_m t^m + \sum_{i=1}^{i=q} a'_{\nu_i} t^{\nu_i} + \eta . \end{cases}$$

$\nu_1, \ldots, \nu_q$ sont les entiers de $[m+1, \ldots, c]$ qui ne sont pas dans Γ, et η est une série en t d'ordre plus grand ou égal à c.

On en déduit que η appartient à $\mathcal{O}(C)$. (On a vu que $\mathcal{O}$ contient toutes les séries en t d'ordre plus grand ou égal à c). Une représentation de la branche C' de la proposition s'obtient en posant :

$$\begin{cases} x' = x_h = t^n \\ y' = \frac{1}{a_m}(y_h - \eta) . \end{cases}$$

Notons que puisque $v(\eta) = c \geq m+1$, $\eta \in \mathcal{M}^2$, et le jacobien de la transformation est localement égal à la constante $\frac{1}{a_m} \neq 0$.

Donc, étant donnée une branche analytique C, on lui associe un système (a_{ν_i}) $i \in \{1,\dots,q\}$ de nombres complexes. Cette correspondance est canonique en un certain sens, les (a_{ν_i}) dépendent bien sûr de C mais aussi du choix d'une détermination de $x^{1/n} = t$.
Ce que l'on obtient c'est une application multiforme à n déterminations de la classe d'équisingularité L(C) dans $\mathbb{C}^q$.

2.

Nous allons étudier maintenant cette application $\omega : L(C) \to \mathbb{C}^q$, et tout d'abord déterminer la valeur de q.

2.1. Calcul de q :

q est le nombre d'entiers compris strictement entre m et c, qui ne sont pas dans le semi-groupe $\Gamma = v(\mathcal{O})$, image de $\mathcal{O}(C)$ par la valuation de $\mathbb{C}[[t]]$.

- Déterminons d'abord $\{0,1\dots,c-1\} \cap \Gamma$. Remarquons que si i est un entier plus petit que c-1, un seul des deux entiers i et c-1-i peut appartenir à Γ (car leur somme c-1 n'est pas dans Γ). Donc le nombre d'éléments de $\{0,1\dots,c-1\} \cap \Gamma$ est majoré par $\frac{c}{2}$.
- En fait, Apery [Sur les branches superlinéaires des courbes algébriques, C. R. Acad. Sc. Paris t. 222, p. 1200 (1946)], puis Gorenstein [An arithmetic theory of adjoint plane curves, Trans. of the A.M.S. 72, p. 414-436 (1952)], ont montré que l'un des deux entiers i, c-i-1 est effectivement dans Γ (ce qui prouve que c est pair. On a aussi $c = \sum e_i(e_i - 1)$.)

Nous sommes donc dans la situation suivante : le cardinal de $\{0,1,\ldots c-1\} \cap \Gamma$ est $\frac{c}{2}$. Le cardinal de $\{0,1,\ldots c-1\} - \Gamma$ est donc aussi $\frac{c}{2}$. Les longueurs (en tant que $\mathcal{O}$-modules) de $\overline{\mathcal{O}}/\mathcal{O}$ et $\mathcal{O}/\mathfrak{C}$ sont donc toutes deux égales à $\frac{c}{2}$.

On dit alors que $\mathcal{O}$ est un <u>anneau de Gorenstein</u> ($\lg(\overline{\mathcal{O}}/\mathcal{O}) = \lg(\mathcal{O}/\mathfrak{C})$). D'autre part, puisque la valuation de y est $m > n$, $\{0,1,\ldots,n,\ldots m\} \cap \Gamma = \{0,n,2n,\ldots,hn,m\}$ où $h = [\frac{m}{n}]$. Donc le nombre d'éléments de $\{0\ldots m\}$ qui ne sont pas dans Γ est $(m+1) - (h+2) = m-h-1$.

Finalement le nombre d'éléments de l'ensemble $\{m+1\ldots,c-1\}$ qui ne sont pas dans Γ, soit q, est égal à $\frac{c}{2} - m + h + 1$.

<u>2.2.</u> Soit $\tilde{C}$ une branche de $L(C)$ admettant une représentation paramétrique <u>courte</u>, c'est-à-dire (prop. 1.2)

$$\tilde{C} : \begin{cases} x = t^n \\ y = t^m + \sum_{i=1}^{q} a'_{\nu_i} t^{\nu_i} \end{cases} .$$

$\tilde{C} \equiv C$, donc $\tilde{C}$ admet la même caractéristique $(n,\beta_1\ldots\beta_q)$ que C (ch. II, thm 3.3). Les β_i sont donc des exposants apparaissant <u>effectivement</u> dans la représentation paramétrique de $\tilde{C}$, ce qui veut dire que $a'_{\beta_k} \neq 0$ pour $k \in \{2\ldots g\}$.

D'autre part si $\beta_\alpha < \nu_i < \beta_{\alpha+1}$ et si $\nu_i \not\equiv 0 \pmod{e_\alpha}$, alors $a'_{\nu_i} = 0$ (en effet $\beta_{\alpha+1}$ est le plus petit exposant non divisible par e_α). ω envoie donc $L(C)$ dans un espace affine de dimension :

$$\rho = \left[\frac{\beta_2 - \beta_1}{e_1}\right] + \ldots\ldots + \left[\frac{\beta_g - \beta_{g-1}}{e_{g-1}}\right] + g - 1 + \rho_o .$$

- $\left[\frac{\beta_k - \beta_{k-1}}{e_{k-1}}\right]$ (où $2 \leq k \leq g$) est le nombre d'entiers divisibles par e_{k-1} compris strictement entre β_{k-1} et β_k.
- $g-1$ est le nombre de (β_k), $k \in \{2,\ldots,g\}$.
- ρ_o est le nombre d'éléments de $\{\beta_g + 1,\ldots,c-1\}$ qui ne sont pas dans Γ ($\rho_o \leq c - 1 - \beta_g$).

En fait nous allons montrer que $\rho_o < c-1-\beta_g$, c'est-à-dire que l'ensemble $\{\beta_g+1,\dots,c-1\}$ contient au moins un élément de Γ sauf sans les cas $(n=2)$; $(n=3,\ m=4)$.

□ $g \geq 2$. D'après (ch. III, 3.14) nous avons

$c-1-\beta_g \geq \beta_1(n-e_1)-n \geq (n+1)(n-e_1)-n$.

Mais $n-e_1 = e_1(n_1-1) \geq 2$ puisque $g \geq 2 \Rightarrow e_1 > 1$.

Finalement $c-1-\beta_g \geq n$. L'ensemble $\{\beta_g+1,\dots,c-1\}$ qui a au moins n éléments contient donc un multiple de n qui est dans Γ.

□ $g=1$. Dans ce cas $c = (m-1)(n-1)$ (où $\beta_1 = m > n$) $c-1-\beta_g = c-1-m = m(n-2)-n$.

- si $n \geq 4$, alors $m(n-2) > n$ et le même argument que précédemment permet de conclure.

- $n=2$: $c = m-1 < \beta_1 = m$. $\rho_o = 0$ (l'ensemble $\{\beta_g+1,\dots,c-1\}$ est vide.

- $n=3$: $c-1-m = m-3 \geq 3 = n$ si $m \geq 6$, et la conclusion $\rho_o < c-1-\beta_g$ est vérifiée.

Si $m=5$, $\{\beta_g+1,\dots,c-1\} = \{6,7\}$ et $6 = 2n \in \Gamma$. Nous avons encore $\rho_o < c-1-\beta_g$.

Si $m=4$, $\{\beta_g+1,\dots,c-1\} = \{5\}$ et $5 \notin \Gamma$. Dans ce cas nous avons donc $\rho_o = c-1-\beta_g$.

L'image de ω n'est pas $\mathbb{C}^\rho$ tout entier puisque les hyperplans H_k d'équation $a'_{\beta_k} = 0$ ne sont pas atteints. Par contre tous les points de $(\mathbb{C}^\rho - \bigcup_{k=2}^{\infty} H_k)$ déterminent une représentation courte d'une branche de L(C).

Donc

$$\omega(L(C)) = \mathbb{C}^\rho - \bigcup_{k=2}^{g} H_k .$$

Remarquons que si deux branches de L(C) ont même image par ω elles sont analytiquement isomorphes (la réciproque étant fausse). Introduisons dans $\omega(L(C))$ la relation d'équivalence analytique (ce qui a un sens d'après la dernière remarque). L'espace obtenu est donc isomorphe à l'espace des modules de L(C) que l'on munira donc de la topologie quotient ainsi définie.

Montrons qu'il existe un représentant de chaque classe dans la boule unité de $\mathbb{C}^{\rho}$: soit $\tilde{C}$ une branche de L(C) admettant une représentation paramétrique courte :

$$\begin{cases} x = t^n \\ y = t^m + \sum_{i=1}^{q} a_{\nu_i} t^{\nu_i} \end{cases}$$

et soit $u \in \mathbb{C}$ tel que $\forall\, i \in \{1,2\ldots q\}$ $|a_{\nu_i} u^{\nu_i - m}| \leq 1$. On fait alors :

- le changement de paramètre $t' = ut$
- le changement de coordonnées $x' = \frac{x}{u^n}$, $y' = \frac{y}{u^m}$. On obtient

$$\begin{cases} x' = t'^n \\ y' = t'^m + \sum_{i=1}^{q} a'_{\nu_i} t'^{\nu_i} \end{cases}$$

avec $|a'_{\nu_i}| = |a_{\nu_i} u^{\nu_i - m}| \leq 1$.

L'espace des modules de L(C) est donc isomorphe au quotient (par la relation d'équivalence analytique) de $(\mathcal{B}_{\rho} - \bigcup_{k=2}^{g} H_k)$ où $\mathcal{B}_{\rho}$ est la boule unité de $\mathbb{C}^{\rho}$.

2.3. Un cas particulier intéressant :

Si $g = 1$ ($(m,n) = 1$), l'espace des modules correspondant est le quotient d'un espace compact (la boule unité de $\mathbb{C}^{\rho}$). C'est donc un espace quasi-compact (il n'est pas toujours séparé) si l'on met sur cet espace de modules la topologie quotient.

Toujours dans le cas $(m,n) = 1$, considérons les branches dont une représentation paramétrique est

$$C_u \begin{cases} x = t^n \\ y = t^m + \sum_{i=1}^{q} a_{\nu_i} u^{\nu_i - m} t^{\nu_i} \end{cases} \tag{2.4}$$

Ces courbes C_u sont obtenues à partir de C_1 par changement de paramètre et de coordonnées, elles sont donc analytiquement isomorphes et représentent le même point de l'espace des modules.

Lorsque $u \to 0$ les courbes C_u (pour la topologie quotient sur l'espace des modules) tendent vers la courbe C_o de représentation paramétrique :

$$C_o \begin{cases} x = t^n \\ y = t^m \end{cases}$$

qui, puisque $(m,n) = 1$, est dans la même classe d'équisingularité que les C_u. Donc C_o est dans l'adhérence de <u>tout point</u> de l'espace des modules.

Pour montrer que l'espace des modules n'est pas séparé (au moins dans le cas $(m,n) = 1$) il suffit de montrer que cet espace n'est pas réduit à un point. C'est ce qui se produit sauf dans les cas $(n = 2)$; $(n = 3,\ m = 4)$; $(n = 3,\ m = 5)$.

Nous utiliserons deux résultats montrés dans [Zariski : Characterization of plane algebroid curves whose module of differentials has maximal torsion, Proceedings of the NAS, Washington 1966].

■ Considérons une représentation paramétrique <u>courte</u> de la branche C (où nous ne supposons <u>pas</u> pour l'instant $(m,n) = 1$)). Soit ρ l'entier $\leq q+1$ tel que dans (2.4) on ait : $a_{\nu_i} = 0$ pour $i < \rho$, $a_{\nu_\rho} = b \neq 0$. Remarquons dès à présent que $\rho = q+1$ signifie que C est la branche $x = t^n$, $y = t^m$ avec $(m,n) = 1$. Une représentation paramétrique <u>courte</u> de C est donc :

$$\text{(2.5)} \qquad C \begin{cases} x = t^n \\ y = t^m + bt^{\nu_\rho} + \sum_{i=\rho+1}^{q} a_{\nu_i} t^{\nu_i} \end{cases} \qquad (b \neq 0 \text{ si } \rho \neq q+1)\ .$$

Supposons que $\nu_\rho + n \in \mathbb{Z}_+ n + \mathbb{Z}_+ m$. Puisque $\nu_\rho \notin \Gamma$ nous avons nécessairement $\nu_\rho + n \in \mathbb{Z}_+ m$. Soit $j \in \mathbb{Z}_+$ l'entier tel que $\nu_\rho + n = (j+1)m$; j est nécessairement ≥ 1 (puisque $\nu_\rho > m$). Posons alors $a = \frac{bn}{m}$ et $x' = x + ay^j = \tau^n$.

τ est un nouveau paramètre tel que $\mathbb{C}[[t]] = \mathbb{C}[[\tau]]$. Nous avons alors $\tau^n = t^n + at^{jm} +$ termes de degré $> jm$. Nous en déduisons que

$$t = \tau - \frac{a}{n}\tau^{jm-n+1} + \text{termes de degré} > jm - n+1$$

ce qui donne, en substituant dans (2.5)

(2.6)
$$C \begin{cases} x' = \tau^n \\ y = \tau^m + \text{termes de degré} > \nu_\rho \end{cases} .$$

La représentation paramétrique (2.6) de C n'est pas nécessairement une représentation courte, mais la proposition 1.2 montre que C admet une représentation paramétrique de la forme :

(2.7)
$$C \left\{ x' = \tau^n \quad , \quad y' = \tau^m + \sum_{i=\rho+1} a'_{\nu_i} t^{\nu_i} \right. .$$

Si une représentation courte d'une branche C est de la forme (2.5) avec $\nu_\rho + n \in n\mathbb{Z}_+ + m\mathbb{Z}_+$, il existe donc une représentation courte de C de la forme (2.7) (sans terme d'exposant ν_ρ). C'est le premier résultat de la note citée que nous utiliserons (loc. cit. p. 784).

▪ Le second résultat (loc. cit. p. 785-786) que nous utiliserons est le suivant : si dans les notations précédentes, nous avons soit $\rho = q+1$, soit $\rho \leq q$ et $\nu_q + n \not\equiv 0 \pmod m$, alors l'entier ρ (et donc l'entier ν_ρ si $\rho \leq q$) est un invariant analytique de la branche C ; c'est-à-dire, si $\tilde{C}$ est une branche analytiquement isomorphe à C, si $\tilde{C}$ admet une représentation paramétrique courte de la forme :

$$\tilde{C} \begin{cases} \tilde{x} = t^n \\ \tilde{y} = t^m + \sum_{i=1}^{q} \tilde{a}_{\nu_i} t^{\nu_i} \end{cases}$$

si, de plus, ρ' est un entier $\leq q+1$ tel que $\tilde{a}_{\nu_i} = 0$ pour $i < \rho'$ et que, dans le cas où $\rho' \leq q$, $\nu_{\rho'} + n \not\equiv 0 \pmod m$, alors nécessairement $\rho = \rho'$ et, dans l'hypothèse $\rho' \leq q$, $\tilde{a}_{\nu_\rho} \neq 0$. (Remarquons que dans ce dernier cas on a aussi $a_{\nu_\rho} \neq 0$).

Ces deux résultats nous montrent que, si C (définie par (2.5)) est isomorphe à la branche C_o ($x = t^n$; $y = t^m$ où $(m,n) = 1$), alors $\nu_\rho + n \equiv 0 \pmod n$.

Nous aurons besoin d'un troisième résultat (dont la démonstration est directe et ne sera pas faite ici) : les $q-\rho$ coefficients a'_{ν_i} de (2.7) sont des polynômes en les variables b, $(a_{\nu_i})_i$ de (2.5).

Pour montrer que l'espace des modules de la classe d'équisingularité de C_o contient des points différents de C_o (sauf dans les cas indiqués plus haut) il suffit de montrer qu'il existe des entiers compris strictement entre m et $c = (m-1)(n-1)$ qui ne soient pas dans Γ (représentation courte) et qui soient différents des $n-2$ entiers $(j+1)m - n$ ($j \in \{1,2 \ldots n-2\}$). Soit ν un tel entier : la courbe C définie par

$$\begin{cases} x = t^n \\ y = t^m + t^\nu \end{cases}$$

n'est pas analytiquement isomorphe à C_o.

Si l'on n'est pas dans l'un des cas ($n = 2$; $n = 3$, $m = 4$; $n = 3$, $m = 5$), on a $q = \frac{(m-1)(n-1)}{2} - m + h + 1$, (voir 2.1), strictement supérieur à $n-2$. Donc il existe des entiers ν tels que nous les avons définis ci-dessus, et l'espace des modules n'est pas réduit à un point.
Dans les trois cas exceptionnels l'espace des modules est réduit à un point.

Nous allons maintenant montrer que le point de l'espace des modules qui représente la branche C_o est un point fermé de cet espace. (Il est essentiel que $(m,n) = 1$, sinon C_o n'est pas dans la même classe d'équisingularité que les C_u de (2.4)).

<u>Proposition 2.8</u> : Supposons que Σ soit une famille analytique de branches, dépendant du paramètre u, dont l'élément générique $\widetilde{C}_u$ est donné par :

$$\widetilde{C}_u \begin{cases} x = t^n \\ y = t^m + \sum_{i=\rho}^{q} a_{\nu_i}(u)\, t^{\nu_i} \end{cases}$$

où $\rho \leq q+1$ et (dans le cas où $\rho \leq q$) $a_{\nu_i}(u)$ est une série en u convergente dans un voisinage de l'origine $u = 0$, non identiquement nulle.

Alors si $\tilde{C}_u \cong C_o$ pour u voisin de 0 (mais différent de zéro) $\tilde{C}_o$ est aussi isomorphe à C_o.

<u>Démonstration</u> : Nous avons $a_{\nu_\rho}(u) \neq 0$ dans un voisinage de $u = 0$ (sauf peut-être en $u = 0$). Puisque $\tilde{C}_u \cong C_o$, les deux résultats cités montrent que $\nu_\rho + n = (j+1)m$ et qu'il existe un changement de variable analytique, donné par $x' = x + \frac{n a_{\nu_\rho}(u)}{m} y^j$, tel que, pour u dans le voisinage considéré, $\tilde{C}_u$ soit définie par

$$(2.9) \qquad \tilde{C}_u \begin{cases} x = \tau^n \\ y = \tau^m + \sum_{i=\rho+1}^{q} a'_{\nu_i}(u)\, \tau^{\nu_i} \end{cases}$$

où les coefficients $a'_{\nu_i}(u)$ sont des polynômes en $a_{\nu_k}(u)$; $k \in \{\rho, \ldots, q\}$.

- Si $a_{\nu_\rho}(0) \neq 0$, le changement de variables précédent conduit à une forme analogue de la représentation paramétrique de $\tilde{C}_o$.

- Si $a_{\nu_\rho}(0) = 0$ le changement de variables $x' = x + \frac{n a_{\nu_\rho}(u)}{m} y^j$ se réduit à l'identité pour $u = 0$.

Donc, dans tous les cas, en faisant $u = 0$ dans (2.9) on trouve une représentation paramétrique de $\tilde{C}_o$. Nous sommes alors dans une situation similaire à celle de départ, mais où le plus petit entier i tel que $a_{\nu_i}(u) \neq 0$ est strictement plus grand que ρ.
La démonstration s'achève alors par récurrence sur ρ, le cas $\rho = q+1$ étant trivial ($\tilde{C}_u = C_o$).

<u>3. Sur la dimension du ℂ-espace vectoriel des formes différentielles holomorphes, modulo les formes différentielles exactes.</u>

Nous supposons qu'une représentation paramétrique de C est donnée par (2.5). Soit $\mathcal{O}D\mathcal{O}$ l'ensemble des formes différentielles holomorphes $\omega = \zeta dt$ ($\zeta \in \mathbb{C}[[t]]$) de la forme $A d\xi + B d\eta$ (où A, B, ξ, η appartiennent à $\mathcal{O} = \mathcal{O}(C)$). $\mathcal{O}D\mathcal{O}$ est un $\mathcal{O}$-module.

Nous dirons que ω est <u>exacte</u> s'il existe $z \in \mathcal{O}$ tel que $\omega = dz$ ($= \frac{dz}{dt} dt$). Pour <u>toute</u> forme différentielle holomorphe $\omega = \zeta dt$ de $\overline{\mathcal{O}}D\overline{\mathcal{O}}$ ($\zeta \in \mathbb{C}[[t]]$) nous notons $v(\omega) = v(\zeta)$ la <u>valuation</u> de la forme ω.

Il est clair que si $v(\omega) \geq c-1$ (où c est l'ordre du conducteur $\mathfrak{C}$ de $\overline{\mathcal{O}}$ dans $\mathcal{O}$) il existe une forme différentielle exacte dz_1 de $\mathcal{O}D\mathcal{O}$ telle que $v(\omega - dz_1) > v(\omega)$: il suffit de prendre $z_1 = at^{\mu+1}$ où $\mu = v(\omega)$ et a est une constante convenable.

Si $v(\omega - dz_1) = \mu_1$ $(\mu < \mu_1)$, il existe alors une constante a_1 telle que

$$v(\omega - d(at^{\mu+1} + a_1 t^{\mu_1+1})) > \mu_1 \quad .$$

En itérant ce procédé on trouve une série entière $z = \sum_{i=0}^{\infty} a_i \, t^{\mu_i+1}$ telle que $v(\omega - dz) = +\infty$ c'est-à-dire $\omega = dz$. Puisque $v(z) = \mu+1 \geq c$, z est un élément de $\mathcal{O}$. Donc <u>toute différentielle ω de $\mathcal{O}D\mathcal{O}$ de valuation $\geq$ c-1 est exacte</u>.

Il est aussi clair que, si $\omega \in \mathcal{O}D\mathcal{O}$ est telle que $v(\omega) + 1 \notin \Gamma$, ω n'est certainement pas exacte. Il s'en suit que le nombre maximal r de formes différentielles non exactes, linéairement indépendantes, dont aucune combinaison linéaire non triviale n'est exacte - c'est aussi la dimension sur $\mathbb{C}$ d'un supplémentaire de l'espace des formes exactes - est fini.

Plus précisément, r est au plus égal au nombre d'entiers $N \geq 0$ tels que $N+1 \notin \Gamma$ $(r \leq \frac{c}{2})$. Nous montrerons plus tard que

$$r \leq q - n + 2 = \frac{c}{2} - m - n + h + 3 \quad .$$

D'autres résultats montrés dans [Zariski : loc. cit. Proceedings of the NAS] sont les suivants

a) une condition nécessaire et suffisante pour que $r = 0$ (c'est-à-dire pour que toute forme de $\mathcal{O}D\mathcal{O}$ soit exacte) est que la branche C soit isomorphe à la branche C_o $(x = t^n \; ; \; y = t^m \; ; \; (m,n) = 1)$

b) Si ν_ρ est l'invariant analytique introduit plus haut (2.5) alors $\nu_\rho + n - 1$ est la valuation minimum d'une forme différentielle non exacte de $\mathcal{O}D\mathcal{O}$. Il est facile de voir que $\nu_\rho + n - 1$ est la valuation de la forme différentielle $\Omega = mydx - nxdy$ (qui est donc non exacte si et seulement si $C \neq C_o$). Cette valuation $\nu_\rho + n - 1$ est appelée <u>l'exposant différentiel</u> de C

c) $r = c - \ell(T)$ où T est le sous-module de torsion du $\mathcal{O}$-module $\mathcal{O}d\mathcal{O}$ des formes kählériennes sur $\mathcal{O}$ (rappelons que $\mathcal{O}d\mathcal{O}$ est le module quotient du $\mathcal{O}$-module libre engendré par u et v par le sous-module $\mathcal{O}(f'_x u + f'_y v)$.

Notons que si ω est une forme différentielle <u>non exacte</u> de $\mathcal{O}D\mathcal{O}$ alors par b) nous devons avoir $v(\omega) \geq \nu_\rho + n - 1$ et aussi, bien sûr $v(\omega) \leq c-2$. On a donc $\nu_\rho + n \leq v(\omega) + 1 \leq c-1$. On se rappelle aussi que $v(\omega) + 1 \notin \Gamma$.

Il est facile de voir ([Zariski : loc. cit. Proceedings of the NAS, p. 782]) qu'il existe une base (sur $\mathbb{C}$) $\omega_1, \ldots, \omega_r$ de formes différentielles non exactes telle que $v(\omega_1) < \ldots < v(\omega_r)$.

r est donc majoré par le nombre d'entiers de l'ensemble $\{\nu_\rho+n,\nu_\rho+n+1,\ldots,c-1\}$ qui ne sont pas dans Γ. Mais $\nu_\rho > m$, donc r est plus petit que le nombre d'éléments de $\{m+n+1,\ldots,c-1\}$ qui n'appartiennent pas à Γ. L'ensemble $\{m+1,m+2,\ldots,m+n\}$ contient seulement 2 entiers de Γ qui sont $(h+1)n$ et $m+n$ (où $h = [\frac{m}{n}]$). Il contient donc exactement n-2 entiers qui ne sont <u>pas</u> dans Γ. Le nombre d'entiers de l'ensemble $\{m+n+1,\ldots,c-1\}$ qui ne sont pas dans Γ est donc $q-n+2$ (pour la définition de q voir (2.1)). De là nous déduisons $r \leq q-n+2$.

Nous donnons maintenant une autre interprétation de cet invariant analytique r de C (ce qui répond à une question de D. Mumford).

Soit $\mathfrak{D}$ l'ensemble des dérivations de $\mathcal{O}$ (dans $\mathcal{O}$) et soit $\overline{\mathfrak{D}}$ l'ensemble des dérivations de $\overline{\mathcal{O}}$ dans $\overline{\mathcal{O}}$. Ces deux ensembles sont des $\mathcal{O}$-modules. Nous montrerons d'abord que si $D\in\mathfrak{D}$, alors D s'étend en une dérivation $\overline{D}\in\overline{\mathfrak{D}}$ (l'extension,si elle existe,est évidemment unique).

Notons d'abord que nous avons $f'_x Dx + f'_y Dy = 0$. D'autre part nous savons que $v(f'_x) = c+m-1$ et que $v(f'_y) = c+n-1$ ($\overline{\mathcal{O}}f'_x = \mathfrak{C}\mathfrak{D}_y$; $\overline{\mathcal{O}}f'_y = \mathfrak{C}\mathfrak{D}_x$) . Puisque Dx et Dy sont dans $\mathcal{O}$, nous avons $v(Dx) \geq 0$. Supposons $v(Dx) = 0$. Alors nous aurions $v(Dy) = m-n$. Mais $m-n < m$ et les éléments de Γ inférieurs à m sont des multiples de n. Par suite m serait aussi un multiple de n, hypothèse que nous avons écartée.

On a donc $v(Dx) > 0$ et, puisque n est le plus petit élément positif de Γ, $v(Dx) \geq n$. Comme $t^n = x$ nous pouvons étendre la dérivation D en une dérivation $\overline{D}$ de $\overline{\mathcal{O}}$ définie par

(3.0) $$\overline{D}t = \frac{Dx}{nt^{n-1}} \quad .$$

On vérifie que $\overline{D}$, ainsi définie, est bien une dérivation.

$\mathfrak{D}$ est donc un sous $\mathcal{O}$-module de $\overline{\mathfrak{D}}$. Il est évident que $\mathfrak{C}\overline{\mathfrak{D}}\subset\mathfrak{D}$ et que le $\mathcal{O}$-module $\overline{\mathfrak{D}}/\mathfrak{D}$ est un sous-module de $\overline{\mathfrak{D}}/\mathfrak{C}\overline{\mathfrak{D}}$. Ce dernier quotient est isomorphe à $\overline{\mathcal{O}}/\mathfrak{C}$ (qui est un espace vectoriel de dimension finie sur $\mathbb{C}$,égale à c).

$\dim_{\mathbb{C}}\overline{\mathfrak{D}}/\mathfrak{D}$ est donc finie. L'interprétation de l'invariant r que nous voulons donner est la suivante

(3.1) $$\dim_{\mathbb{C}}(\overline{\mathfrak{D}}/\mathfrak{D}) = \frac{c}{2} + r \quad .$$

<u>Démonstration de (3.1)</u> : Dans la note citée, Zariski introduit l'idéal $\mathfrak{a}_x$ de $\mathcal{O}$ défini par : $\mathfrak{a}_x = \mathcal{O}f'_y : \mathcal{O}f'_x$ et il montre que, pour tout D appartenant à $\mathfrak{D}$, $Dx\in\mathfrak{a}_x$.

Réciproquement, pour tout élément ξ de $\mathfrak{a}_x$ il existe une dérivation D de $\mathcal{O}$ (et il résulte de (3.0) qu'elle est unique) telle que $Dx = \xi$. On a donc une application bijective

$$\varphi : \mathfrak{D} \xrightarrow{\sim} \mathfrak{a}_x \qquad (\varphi(D) = Dx) \quad .$$

φ est un isomorphisme de $\mathcal{O}$-modules qui s'étend de manière unique en un isomorphisme $\overline{\varphi}$ de $\overline{\mathcal{O}}$-modules

$$\overline{\varphi} : \overline{\mathfrak{D}} \xrightarrow{\sim} \overline{\mathcal{O}}\, t^{n-1}$$

où $\overline{\varphi}$ est défini par : $\overline{\varphi}(\overline{D}) = \overline{D}x = nt^{n-1}\overline{D}t$ pour un élément quelconque $\overline{D} \in \overline{\mathfrak{D}}$. (Remarquons que $\overline{\varphi}$ est surjective puisque pour tout élément $\overline{\xi} \in \overline{\mathcal{O}}$, il existe $\overline{D} \in \overline{\mathfrak{D}}$ telle que $\overline{D}t = \overline{\xi}$.)

Des définitions de φ et $\overline{\varphi}$ on déduit que :

$$\overline{\mathfrak{D}}/\mathfrak{D} \simeq \overline{\mathcal{O}}\, t^{n-1}/\mathfrak{a}_x \quad .$$

Nous avons $\ell(\overline{\mathcal{O}}\, t^{n-1}/\mathfrak{a}_x) = \ell(\overline{\mathcal{O}}/\mathfrak{a}_x) - \ell(\overline{\mathcal{O}}/\overline{\mathcal{O}}\, t^{n-1})$, c'est-à-dire :

$$(3.2) \qquad \ell(\overline{\mathfrak{D}}/\mathfrak{D}) = \ell(\overline{\mathcal{O}}/\mathfrak{a}_x) - (n-1) \quad .$$

Nous avons aussi $\ell(\overline{\mathcal{O}}/\mathfrak{a}_x) = \ell(\overline{\mathcal{O}}/\mathcal{O}) + \ell(\mathcal{O}/\mathfrak{a}_x) = \frac{c}{2} + \ell(\mathcal{O}/\mathfrak{a}_x) = \frac{c}{2} + \ell(\mathcal{O}/\mathcal{O}f'_y) - \ell(\mathfrak{a}_x/\mathcal{O}f'_y)$. La formule (1) de Zariski [loc. cit., Proceedings of the NAS] montre que $\ell(\mathfrak{a}_x/\mathcal{O}f'_y) = \ell(T)$. Il vient donc :

$$(3.3) \qquad \ell(\overline{\mathcal{O}}/\mathfrak{a}_x) = \frac{c}{2} + \ell(\mathcal{O}/\mathcal{O}f'_y) - \ell(T) \quad .$$

Pour terminer nous remarquons que $\ell(\mathcal{O}/\mathcal{O}f'_y) = \ell(\mathcal{O}/\mathfrak{C}) + \ell(\mathfrak{C}/\mathcal{O}f'_y)$ $= \frac{c}{2} + \ell(\mathfrak{C}/\overline{\mathcal{O}}f'_y) + \ell(\overline{\mathcal{O}}f'_y/\mathcal{O}f'_y) = \frac{c}{2} + \ell(\mathfrak{C}/\overline{\mathcal{O}}\mathfrak{C}\mathfrak{D}_x) + \ell(\overline{\mathcal{O}}/\mathcal{O}) = c + \ell(\overline{\mathcal{O}}/\mathfrak{D}_x) = c + n - 1.$

En reportant cette expression de $\ell(\mathcal{O}/\mathcal{O}f'_y)$ dans la formule (3.3) nous obtenons

$$\ell(\overline{\mathcal{O}}/\mathfrak{a}_x) = \frac{3c}{2} + (n-1) - \ell(T) \quad .$$

En comparant avec (3.2) on trouve $\dim_{\mathbb{C}} (\overline{\mathfrak{D}}/\mathfrak{D}) = \frac{3c}{2} - \ell(T)$, et la formule (3.1) découle de ce dernier résultat si on se souvient que $r = c - \ell(T)$.

***

Chapitre IV :

L'espace des modules

L'espace des modules d'une classe d'équisingularité n'est jamais quasi-compact sauf dans deux cas particuliers $(g=1)$, $(g=2,\ n=4,\ \beta_1=6)$. C'est l'objet de ce chapitre.

1. La non-compacité de l'espace des modules dans le cas $g \geq 3$.

Soit $(n;\beta_1,\beta_2\ldots\beta_g)$ la caractéristique de la classe d'équisingularité L(C). Nous allons prouver que l'espace des modules n'est pas quotient d'un espace compact en construisant une application continue dans un espace non compact (en l'occurence $\mathbb{C}-\{0\}$).

Pour cela nous allons mettre en évidence un invariant analytique.

1.1. Considérons une forme canonique de la représentation paramétrique de C :

$$\begin{cases} x = t^n \\ y = t^{\beta_1} + A + b_2 t^{\beta_2} + B + b_3 t^{\beta_3} + \ldots \end{cases}$$

où A est un polynôme en t^{e_1} de degré en t inférieur à β_2 strictement, B est un polynôme en t^{e_2} de degré en t strictement inférieur à β_3, etc.

Soit $u \in \mathbb{C}$. Nous connaissons déjà la transformation définie par

$$\begin{cases} \tilde{t} = ut \\ \tilde{x} = \dfrac{x}{u^n} \\ \tilde{y} = \dfrac{y}{u^m} \end{cases} .$$

Si $b_2 u^{\beta_2-\beta_1} = 1$, la représentation paramétrique de C devient :

$$\begin{cases} \tilde{x} = \tilde{t}^n \\ \tilde{y} = \tilde{t}^{\beta_1} + \tilde{A} + \tilde{t}^{\beta_2} + \tilde{B} + \tilde{b}_3 \tilde{t}^{\beta_3} + \dots \end{cases}$$

où $\tilde{A}$ et $\tilde{B}$ vérifient respectivement les mêmes hypothèses que A et B.

Nous prendrons désormais les représentations paramétriques des branches de L(C) réduites à cette forme canonique.

<u>Proposition 1.2</u> : Si C et C' sont deux branches <u>analytiquement</u> isomorphes, (et si leurs représentations paramétriques sont de la forme indiquée) alors $b_3^{\beta_2-\beta_1} = b_3'^{\beta_2-\beta_1}$.

Pour démontrer cette proposition nous allons employer la méthode de la "force brutale". Avant de commencer, et pendant que le lecteur prend son souffle, remarquons que nous aurons, une fois la proposition démontrée, une application surjective continue de l'espace des modules dans $\mathbb{C} - \{0\}$ qui à un type analytique associe $b_3^{\beta_2-\beta_1}$. L'espace des modules n'est donc pas un espace quasi-compact.

<u>Démonstration</u> : Soit φ l'isomorphisme de $\mathcal{O}(C')$ sur $\mathcal{O}(C)$. φ s'étend de façon naturelle en un automorphisme de $\mathbb{C}[[t]]$, où $\mathbb{C}[[t]]$ est à la fois la clôture intégrale de $\mathcal{O}(C)$ et de $\mathcal{O}(C')$. φ respecte donc les valuations et l'on a, en considérant les valuations des différents termes :

$$\varphi(x') = a_{11}x + a_{12}y + \dots ,$$

comme $\beta_1 \not\equiv 0 \pmod n$: $\varphi(y') = a_{22}y + \dots , \quad (a_{11}a_{22} \neq 0)$,

$$\varphi(t) = c_1 t + \dots , \quad (c_1 \neq 0) .$$

Puisque $x' = t^n$, nous avons :

(i) $[\varphi(t)]^n = \varphi(t^n) = \varphi(x') = a_{11}x + a_{12}y + \dots$

de même : $y' = t^{\beta_1} + A + t^{\beta_2} + B + b_3' t^{\beta_3} + \dots$, donc

(ii) $\varphi(y') = \varphi(t^{\beta_1}) + \varphi(A) + \varphi(t^{\beta_2}) + \varphi(B) + b_3'\varphi(t^{\beta_3}) + \dots = a_{22}y + \dots$.

La démonstration consiste à identifier les coefficients des puissances de t dans les égalités (i) et (ii).

(i) $\varphi(t^n) = a_{11}x + a_{12}y + \dots$. Ecrivons d'abord $\varphi(t)$ sous la forme :

(1.3) $\varphi(t) = t(c_1 + c_{1+e_1} t^{e_1} + \dots + c_{1+\rho_1 e_1} t^{\rho_1 e_1}) + c_\gamma t^\gamma + \dots$

où $\gamma = \beta_2 - n + 1$.
γ est donc le premier exposant susceptible de figurer dans le développement de $\varphi(t)$, sachant que $\gamma - 1 \not\equiv 0 \pmod{e_1}$. Dans le développement de $(\varphi(t))^n$ le premier terme d'exposant non divisible par e_1 sera $nc_1^{n-1} c_\gamma t^{\beta_2}$. Dans $\varphi(x')$ ce même terme est $a_{12} t^{\beta_2}$ car toutes les puissances de x sont divisibles par t^{e_1}.

On a donc :

$$nc_1^{n-1} c_\gamma = a_{12} ,$$

$$\rho_1 = \left[\frac{\beta_2 - n}{e_1} \right] \quad \text{car } 1 + \rho_1 e_1 < \gamma \ ;$$

de plus $c_1^n = a_{11}$ (par identification des termes de plus bas degré).
Ecrivons maintenant $\varphi(t)$ sous une forme privilégiant les termes d'exposant non divisible par e_2.

$$(1.4) \quad \varphi(t) = t(c_1 + c_{1+e_1} t^{e_1} + \ldots + c_{1+\rho_1 e_1} t^{\rho_1 e_1} + c_{\beta_2 + 1 - n} t^{\beta_2 - n + 1} + \ldots$$

$$\ldots + c_{1+\rho_2 e_2} t^{\rho_2 e_2}) + c_\delta \, t^\delta + \ldots$$

où δ est cette fois $\beta_3 + 1 - n$. Le même calcul montre alors que :

$$\delta = \beta_3 + 1 - n$$

$$nc_1^{n-1} c_\delta = a_{12} b_3$$

$$\rho_2 = \left[\frac{\beta_3 - n}{e_2} \right] .$$

(ii) $\varphi(y') = a_{22} y + x(a_{23} y + \ldots)$. Cherchons dans $\varphi(y')$ le premier terme d'exposant non divisble par e_1. Pour cela prenons $\varphi(t)$ sous le forme (1.3). On aura alors :

$$\varphi(y') = (\varphi(t))^{\beta_1} + \varphi(A) + (\varphi(t))^{\beta_2} + \ldots$$

$$(\varphi(t))^{\beta_1} = c_1^{\beta_1} t^{\beta_1} + (\text{polynôme en } t^{e_1}) + \beta_1 c_1^{\beta_1 - 1} c_{\beta_2+1-n} t^{\beta_1+\beta_2-n} + \dots$$

$$\varphi(A) = (\text{polynôme en } t^{e_1}) + \text{termes de degré} > \beta_1 + \beta_2 - n$$

$$(\varphi(t))^{\beta_2} = c_1^{\beta_2} t^{\beta_2} + \text{termes de degré} > \beta_2 .$$

On voit donc que dans $\varphi(y')$ le premier terme d'exposant non divisible par e_1 est $c_1^{\beta_2} t^{\beta_2}$ (on a toujours $\beta_1 - n > 0$). Dans $a_{22}y + x(a_{23}y + \dots)$ ce terme est $a_{22}t^{\beta_2}$, on a donc : $c_1^{\beta_2} = a_{22}$, de plus : $c_1^{\beta_1} = a_{22}$ (identification des termes de plus bas degré).

Prenons maintenant $\varphi(t)$ sous la forme (1.4) et mettons en évidence le premier terme de $\varphi(y')$ d'exposant non divisible par e_2. Un calcul similaire montre que c'est $b_3' c_1^{\beta_3} t^{\beta_3}$.

Dans $a_{22}y + x(a_{23}y + \dots)$ ce même terme s'écrit $a_{22}b_3 t^{\beta_3}$. Donc : $a_{22}b_3 = b_3' c_1^{\beta_3}$.

En résumé, nous avons obtenu :

$$c_1^{\beta_2 - \beta_1} = 1$$

$$b_3 = b_3' c_1^{\beta_3 - \beta_2}$$

en élevant les deux membres de cette égalité à la puissance $\beta_2 - \beta_1$ on trouve

$$b_3^{\beta_2 - \beta_1} = b_3'^{\,\beta_2 - \beta_1} , \qquad \text{c.q.f.d.}$$

2. Le cas g = 2.

Nous allons rechercher un invariant analytique dans le cas $g = 2$. Donnons d'abord quelques préliminaires.

Définition 2.1 : Soit L une classe d'équisingularité de branches analytiques et $(n\,;\beta_1,\dots,\beta_g)$ sa caractéristique.

On dit que s est un exposant permis pour L si et seulement si il existe une courbe C appartenant à L qui admette la représentation paramétrique suivante :

$$\begin{cases} x = t^n \\ y = \sum_{i>n} a_i t^i \qquad \text{avec } a_s \neq 0 . \end{cases}$$

s est un exposant permis si et seulement si : $s = \beta_i$, et $1 \le i \le g$, ou $\beta_i < s < \beta_{i+1}$ et $s = \beta_i + ke_i$, ou $s > \beta_g$.

Plaçons-nous maintenant dans le cas $g \ge 2$ et considérons l'ensemble des exposants permis vérifiant les deux conditions suivantes :

a) $s > \beta_2$

b) s non divisible par e_1 .

Cet ensemble n'est pas vide. En effet, tous les entiers $s \ge \beta_g$ sont permis et ils ne peuvent être tous divisibles par e_1 qui est strictement plus grand que 1 ($g \ge 2$).

Nous <u>définissons</u> alors <u>β^*</u> comme le plus petit élément de cet ensemble. Lorsque g était supérieur ou égal à 3, nous avions défini l'invariant analytique à partir du coefficient de t^{β_3}. Comparons donc dans ce cas β_3 et β^*.

$$\bullet \qquad \beta_3 = \beta^* \Longleftrightarrow \begin{cases} \beta_3 < \beta_2 + e_2 & , \quad \text{ou} \\ \\ \beta_2+e_2 < \beta_3 < \beta_2+2e_2 & \text{et} \quad \beta_2+e_2 \equiv 0 \pmod{e_1} . \end{cases}$$

e_2 n'étant pas divisible par e_1, β_2+e_2 et β_2+2e_2 ne sont pas simultanément divisibles par e_1 . β_3 n'est jamais divisible par e_1. β^* est donc à choisir dans l'ensemble $\{\beta_3, \beta_2+e_2, \beta_2+2e_2\}$. La conclusion en découle immédiatement.

On a aussi de la même manière (si $g \ge 3$) :

$$\bullet \qquad \beta^* = \beta_2 + e_2 \Longleftrightarrow \beta_2 + e_2 < \beta_3 \text{ , et dans tous les autres cas}$$
$$\beta_2 + e_2 \not\equiv 0 \pmod{e_1}$$
$$\beta^* = \beta_2 + 2e_2$$

<u>Remarques</u> : - si $g = 2$, $e_2 = 1$, β^* est égal à β_2+1 ou β_2+2.

- Dans tous les cas $\beta^* \le \beta_2+2e_2$.

Si nous appelons b^* le coefficient de t^{β^*} dans la représentation paramétrique mise sous la forme canonique: $x = t^n$, $y = t^{\beta_1} + \dots + t^{\beta_2} + \dots + b^* t^{\beta^*} + \dots$, d'une branche C de la classe L nous avons la

<u>Proposition 2.2</u> : Chacune des quatre conditions suivantes

(A) $g \geq 3$; $\beta^* = \beta_3$

(B) $\beta^* = \beta_2 + e_2$

(C) $m_1 - n_1 > 1$

(D) $n_2 > 2$

implique que b^* (coeff. de t^{β^*} dans une représentation paramétrique <u>canonique</u> de C) vérifie :

$b^{*\beta_2 - \beta_1}$ est un invariant analytique de C.

<u>Démonstration</u> :

(A) est contenue dans le paragraphe précédent.

(B), (C), (D) Soient C et C' deux branches de L, analytiquement isomorphes, dont les représentations paramétriques sont mises sous forme canonique :

$$C : x = t^n, \quad y = t^{\beta_1} + \dots + t^{\beta_2} + \dots + b^* t^{\beta^*} + \dots ,$$

$$C' : x' = t^n, \quad y' = t^{\beta_1} + \dots + t^{\beta_2} + \dots + b'^* t^{\beta^*} + \dots .$$

Soit φ l'isomorphisme analytique de $\mathcal{O}(C')$ sur $\mathcal{O}(C)$:

$$\varphi(x') = a_{11}x + a_{12}y + a_{13}x^2 + a_{14}xy + a_{15}y^2 + \dots$$

$$\varphi(y') = \qquad a_{22}y + a_{23}x^2 + a_{24}xy + a_{25}y^2 + \dots$$

φ se **prolonge** en un automorphisme de $\mathbb{C}[[t]]$ que nous noterons encore φ.

$\varphi(t) = t(c_1 + c_{1+e_1} t^{e_1} + \dots + c_{1+\rho_1 e_1} t^{\rho_1 e_1}) + c_\gamma t^\gamma + \dots$, où $\gamma = \beta_2 - n + 1$, $c_1 \neq 0$. En comparant $\varphi(x')$ et $(\varphi(t))^n$ on obtient :

$$c_1^n = a_{11}$$

$$n c_\gamma c_1^{n-1} = a_{12} \qquad \text{(proposition 1.2)} .$$

Lemme 2.3 : Soit σ le plus petit entier tel que $c_{1+\sigma e_1} \neq 0$ (remarquons que $c_1 \neq 0$), alors $\sigma \geq \inf(n_1, m_1 - n_1)$.

La première puissance de t après t^n qui apparaît dans $\varphi(x') = a_{11}x + a_{12}y + a_{13}x^2 + \ldots$ est supérieure ou égale à $\inf(\beta_1, 2n)$.

Dans $(\varphi(t))^n = t^n(c_1 + c_{1+\sigma e_1}t^{\sigma e_1} + \ldots)^n + nt^{n-1}(c_1 + c_{1+\sigma e_1}t^{\sigma e_1} + \ldots)^{n-1}c_\gamma t^\gamma + \ldots$ cette même puissance est $n + \sigma e_1$. (En effet $\gamma + n - 1 = \beta_2$, et β_2 est strictement supérieur à β_1). On a donc $n + \sigma e_1 \geq \inf(\beta_1, 2n)$, c'est-à-dire $\sigma \geq \inf(m_1 - n_1, n_1)$.

Comparons maintenant les deux expressions de $\varphi(y')$:

$\varphi(y') = a_{22}y + a_{23}x^2 + a_{24}xy + \ldots$ et $\varphi(y') = \varphi(t^{\beta_1} + \ldots) = (\varphi(t))^{\beta_1} + \ldots$.

Le calcul du paragraphe 1 montre que (en examinant les termes en t^{β_1}) :

$a_{22} = c_1^{\beta_1}$, $a_{22} = c_1^{\beta_2}$, soit $c_1^{\beta_2 - \beta_1} = 1$.

Regardons maintenant les termes en t^{β^*} de ces deux développements (où nous avons groupé les puissances multiples de e_1)

$$\varphi(y') = \text{polynôme en } t^{e_1} + a_{22}t^{\beta_2} + a_{22}b^*t^{\beta^*} + a_{24}(t^{\beta_2+n} + \ldots) + 2a_{25}t^{\beta_1+\beta_2} + \text{termes de plus haut degré}$$

$$\varphi(t^{\beta_1} + \ldots) = \text{polynôme en } t^{e_1} + c_1^{\beta_2}t^{\beta_2} + c_1^{\beta^*}b'^*t^{\beta^*} + \beta_1 c_1^{\beta_1 - 1}c_\gamma t^{\beta_1+\beta_2-n} + \beta_2 c_1^{\beta_2-1}c_\gamma t^{2\beta_2-n} + \sum_{\sigma \leq \alpha \leq \rho_1} \beta_2 c_1^{\beta_2-1}c_{1+\alpha e_1}t^{\beta_2+\alpha e_1} + \ldots\,.$$

Nous savons que $\beta^* > \beta_2$, mais nous ne connaissons pas la position de β^* par rapport à $\beta_1 + \beta_2 - n$ et $\beta_2 + \sigma e_1$. En fait nous allons montrer que chacune des hypothèses B, C, D implique que $\beta^* < \beta_1 + \beta_2 - n$ et $\beta^* < \beta_2 + \sigma e_1$. Ceci montrera donc que $c_1^{\beta^*}b'^* = a_{22}b^*$.

<u>L'hypothèse (B)</u> $\beta^* = \beta_2 + e_2$

- nous savons que $m > n$, donc $m_1 - n_1 \geq 1$. On a par suite :

$$e_2 < e_1 \leq e_1(m_1 - n_1) = \beta_1 - n \quad \text{et} \quad \beta^* = \beta_2 + e_2 < \beta_2 + \beta_1 - n \quad .$$

- D'autre part $e_2 < e_1 \leq \sigma e_1$, donc $\beta^* < \beta_2 + \sigma e_1$.

<u>L'hypothèse (C)</u> signifie que $m_1 - n_1 \geq 2$

- $2e_2 < 2e_1 \leq (m_1 - n_1)e_1 = \beta_1 - n$, mais d'après la définition de β^*, $\beta^* \leq \beta_2 + 2e_2$, donc $\beta^* < \beta_2 + \beta_1 - n$.

- D'après le lemme 2.3 : $\sigma \geq \inf(n_1, m_1 - n_1)$, comme $g \geq 2$, $n_1 > 1$ (donc ≥ 2 et $\sigma \geq 2$. D'où : $\beta^* \leq \beta_2 + 2e_2 < \beta_2 + 2e_1 \leq \beta_2 + \sigma e_1$.

<u>Dans l'hypothèse (D)</u>, $n_2 > 2$.

- $2e_2 < n_2 e_2 \leq (m_1 - n_1)n_2 e_2 = \beta_1 - n$, donc $\beta^* \leq \beta_2 + 2e_2 < \beta_2 + \beta_1 - n$.
- $2e_2 < n_2 e_2 = e_1 \leq \sigma e_1$, $\beta^* \leq \beta_2 + 2e_2 < \beta_2 + \sigma e_1$.

En résumé, chacune des trois hypothèses (B), (C), (D) implique que $c_1^{\beta^*} b'^* = a_{22} b^*$, mais puisque $a_{22} = c_1^{\beta_1}$ et que $c_1^{\beta_2 - \beta_1} = 1$, on a :

$$(b'^*)^{\beta_2 - \beta_1} = (b^*)^{\beta_2 - \beta_1} \quad . \qquad \text{c.q.f.d.}$$

<u>Remarque 2.4</u> : Les seuls cas qui ne sont pas intégrés dans la proposition que nous venons de démontrer sont donc ceux où l'on a simultanément :

$$\begin{cases} \beta^* = \beta_2 + 2e_2 \\ m_1 - n_1 = 1 \\ n_2 = 2 \quad \text{(si } g \geq 2 \text{ on ne peut avoir } n_2 = 1\text{).} \end{cases}$$

Sous l'hypothèse supplémentaire $n_1 > 2$, $\underline{b^{*\beta_2 - \beta_1}}$ est encore un <u>invariant</u> analytique : c'est ce que nous allons montrer maintenant. Considérons deux branches de la classe d'équisingularité L(C), C et C', analytiquement isomorphes. Soit φ l'automorphisme de $\mathbb{C}[[t]]$ qui induit l'isomorphisme de $\mathcal{O}(C')$ sur $\mathcal{O}(C)$. Nous notons $\varphi(t) = t(c_1 + c_{1+\tau}t^\tau + \ldots)$, $c_{1+\tau}$ est le premier coefficient non nul après c_1 dans le développement de $\varphi(t)$.

Lemme 2.5 : Si $\tau \neq 0$ alors $\tau \geq n$.

Démonstration : $(\varphi(t))^n = \varphi(x') \in \mathcal{O}(C)$, mais $c_1 t^n = c_1 x$ est aussi dans $\mathcal{O}(C)$ donc $(\varphi(t))^n - c_1 t^n = nc_1^{n-1} c_{1+\tau} t^{n+\tau} + \ldots$, est un élément de $\mathcal{O}(C)$. La valuation en t de $(\varphi(t))^n - c_1 t^n$ est donc un élément du semi-groupe $\Gamma = v(\mathcal{O}(C))$, $n+\tau \in \Gamma$.

Nous savons que les générateurs du semi-groupe Γ sont (II, th. 3.9) :

$$\overline{\beta_o} = n$$

$$\overline{\beta_1} = \beta_1 = n + e_1 \quad (\text{car } m_1 - n_1 = 1)$$

$$\overline{\beta_2} = \beta_2 + (n_1 - 1)\beta_1$$

....

et $\overline{\beta_2} = \beta_2 + (n_1 - 1)\beta_1 > \beta_2 + \beta_1 > 2n$. Les $\overline{\beta_q}$ suivants sont supérieurs à $\overline{\beta_2}$ donc a fortiori, supérieurs à 2n. Montrer que $\tau \neq 0$ est supérieur ou égal à n, c'est donc montrer que $\tau + n$ est différent de β_1, c'est-à-dire τ différent de e_1.

Pour montrer que $\tau \neq 0 \Rightarrow \tau \neq e_1$, nous prouvons d'abord un lemme général sur la réduction de la représentation paramétrique d'une branche. Ce lemme généralise le résultat du chapitre III, paragraphe 2, p. 31, qui affirme que si dans (III.2.5) on a $\nu_\rho + n \equiv 0 \pmod{m}$, alors C a aussi une représentation paramétrique (III.2.7) (voir aussi [Zariski : Proc. of the NAS, loc.cit.].

Lemme 2.6 : Soit C une branche analytique de représentation paramétrique :

$$x = t^n, \quad y = t^{\beta_1} + \sum_{i>\beta_1} a_i t^i .$$

Soit $\lambda > \beta_1$ tel que $\lambda + n = b\beta_1$ avec $b \in \mathbb{Z}_+$. Il existe alors une courbe C' analytiquement isomorphe à C dont la représentation paramétrique s'écrit

$$\begin{cases} x' = t^n \\ y' = t^{\beta_1} + \sum\limits_{\beta_1 < i < \lambda} a_i t^i + \sum\limits_{j>\lambda} a'_j t^j . \end{cases}$$

Démonstration : Nous allons donner une démonstration analogue à celle du ch. III, § 2, p. 31, où nous avons montré que sous l'hypothèse

$\nu_\rho + n \equiv 0 \pmod{m}$, il existe une transformation analytique qui permet de passer de (III.2.5) à (III.2.7).

b est non nul. Nous pouvons donc considérer un automorphisme φ de $\mathbb{C}[[t]]$ tel que : $(\varphi(t))^n = \varphi(x') = x + ay^{b-1}$, où a est un nombre complexe à déterminer. On a donc :

$$(\varphi(t))^n = t^n + a(t^{\beta_1} + \dots)^{b-1} = t^n + at^{\beta_1(b-1)} + \dots$$

ce qui implique pour $\varphi(t)$, $\varphi(t) = t + \frac{a}{n} t^{\beta_1(b-1)-n+1} + \dots$. C'est-à-dire

$$\varphi(t) = t + \frac{a}{n} t^{\lambda-\beta_1+1} + \dots$$

et

$$\varphi^{-1}(t) = t - \frac{a}{n} t^{\lambda-\beta_1+1} + \dots .$$

Calculons alors $\varphi^{-1}(y) = y'$, $y' = [\varphi^{-1}(t)]^{\beta_1} + \sum_{i>\beta_1} a_i[\varphi^{-1}(t)]^i$.

$$(\varphi^{-1}(t))^{\beta_1} = t^{\beta_1} - \beta_1 \frac{a}{n} t^{\lambda} + \text{termes d'ordre supérieur à } \lambda$$

$$(\varphi^{-1}(t))^i = t^i - i \frac{a}{n} t^{\lambda+i-\beta_1}, \text{ et } \lambda+i-\beta_1 > \lambda \text{ pour } i > \beta_1 ,$$

ce qui donne pour y' :

$$y' = t^{\beta_1} + \sum_{\beta_1<i<\lambda} a_i t^i + (a_\lambda - \beta_1 \frac{a}{n})t^\lambda + \dots .$$

En prenant $a = \frac{na_\lambda}{\beta_1}$ on obtient l'automorphisme φ de $\mathbb{C}[[t]]$ qui envoie $\mathcal{O}(C')$ sur $\mathcal{O}(C)$, où C' est de la forme souhaitée.

Dans l'hypothèse où nous sommes β_1+e_1 est bien un exposant du type de ceux considérés dans le lemme 2.6 car $\beta_1 + e_1 + n = \beta_1 + \beta_1$, $(m_1-n_1 = 1)$. On peut donc supposer que l'exposant β_1+e_1 n'apparaît pas dans les représentations paramétriques canoniques (cf. déf. 1.1) de C et C'. Par exemple pour C' :

$$\begin{cases} x' = t^n \\ y' = t^{n+e_1} + \sum_{\rho\geq 3} c_{n+\rho e_1} t^{n+\rho e_1} + t^{\beta_2} + \dots \end{cases}$$

Supposons alors $\tau = e_1$ et montrons qu'il existe une contradiction en comparant les deux expressions de $\varphi(y')$:

$$\varphi(y') = a_{22}y + a_{23}x^2 + \dots$$

$$= a_{22}(t^{n+e_1} + \sum_{\rho\geq 3} c_{n+\rho e_1} t^{n+\rho e_1} + \dots)$$

$$+ \text{termes d'ordre} \geq 2n \quad ,$$

dans ce cas $2n = n+n_1e_1 \geq n+3e_1$ car $n_1 > 2$ (c'est notre hypothèse supplémentaire). Dans $\varphi(y')$ ne figure donc pas de terme en t^{n+2e_1}. D'autre part :

$$\varphi(y') = (\varphi(t))^{n+e_1} + \sum_{\rho\geq 3} (\varphi(t))^{n+\rho e_1} + \dots$$

soit, puisque $\varphi(t) = t(c_1 + c_{1+e_1} t^{e_1} + \dots)$,

$$\varphi(y') = t^{n+e_1}(c_1^{n+e_1} + (n+e_1)c_1^{n+e_1-1} c_{1+e_1} t^{e_1} + \dots)$$

$$+ \text{termes d'ordre} \geq n+3e_1 \ .$$

Nous trouvons un terme d'ordre $n+2e_1$ de coefficient $(n+e_1)c_1^{n+e_1-1} c_{1+e_1} \neq 0$. Il y a donc contradiction. Ceci implique que $\tau \neq e_1$, ce qui termine la démonstration du lemme 2.5.

L'automorphisme de $\mathbb{C}[[t]]$ qui induit l'isomorphisme $\mathcal{O}(C') \to \mathcal{O}(C)$ est donc de la forme :

$$\varphi(t) = t(c_1 + c_{1+\tau}t^{\tau} + \dots)$$

avec $\tau \geq n$ si $\tau \neq 0$. On a donc $(\varphi(t))^n = t^n(c_1^n + nc_1^{n-1}c_{1+\tau}t^{\tau} + \dots)$ avec $n+\tau \geq 2n > n+e_1 = \beta_1$ ($n_1 > 1$ et $m_1 - n_1 = 1$).
Il n'y a pas de terme en t^{β_1} dans $(\varphi(t))^n = \varphi(x')$, ce qui signifie que dans le développement $\varphi(x') = a_{11}x + a_{12}y + \dots$ on a :

$$a_{12} = 0 \quad .$$

Soit $\gamma = \beta_2 - n + 1$. On sait que $\varphi(t)$ se met sous la forme (1.3): $\varphi(t) = tA + c_{\gamma}t^{\gamma} +$ termes de degré $> \gamma$, où A est un polynôme en t^{e_1}. On a aussi $a_{12} = nc_1^{n-1}c_{\gamma}$; c_1 étant toujours différent de zéro, c_{γ} est donc nul et $\varphi(t)$ s'écrit sous la forme : $\varphi(t) = t(c_1 + c_{1+\tau}t^{\tau} + \ldots) +$ termes d'ordre $> \gamma$, τ est plus grand ou égal à n, τ est strictement plus grand que γ ou bien divisible par e_1.

Par un calcul désormais classique, nous identifions maintenant les deux expressions de $\varphi(y')$:

$$y' = t^{\beta_1} + \sum_{\substack{\beta_1<\alpha<\beta_2 \\ \alpha \equiv 0 \,(\mathrm{mod}\, e_1)}} a'_\alpha t^{\alpha} + t^{\beta_2} + \ldots + b'^{*}t^{\beta^*} + \ldots$$

- $\varphi(t^{\beta_1}) = t^{\beta_1}(c_1^{\beta_1} +$ série en t^{e_1} de valuation $\geq n) +$ termes d'ordre $> \beta_1+\beta_2-n$

Si $\alpha > \beta_1$ et $\alpha \equiv 0 \pmod{e_1}$ alors :

- $\varphi(t^{\alpha}) = t^{\alpha}(c_1^{\alpha} +$ série en t^{e_1} de valuation $\geq n)$
  $+$ termes d'ordre $> \alpha + \beta_2 - n > \beta_1+\beta_2-n$
- $\varphi(t^{\beta_2}) = t^{\beta_2}(c_1^{\beta_2} +$ série en t^{e_1} de valuation $\geq n)$
  $+$ termes d'ordre $> 2\beta_2 - n > \beta_1+\beta_2-n$
- $\varphi(t^{\beta^*}) = c_1^{\beta^*} t^{\beta^*} +$ termes d'ordre $> \beta^*$.

On a les égalités :

$$\beta_1 + \beta_2 - n = \beta_2 + e_1 \,, \quad (m_1 - n_1 = 1)$$

$$\beta_1 + \beta_2 - n = \beta_2 + 2e_2 = \beta^*, \quad (n_2 = 2) \ .$$

D'autre part, $\varphi(y') = a_{22}y + a_{23}x^2 + \ldots$, d'où en identifiant les termes des deux développements de $\varphi(y')$, on obtient : $c_1^{\beta_1} = a_{22}$, $c_1^{\beta_2} = a_{22}$, $b'^{*}c_1^{\beta^*} = a_{22}b^*$, d'où

$$(b'^{*})^{\beta_2-\beta_1} = (b^{*})^{\beta_2-\beta_1} \ .$$

3. Compacité de l'espace des modules d'une classe d'équisingularité de caractéristique $(4;6,\beta_2)$.

Il nous reste à montrer que pour une branche de caractéristique $(4;6,2s+1)$ l'espace des modules est réduit à un point. Nous allons nous servir de la proposition suivante.

<u>Proposition 3.1</u> : Soit la branche C définie par

$$\begin{cases} x = t^n \\ y = t^m + a_\lambda t^\lambda + \sum_{i>\lambda} a_i t^i \end{cases}$$

où l'on met en évidence dans le développement de y le premier terme non nul après t^m.

Soit j un entier tel que :

ⓐ $j > \lambda$.

ⓑ $a_j \neq 0$.

ⓒ $j - \lambda = sn + \sigma m \qquad s, \sigma \geq 0$.

Sous ces conditions : il existe une branche C' analytiquement isomorphe à C telle que la représentation paramétrique de C' soit de la forme :

$$C' : \begin{cases} x' = t^n \\ y' = t^m + a_\lambda t^\lambda + \sum_{i>\lambda} a'_i t^i \end{cases}$$

où : $a'_i = a_i$ si $i < j$
et $a'_j = 0$.

Donc si $j - \lambda = sn + \sigma m$, $a_\lambda \neq 0$, on peut supprimer le terme $a_j t^j$ dans le développement de y, sans changer les termes qui le précèdent, tout en gardant le même type analytique.

<u>Démonstration</u> : L'isomorphisme entre C et C' correspond à un automorphisme de $\mathbb{C}[[t]]$ que nous allons expliciter.
Considérons l'automorphisme φ qui vérifie :

$$x_1 = \bar{t}^n = \varphi(t^n) = x - nc\, x^{s+1} y^\sigma$$

où c est une constante complexe à déterminer. Par cette transformation, on obtient une branche C_1 (analytiquement équivalente à la branche C), où :

$$C_1 : \begin{cases} x_1 = \bar{t}^n \\ y_1 = \varphi^{-1}(y) \end{cases} .$$

y_1 est une série en $\overline{t}$.

$$\varphi(t^n) = \overline{t}^n = t^n[1 - nct^{ns}(t^m + a_\lambda t^\lambda + \sum_{i>\lambda} a_i t^i)^\sigma]$$

$$\overline{t}^n = t^n[1 - nct^{ns+\sigma m} - nc\sigma a_\lambda t^{ns+(\sigma-1)m+\lambda} + \ldots\ldots]$$

$$\overline{t}^n = t^n[1 - nct^{j-\lambda} - nc\sigma a_\lambda t^{j-m} + \ldots\ldots] \quad .$$

On ne s'intéresse pas aux termes de degré plus grand que j-m. Calculons t en fonction de $\overline{t}$. Nous allons utiliser un lemme élémentaire sur les séries.

<u>Lemme 3.2</u> :

ⓐ Si u est une série de la forme

$$u(t) = 1 + At^q + Bt^{hq+r} + \ldots \ , \quad 0<r<q$$

Soit v une série telle que $v(t)^n = u(t)$. Alors v(t) est de la forme :

$$v(t) = 1 + a_1 t^q + a_2 t^{2q} + \ldots + a_h t^{hq} + a_{h+1} t^{hq+r} + \ldots.$$

avec : $a_1 = \frac{A}{n}$, $a_{h+1} = \frac{B}{n}$.

ⓑ Si nous posons

$$\overline{t} = t(1 + a_1 t^q + a_2 t^{2q} + \ldots + a_h t^{hq} + a_{h+1} t^{hq+r} + \ldots)$$

Alors : $t = \overline{t}(1 + b_1 \overline{t}^q + b_2 \overline{t}^{2q} + \ldots + b_h \overline{t}^{hq} + b_{h+1} \overline{t}^{hq+r} + \ldots)$, avec $b_1 = -a_1 = -\frac{A}{n}$, $b_{h+1} = -a_{h+1} = -\frac{B}{n}$.

<u>Démonstration du lemme</u> :

ⓐ $u(t) = (v(t))^n = 1 + n(a_1 t^q + \ldots) + \binom{n}{2}(a_1 t^q + \ldots)^2 + \ldots + (a_1 t^q + \ldots)^n$

en identifiant dans ces deux séries les coefficients des termes en t^{iq}, $(i = 1,2\ldots.h)$, on trouve

$$A = na_1$$

$$0 = na_2 + \binom{n}{2} a_1^2$$

$$0 = na_3 + \binom{n}{2} 2a_1 a_2 + \binom{n}{3} a_3$$

$$\ldots\ldots\ldots\ldots\ldots$$

$$0 = na_i + Q_i(a_1 \ldots a_{i-1})$$

où Q_i est un polynôme quasi-homogène des $(a_1 \ldots a_{i-1})$ si a_p est de poids p.

$$0 = na_h + Q_h(a_1 \ldots a_{h-1})$$

enfin : $$B = na_{h+1} .$$

On voit donc que A et B étant donnés, le système a <u>une solution et une seule</u> en $(a_1 \ldots a_{h+1})$. De plus

$$a_1 = \frac{A}{n} \quad , \quad a_{h+1} = \frac{B}{n} .$$

ⓑ Soit $\bar{t} = t(1 + a_1 t^q + \ldots + a_h t^{hq} + a_{h+1} t^{hq+r} + \ldots)$

et $$t = \bar{t}(1 + b_1 \bar{t}^q + \ldots + b_{h+1} \bar{t}^{hq+r} + \ldots) .$$

en substituant l'expression de $\bar{t}$ dans la seconde série on trouve

$$t = (t + a_1 t^{q+1} + \ldots + a_{h+1} t^{hq+r+1} + \ldots) + b_1(t + a_1 t^{q-1} + \ldots)^{q+1} + \ldots$$

$$+ \ldots + b_{h+1}(t + a_1 t^{q+1} + \ldots)^{hq+r+1} + \ldots$$

ce qui donne, en identifiant les coefficients des termes en t^{iq+1},

$$0 = a_1 + b_1$$

$$0 = a_2 + (q+1)a_1 b_1 + b_2 a_2$$

$$0 = a_3 + (q+1)a_2 b_1 + (2q+1) b_2 a_1$$

$$\cdots\cdots\cdots\cdots$$

$$0 = a_i + Q^i(a_1 \ldots a_{i-1}, b_1 \ldots b_{i-1})$$

où Q^i est un polynôme.

$$0 = a_h + Q^h(a_1 \ldots a_{h-1}, b_1 \ldots b_{h-1})$$

enfin $$0 = a_{h+1} + b_{h+1} .$$

Le système admet une solution unique en $(b_1 \ldots b_{h+1})$ (les $(a_1 \ldots a_{h+1})$ étant donnés) et de plus :

$$b_1 = - a_1 \quad , \quad b_{h+1} = - a_{h+1} .$$

Dans la situation de la Proposition 3.1, on applique le lemme avec :

$$A = -nc\ ,\quad B = -nc\sigma a_\lambda\ ,\quad q = j-\lambda\ ,\quad j-m = h(j-\lambda)+r,$$

et l'on obtient :

- si $r \neq 0$

$$t = \bar{t}(1+b_1\bar{t}^{(j-\lambda)}+b_2\bar{t}^{2(j-\lambda)}+\ldots+b_h\bar{t}^{h(j-\lambda)}+b_{h+1}\bar{t}^{j-m}+\ldots)$$

$b_1 = c\ ,\quad b_{h+1} = c\sigma a_\lambda$.

- si $r = 0$, dans ce cas j est un élément du semi-groupe Γ, et nous sommes alors dans la situation de la proposition 1.2 du ch. III.

On peut maintenant calculer $y_1 = \varphi^{-1}(y)$ en fonction de $\bar{t}$. On a :

$$y = t^m + a_\lambda t^\lambda + \sum_{i>\lambda} a_i t^i\ .$$

On obtient alors y_1, en substituant à t, dans le développement de y, la série en $\bar{t}$ que nous venons de calculer.

$$y_1 = \bar{t}^m(1+b_1\bar{t}^{(j-\lambda)}+b_2\bar{t}^{2(j-\lambda)}+\ldots+b_h\bar{t}^{h(j-\lambda)}+b_{h+1}\bar{t}^{j-m}+\ldots)^m$$
$$+ a_\lambda\bar{t}^\lambda(1+b_1\bar{t}^{(j-\lambda)}+\ldots)^\lambda + \sum_{i>\lambda} a_i\bar{t}^i(1+\ldots)^i\ .$$

D'où, en regroupant les termes de même degré,

$$y_1 = \bar{t}^m + a_\lambda\bar{t}^\lambda + \sum_{\lambda<i<j} a_i\bar{t}^i + (mb_{h+1}+\lambda a_\lambda b_1)\bar{t}^j$$
$$+ mb_1\bar{t}^{m+(j-\lambda)} + \sum_{i\geq 2} \text{termes en } \bar{t}^{m+i(j-\lambda)}$$
$$+ \text{termes d'ordre} > j\ .$$

y_1 ne satisfait pas aux conditions de la proposition 3.1, le changement de t en $\bar{t}$ a introduit des termes "parasites", d'ordre $m+i(j-\lambda)$, $i = 1,\ldots h$, dont on va chercher à se débarrasser, avec le seul souci de conserver le type analytique de la branche initiale C.

Occupons-nous d'abord du terme $mb_1\bar{t}^{m+(j-\lambda)}$. Ce terme a la même valuation que $x_1^s y_1^{\sigma+1}$. En effet

$$v(x_1^s y_1^{\sigma+1}) = sn + (\sigma+1)m = m + j - \lambda$$

et :

$$x_1^s y_1^{\sigma+1} = \overline{t}^{ns}[\overline{t}^{m}(1+b_1\overline{t}^{j-\lambda}+\ldots)+a_\lambda\overline{t}^{\lambda}+\ldots]^{\sigma+1}$$

$$= \overline{t}^{ns}[\overline{t}^{m(\sigma+1)}(1+b_1\overline{t}^{j-\lambda}+\ldots)^{\sigma+1}+(\sigma+1)a_\lambda\overline{t}^{m\sigma+\lambda}+\ldots] \quad .$$

D'où :

$$x_1^s y_1^{\sigma+1} = \overline{t}^{m+j-\lambda} + \text{termes en } \overline{t}^{m+i(j-\lambda)} + \underline{(\sigma+1)a_\lambda\overline{t}^{j}}$$

$$+ \text{termes d'ordre} > j \quad .$$

Remarquons que $x_1^s y_1^{\sigma+1}$ appartient à $\mathfrak{m}$, l'idéal maximal de l'anneau local de la branche. Donc :

$$mb_1\overline{t}^{m+j-\lambda} = \xi_1 - m(\sigma+1)b_1a_\lambda\overline{t}^{j} + \text{termes en } \overline{t}^{m+i(j-\lambda)}$$

$$+ \text{termes d'ordre} > j \quad , \quad (i \geq 2 \quad , \ \xi_1 \in \mathfrak{m}\ )$$

De même : $v(x_1^{2s}y_1^{2(\sigma+1)-1}) = 2sn + 2(\sigma+1)m - m = m + 2(j-\lambda)$. Et :

$$x_1^{2s}y_1^{2(\sigma+1)-1} = \overline{t}^{m+2(j-\lambda)} + \text{termes en } \overline{t}^{m+i(j-\lambda)}$$

$$+ \text{termes d'ordre} > j \ , \quad (i \geq 3) \quad .$$

Donc tous les termes en $\overline{t}^{m+i(j-\lambda)}$, $i \geq 2$, sont de la forme ξ_i + termes d'ordre $> j$, avec $\xi_i \in \mathfrak{m}$. D'où :

$$y_1 = \overline{t}^{m} + a_\lambda\overline{t}^{\lambda} + \sum_{\lambda<i<j} a_i\overline{t}^{i} + a'_j\overline{t}^{j} + \xi + \text{termes d'ordre} > j$$

avec $\xi \in \mathfrak{m}$

et $\quad a'_j = mb_{h+1} + \lambda a_\lambda b_1 + a_j - m(\sigma+1)b_1a_\lambda \quad .$

On se rappelle que $b_1 = c$; $b_{h+1} = c\sigma a_\lambda$. On choisit la constante c pour obtenir $a'_j = 0$. On vérifie que l'on a $a'_j = 0$ pour :

$$c = -a_j/(\lambda-m)a_\lambda \quad .$$

Enfin, si l'on pose $y' = y_1 - \xi$, on obtient une branche C' analytiquement équivalente à C (prop. 1.2, ch. III), où C' a la forme indiquée dans le texte de la proposition 3.1, ce qui en achève la démonstration.

3.3 Revenons maintenant à notre étude de l'espace des modules d'une branche C de caractéristique (4 ; 6,2s+1).

Dans ce cas, les générateurs du semi-groupe Γ sont : 4, 6 et $\overline{\beta}_2 = (n_1-1)\beta_1 + \beta_2 = 6 + 2s + 1 = 2s + 7$. Γ contient donc tous les entiers pairs à partir de 4, ainsi que tous les entiers plus grands que $c = 2s + 10$. Si C est donnée par la représentation paramétrique

$$C \begin{cases} x = t^4 \\ y = t^6 + A + t^{2s+1} + \sum_{i>\beta_2} a_i\, t^i \end{cases}$$

où A est une somme de monômes en t de degré pair compris entre 8 et $\beta_2 = 2s + 1$, nous allons montrer à l'aide de la proposition précédente qu'il existe une branche C', analytiquement équivalente à C, dont la représentation paramétrique est :

$$C' \begin{cases} x = t^4 \\ y = t^6 + t^{2s+1} + a_{2s+3}\, t^{2s+3} \end{cases},$$

le coefficient a_{2s+3} étant le même pour les deux branches C et C'.

Un monôme de A est de la forme $\alpha t^{4\sigma}$, $\sigma \geq 2$, ou de la forme $\alpha t^{4\sigma+6}$, $\sigma \geq 1$. On peut éliminer ces termes par les isomorphismes analytiques :

$$y \mapsto y - \alpha x^{\sigma} \quad , \quad y \mapsto y - \alpha x^{\sigma} y \quad .$$

De telles transformations ne perturbent pas les coefficients de t^{2s+1} et t^{2s+3}. Nous avons déjà vu (prop. 1.2, ch. III) comment éliminer les autres termes dont les degrés sont des éléments de Γ sans toucher au type analytique.

Il existe donc une branche $\tilde{C}$, $\tilde{C} \cong C$, de la forme

$$\tilde{C} \begin{cases} x = t^4 \\ y = t^6 + t^{2s+1} + a_{2s+3}\, t^{2s+3} + a'_{2s+5}\, t^{2s+5} + a'_{2s+7}\, t^{2s+7} + a'_{2s+9}\, t^{2s+9} \end{cases}.$$

On utilise alors la proposition 3.1 avec $\lambda = 2s+1$, $j = 2s+9$. On vérifie que $j - \lambda$ est élément de Γ, $(j-\lambda = 8)$. On obtient alors une branche $\widetilde{C}_1$, $\widetilde{C}_1 \simeq \widetilde{C}$, pour laquelle :

$$y = t^6 + t^{2s+1} + a_{2s+3}\, t^{2s+3} + a'_{2s+5}\, t^{2s+5} + a'_{2s+7}\, t^{2s+7} + \eta$$

où $v(\eta) \geq 2s+10 = c$. η est donc un élément du conducteur $\mathfrak{C}$ de l'anneau local de la branche.

En appliquant à nouveau la même proposition 3.1, on peut éliminer les termes $a'_j t^j$ pour $j = 2s+7$, $2s+5$, et il est alors facile de conclure* que toute branche de caractéristique $(4\,;\,6,\,\beta_2)$ $\beta_2 = 2s+1$, est analytiquement isomorphe à une branche C' du type suivant :

$$C' \begin{cases} x = t^4 \\ y = t^6 + t^{2s+1} + b\,t^{2s+3} \end{cases} , \quad b \in \mathbb{C} \; .$$

Nous allons montrer que toutes ces branches sont isomorphes à la branche C obtenue en faisant $b = 0$:

$$C \begin{cases} x = t^4 \\ y = t^6 + t^{2s+1} \end{cases} .$$

Nous allons pour cela construire un automorphisme analytique qui transforme C en C', où le coefficient b de C' est quelconque.

Soit a une constante arbitraire. Nous voulons définir un automorphisme φ de $\mathbb{C}[[t]]$, satisfaisant aux trois conditions suivantes :

a) $\varphi(t) = \overline{t} = t + at^3 + at^{2s-2} + \dots$

b) $\varphi(x) \in \mathcal{O}(C)$.

Remarquons que si la condition a) est satisfaite, alors :

$$\varphi(x) = \varphi(t^4) = t^4 + 4at^6 + 6a^2t^8 + 4a^3t^{10} + a^4t^{12} + 4at^{2s+1} + 12a^3t^{2s+5} + \dots$$

$$= x + 4ay + 6a^2x^2 + a^4x^3 + 4a^3xy + \dots .$$

On définit φ par la condition :

---

* Voir Chapitre III, prop. 1.2.

c) $\varphi(t^4) = x + 4ay + 6a^2x^2 + a^4x^3 + 4a^3xy$.

Cet automorphisme satisfait aux conditions demandées. Appelons C' la branche définie par

$$\begin{cases} x' = \bar{t}^4 \\ y' = \varphi^{-1}(y) \end{cases} .$$

On a : $C' \cong C$ et :

$$y' = \bar{t}^6 + \ldots + a'_{2s+1}\bar{t}^{2s+1} + a'_{2s+3}\bar{t}^{2s+3} + \ldots$$

$$\bar{t}^6 = \varphi(t^6) = [t + at^3 + at^{2s-2} + \ldots]^6 = t^6 + \ldots + 6at^{2s+3} + \ldots$$

$$\bar{t}^{2s+1} = \varphi(t^{2s+1}) = t^{2s+1} + \ldots + (2s+1)at^{2s+3} + \ldots$$

$$\bar{t}^{2s+3} = \varphi(t^{2s+3}) = t^{2s+3} + \ldots \quad .$$

En substituant ces valeurs dans y', on doit obtenir $y = t^6 + t^{2s+1}$ dont on était parti, ce qui donne comme valeurs des coefficients :

$$a'_{2s+1} = 1 \quad , \quad a'_{2s+3} = -(2s+7)a \quad .$$

Nous venons de voir qu'une telle branche C' est isomorphe à :

$$C'' \begin{cases} x'' = t^4 \\ y'' = t^6 + t^{2s+1} - (2s+7)at^{2s+3} \end{cases} .$$

où a est une constante quelconque.

Ceci achève la démonstration.

En conclusion, nous venons de montrer que l'espace des modules d'une branche de caractéristique $(4\,;\,6,\beta_2)$ est réduit à un point.

Avant de terminer le Chapitre IV, donnons encore un lemme technique qui sera utile dans les chapitres V et VI.

Lemme 3.5 : Soit $\bar{t}$ une série entière en t dont le terme de plus bas degré est égal à t. Supposons que

$$\bar{t}^n = t^n + n \sum_{\alpha\geq 0} B_\alpha \, t^{\mu+n-1+\alpha}$$

où μ est un entier ≥ 2.

Alors :

a) $\bar{t} = t + \sum_{\alpha=0}^{\mu-2} B_\alpha \, t^{\mu+\alpha}$ + termes d'ordre $> 2\mu-2$

b) $t = \bar{t} - \sum_{\alpha=0}^{\mu-2} B_\alpha \, \bar{t}^{\mu+\alpha}$ + termes d'ordre $> 2\mu-2$.

Démonstration : Puisque $\bar{t}^n - t^n$ est d'ordre $\geq \mu+n-1$, tandis que $\bar{t} - \varepsilon t$ est d'ordre 1 en t dès que $\varepsilon \neq 1$, l'ordre en t de $\bar{t} - t$ est nécessairement supérieur ou égal à μ.

Posons alors $\bar{t} = t + \sum_{\alpha\geq 0} B^*_\alpha \, t^{\mu+\alpha}$.

Il vient : $\bar{t}^n = t^n + n \sum_{\alpha\geq 0} B^*_\alpha \, t^{\mu+n-1+\alpha}$ + termes d'ordre $\geq n-2+2\mu$.

En comparant à l'hypothèse nous obtenons la partie a) du lemme.

Si nous posons maintenant $t = \bar{t} + \sum_{\alpha\geq 0} \overline{B}^*_\alpha \, \bar{t}^{\mu+\alpha}$ ($t - \bar{t}$ est aussi d'ordre $\geq \mu$ en $\bar{t}$), nous obtenons l'identité suivante :

$$t = (t + \sum_{\alpha\geq 0} B^*_\alpha \, t^{\mu+\alpha}) + \overline{B}^*_0 (t + \sum_{\alpha\geq 0} B^*_\alpha \, t^{\mu+\alpha})^\mu + \ldots$$
$$+ B^*_{\mu-2} (t + \sum_{\alpha\geq 0} B^*_\alpha \, t^{\mu+\alpha})^{2\mu-2} + \ldots \; .$$

Soit $\alpha \leq \mu-2$; écrivons l'égalité des coefficients des termes en $t^{\mu+\alpha}$

$$0 = B^*_\alpha + \overline{B}^*_\alpha \; .$$

Comme d'après a) $B^*_\alpha = \overline{B}^*_\alpha$, nous venons de prouver la partie b) du lemme 3.5.

***

Chapitre V :
Exemples

1. n = 2 et 3.

1.1 $n = 2$

Dans ce cas toutes les branches ont une caractéristique du type $(2;\beta_1)$, β_1 impair. Le semi-groupe Γ contient tous les entiers plus grands ou égaux à β_1 ; l'espace des modules se réduit donc à un seul point représenté par la branche

$$C \begin{cases} x = t^2 \\ y = t^{\beta_1} \end{cases} .$$

L'invariant $r(C)$ (ch. III, § 3) est zéro.

1.2 $n = 3$

La caractéristique d'une branche est $(3;\beta_1)$ avec $\beta_1 = 3s+1$ ou $3s+2$ et sa représentation courte est de la forme

$$\begin{cases} x = t^3 \\ y = t^{\beta_1} + \sum_{\nu=0}^{\nu=s-2} a_\nu t^{\beta_1+\varepsilon+3\nu} \end{cases}$$

$$\varepsilon = 1 \text{ si } \beta_1 = 3s+1 \quad , \quad \varepsilon = 2 \text{ si } \beta_1 = 3s+2 \quad .$$

Dans la représentation courte ci-dessus ne figure pas le terme correspondant à $\nu = s-1$, dont l'ordre vaut $\beta_1 + \varepsilon + 3s-3 = 2\beta_1 - 3$, mais nous savons (ch. IV, lemme 2.6) qu'un terme $a_j t^j$, tel que $j+n \in \beta_1\mathbb{Z}_+$, peut être éliminé, sans toucher aux termes qui précèdent. Ici $(2\beta_1 - 3) + 3 = 2\beta_1$. Rappelons aussi (ch. IV, prop. 3.1) qu'un terme $a_j t^j$ du développement de y peut être éliminé si $j - \lambda = sn + \sigma\beta_1$, $\beta_1 < \lambda < j$ et $a_\lambda t^\lambda$ est le premier terme du développement de y, différent de t^{β_1}, tel que a_λ soit non nul.

Ainsi chaque branche de notre classe d'équisingularité est isomorphe à l'une des branches suivantes :

$$C_o \begin{cases} x = t^3 \\ y = t^{\beta_1} \end{cases},$$

$$C_{\nu+1} \begin{cases} x = t^3 \\ y = t^{\beta_1} + a_\nu t^{\beta_1+\varepsilon+3\nu} \end{cases}, \quad \nu = 0,1,2,\dots,s-2 .$$

En effet si a_ν est le premier coefficient non nul, en vertu des critères que nous venons de rappeler, on peut supprimer les termes qui suivent, en restant dans la même classe d'isomorphisme analytique. D'autre part, si $\nu \neq \nu'$ $C_{\nu+1}$ et $C_{\nu'+1}$ ne sont pas isomorphes, car $\beta_1 + \varepsilon + 3\nu + 2$ est l'ordre minimum d'une différentielle (holomorphe) non exacte. C_o et $C_{\nu+1}$ ne sont pas non plus isomorphes, car C_o ne possède pas de différentielle holomorphe non exacte. Donc, pour deux valeurs distinctes de ν, les branches correspondantes ne peuvent pas être isomorphes.

L'espace des modules $\mathfrak{M}(C) = L(C)/\cong$, est donc constitué de s points distincts. Cherchons à en préciser la topologie. Si on considère la branche suivante,

$$\begin{cases} x = t^3 \\ y = t^{\beta_1} + u_\nu t^{\beta_1+\varepsilon+3\nu} + u_{\nu+1} t^{\beta_1+\varepsilon+3\nu+3} + \dots \end{cases},$$

alors cette branche est analytiquement isomorphe à $C_{\nu+1}$, pour tout $u_\nu \neq 0$. En faisant tendre le coefficient u_ν vers zéro, on obtient "à la limite", la branche $C_{\nu+2}$; plus précisément, l'ensemble $\{C_{\nu+1}, C_{\nu+2}, \dots, C_{s-1}, C_o\}$ est l'<u>adhérence</u> de $C_{\nu+1}$ pour la topologie de l'espace des modules, et C_o est le seul point fermé de cet espace.

Il est facile de calculer l'invariant $\tau(C_{\nu+1})$, nombre de différentielles non exactes linéairement indépendantes sur $\mathbb{C}$, (modulo les différentielles exactes).

Nous affirmons qu'il existe une base $\omega_1, \omega_2, \ldots, \omega_r$, de différentielles non exactes, telles que : $v(\omega_1) < v(\omega_2) < \ldots < v(\omega_r)$ et vérifiant $v(\omega_i) + 1 \notin \Gamma$. Ici $\omega_1 = \beta_1 y dx - 3x dy$ (voir ch. III, 3, p. 35). On a donc nécessairement $v(\omega_i) + 1 < c = 2(\beta_1 - 1)$, c'est-à-dire : $v(\omega_i) + 1 \leq \beta_1 + 3(s-1) + \varepsilon$. D'autre part, nous devons avoir pour $i > 1$, $v(\omega_i) + 1 > v(\omega_1) + 1 = \beta_1 + 3(\nu+1) + \varepsilon$. Les seuls entiers de l'ensemble $\{v(\omega_1) + 1, v(\omega_1) + 2, \ldots, c-1\}$ qui n'appartiennent pas à Γ, sont les $s-\nu-1$ entiers $\beta_1 + 3(\nu+\lambda+1) + \varepsilon$, $\lambda = 0, 1, \ldots, s-\nu-2$, car, d'après la définition de ε, on a : $\beta_1 + \varepsilon' = 3(s+1)$ où $\varepsilon' \neq \varepsilon$ et ε' vaut soit 1 soit 2. D'autre part, pour chacun de ces entiers $\beta_1 + 3(\nu+\lambda+1) + \varepsilon$, il existe une différentielle ω_λ, telle que $v(\omega_\lambda) + 1 = \beta_1 + 3(\nu+\lambda+1) + \varepsilon$. En effet, $v(x^\lambda \omega_1) + 1 = \beta_1 + 3(\nu+\lambda+1) + \varepsilon$ et $\omega_\lambda = x^\lambda \omega_1$ est certainement non exacte car $v(\omega_\lambda) + 1 \notin \Gamma$. Donc $r(C_{\nu+1}) = s - \nu - 1$, $\nu = 0, 1, \ldots, s-2$; bien sûr nous savons que $r(C_0) = 0$.

2. $(n = 4 \ ; \ m = \beta_1 = 5)$.

Pour cette caractéristique on a $c = (4-1)(5-1) = 12$ et tous les entiers plus grands que 12 sont dans Γ, $\Gamma = \{0, 4, 5, 8, 9, 10, 12, 13, 14, 15, \ldots\}$. Les exposants qui figurent dans une représentation paramétrique courte sont donc $\{5, 6, 7, 11\}$. 6 et 11 sont de la forme $\alpha m - n$, et ils peuvent être éliminés (ch. IV, lemme 2.6). Toute branche a une représentation paramétrique de la forme suivante :

$$\begin{cases} x = t^4 \\ y = t^5 + a_7 t^7 \end{cases} .$$

L'espace des modules a deux éléments représentés par

$$C_0 \begin{cases} x = t^4 \\ y = t^5 \end{cases} , \quad C_1 \begin{cases} x = t^4 \\ y = t^5 + t^7 \end{cases} .$$

Nous trouvons facilement que $r(C_1) = 1$, la seule différentielle non exacte sur C_1 étant $\Omega = 5y\,dx - 4x\,dy$, dont l'ordre est $7 + 4 - 1 = 10$. D'autre part, on sait que $r(C_0) = 0$, donc C_0 et C_1 ne sont pas isomorphes, ainsi l'espace des modules dans le cas présent, est constitué de deux points. Il est immédiat de constater que C_0 est un point fermé, tandis que l'adhérence de C_1, est la paire de points $\{C_1, C_o\}$.

Définition 2.1 : On appelle représentation très courte, une représentation paramétrique courte, dans laquelle on a effectué toutes les éliminations indiquées dans la proposition 3.1 et dans le lemme 2.6 du chapitre IV.

Une représentation très courte sera donc de la forme suivante :

$$\begin{cases} x = t^n \\ y = t^{\beta_1} + a_\lambda t^\lambda + \sum_{i>\lambda}^{c-1} a_i t^i , \quad a_\lambda \neq 0 , \ \lambda \notin \Gamma, \ \lambda + n \notin \beta_1 \mathbb{Z}_+ , \end{cases}$$

avec $a_i = 0$, pour i ayant l'une des propriétés suivantes :

$$i \in \Gamma , \quad i + n \in \beta_1 \mathbb{Z}_+ , \quad i - \lambda = sn + \sigma\beta_1 \ (s \in \mathbb{Z}_+, \ \sigma \in \mathbb{Z}_+) \ .$$

3. $(n = 4 ; m = 6 , \beta_2)$, $g = 2$.

Ce cas est déjà plus compliqué à étudier. Nous avons vu (ch. IV, § 3) que l'espace des modules se réduit à un seul élément.

4. $(n = 5 ; m = 6)$.

On a alors $c = 20$.

$\Gamma = \{5,6,10,11,12,15,16,17,18,20,\ldots\}$. Les éléments supérieurs à 6 du complémentaire de Γ sont donc $\{7,\underline{8},\underline{9},13,\underline{14},19\}$. Par les critères habituels, les termes d'ordre 7, 13 et 19 disparaissent dans la représentation très courte, et sous cette forme on obtient les branches

$$C = \begin{cases} x = t^5 \\ y = t^6 + a_8 t^8 + a_9 t^9 + a_{14} t^{14} \ . \end{cases}$$

Si $a_8 \neq 0$: $14 - 8 = 6 = m$, si $a_8 = 0$ et $a_9 \neq 0$: $14 - 9 = 5 = n$. Dans les deux cas le terme $a_{14} t^{14}$ peut être éliminé (ch. IV, lemme 2.6). Il y a donc trois types de branches qui apparaissent, nous les noterons I, II et III.

$$\text{I}\left\{\begin{array}{l} x = t^5 \\ y = t^6 + a_8 t^8 + a_9 t^9 \end{array}\right. \quad \text{avec } a_8 \text{ et } a_9 \text{ non nuls simultanément.}$$

$$\text{II}\left\{\begin{array}{l} x = t^5 \\ y = t^6 + t^{14} \end{array}\right. , \qquad \text{III}\left\{\begin{array}{l} x = t^5 \\ y = t^6 \end{array}\right. .$$

Aucune branche du type I n'est isomorphe à l'une des branches du type II ou III, car les exposants différentiels sont distincts et valent : $8 + 4 = 12$, ou $9 + 4 = 13$ dans le premier cas, $14 + 4 = 18$ dans le cas II.

Le cas I demande une étude plus approfondie. Les branches de cette catégorie sont paramétrées par deux coefficients complexes a_8 et a_9, non nuls simultanément, et nous allons voir qu'on peut les considérer comme coordonnées homogènes d'une droite projective complexe.

Dans la "correspondance" ainsi établie entre $\mathbb{C}^2-(0,0)$ et l'ensemble des branches du type I, nous devons encore préciser à quelle condition deux branches C et C' associées à deux points (a_8, a_9) et (a'_8, a'_9) de $\mathbb{C}^2-(0,0)$, sont isomorphes. Cherchons d'abord une condition suffisante.

Soit $t \to \alpha t$, $\alpha \neq 0$, $\alpha \in \mathbb{C}$, un automorphisme de $\mathbb{C}[[t]]$. On lui associe le changement de coordonnées $x \mapsto x/\alpha^5$, $y \mapsto y/\alpha^6$. Nous avons déjà utilisé cette transformation (ch. III, 2.2). On obtient une branche $\overline{C}$, analytiquement isomorphe à C

$$\overline{C}\left\{\begin{array}{l} x = t^5 \\ y = t^6 + a_8 \alpha^2 t^8 + a_9 \alpha^3 t^9 \end{array}\right.$$

Une condition suffisante sur les coefficients pour que l'on ait $C \cong C'$ est donc $a'_8 = a_8 \alpha^2$, $a'_9 = a_9 \alpha^3$, $\alpha \in \mathbb{C}$, $\alpha \neq 0$. Ceci peut encore s'exprimer par l'égalité $a_8^3 / a_9^2 = a'^3_8 / a'^2_9$ .Nous allons démontrer ci-dessous que c'est aussi une condition nécessaire, pour que les deux branches soient isomorphes. On aura donc le résultat suivant :

<u>Proposition 4.1</u> : Deux branches C et C' du type I sont analytiquement isomorphes si et seulement si

$$a'^3_8 / a'^2_9 = a_8^3 / a_9^2 .$$

Si l'on pose $J = a_8^3 / a_9^2$, alors une classe d'isomorphisme du type I est entièrement déterminée par la valeur de J, J est un <u>invariant</u> intrinsèque de cette classe. Remarquons que J peut être infini. Si $\mathcal{O}$ est l'anneau local de la branche C, nous écrirons : $J = a_8^3 / a_9^2 = J(\mathcal{O})$.

<u>Démonstration de la nécessité de la condition $J = J'$</u> :

Supposons donc que les deux branches

$$C : \begin{cases} x = t^5 \\ y = t^6 + a_8 t^8 + a_9 t^9 \end{cases}$$

$$C' : \begin{cases} x = t^5 \\ y' = t^6 + a'_8 t^8 + a'_9 t^9 \end{cases}$$

sont isomorphes. Il existe alors un automorphisme $\varphi(t) = b_1 t + \dots$, $b_1 \neq 0$, de $\mathbb{C}[[t]]$ tel que : $\varphi(\mathcal{O}) = \mathcal{O}'$, où $\mathcal{O}$ et $\mathcal{O}'$ sont respectivement les anneaux locaux de C et C'. Soit ψ l'automorphisme de $\mathbb{C}[[t]]$ défini par $\psi(t) = \frac{1}{b_1} t$, et posons : $\varphi_1 = \psi \circ \varphi$, d'où $\varphi_1(t) = t + \dots$. Si l'on pose $\psi(\mathcal{O}') = \mathcal{O}''$, nous savons grâce à la démonstration précédente que $J(\mathcal{O}'') = J(\mathcal{O}')$, car $\mathcal{O}''$ est l'anneau local de la branche $x = t^5$, $y'' = t^6 + (a'_8 / b_1^2) t^8 + (a'_9 / b_1^3) t^9$. Donc, il suffit de montrer que $J(\mathcal{O}) = J(\mathcal{O}'')$. On peut donc remplacer φ par φ_1 (puisque $\varphi_1(\mathcal{O}) = \mathcal{O}''$), ce qui revient à supposer $b_1 = 1$. Dans ce cas, nous allons montrer que l'on a nécessairement $a_8 = a'_8$ et $a_9 = a'_9$, c'est-à-dire $C = C'$.

Soit alors $\varphi(t) = t + b_2 t^2 + \dots$.

Commençons par montrer que $b_2 = 0$. On a $\varphi(t^6) = t^6 + 6b_2 t^7 + \dots$, d'où $\varphi(y) = t^6 + 6b_2 t^7 +$ termes de degré > 7, et $\varphi(y) - y' = 6b_2 t^7 +$ termes de degré > 7. Mais $\varphi(y)$ et y' appartiennent à $\mathcal{O}'$ et $7 \notin \Gamma$, on ne peut donc pas avoir $v(\varphi(y) - y') = 7$. Ceci démontre que $b_2 = 0$.

On a donc

$$\varphi(t) = t + b_j t^j + \dots, \quad b_j \neq 0, \ j \geq 3.$$

D'où $\varphi(t^5) = t^5 + 5b_j t^{j+4} + \dots$, et par conséquent $v(\varphi(t^5) - t^5) = j + 4$. $\varphi(t^5)$ et t^5 appartenant à $\mathcal{O}'$, $j + 4$ doit être un élément de Γ. Puisque $j + 4 \geq 7$ on en conclut que $j + 4 \geq 10$, c'est-à-dire $j \geq 6$. En tenant compte de cette dernière inégalité, on obtient :

$$\varphi(t^6) = t^6 + \text{termes de degré} \geq 11$$

$$\varphi(t^8) = t^8 + \text{termes de degré} \geq 13$$

$$\varphi(t^9) = t^9 + \text{termes de degré} \geq 14 \quad ,$$

<u>d'où</u> :

$$\varphi(y) = t^6 + a_8 t^8 + a_9 t^9 + \text{termes de degré} > 9 \text{ (et en fait de degré} \geq 11)$$

Nous avons alors : $\varphi(y) - y' = (a_8 - a_8')t^8 + (a_9 - a_9')t^9 +$ termes de degré > 9. Puisque $\varphi(y)$ et y' sont dans $\mathcal{O}'$, et que ni 8 ni 9 n'est élément de Γ, il en résulte que $a_8 = a_8'$, et $a_9 = a_9'$, ce qui achève la démonstration.

Donc, dans l'espace des modules, les éléments du type I sont en correspondance biunivoque avec les points de la droite projective, où J désigne la coordonnée non homogène.

L'espace des modules d'une branche de caractéristique (5 ; 6) est donc constitué d'une droite projective à laquelle viennent s'ajouter deux autres points.

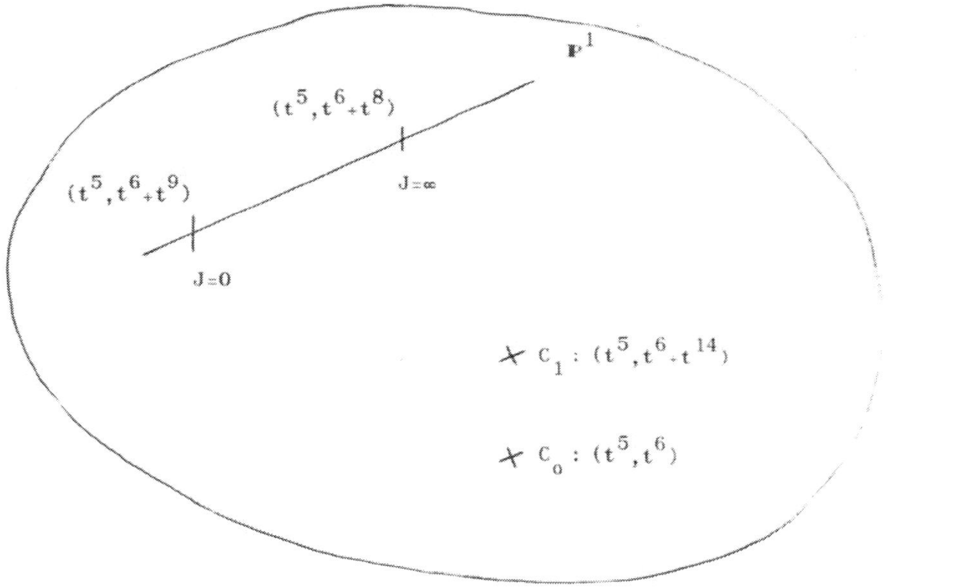

Nous voyons que l'espace des modules est en bijection avec une variété algébrique, cependant sa topologie n'est pas celle d'une variété algébrique. Soit $C \in \mathbb{P}^1$, alors l'adhérence de C est l'ensemble $\{C, C_1, C_o\}$. En effet, fixons $J = a_8^3 / a_9^2$, et laissons tendre a_8 et a_9 vers zéro (sans changer la valeur de J), on obtient alors C_o comme limite . D'autre part, la branche $x = t^5$, $y = t^6 + a_8 t^8 + a_9 t^9 + t^{14}$ est isomorphe à la branche C définie par $x = t^5$, $y = t^6 + a_8 t^8 + a_9 t^9$ (ch. IV, lemme 2.6). En procédant comme ci-dessus, J fixé, a_8 et a_9 tendant vers 0, nous obtenons C_1 comme limite de C.

De même, adhérence de $C_1 = \{C_1, C_o\}$.

<u>Remarque 4.2</u> : Du point de vue de l'espace des modules, on peut considérer a_8 et a_9 comme étant munis de poids ; a_8 a le poids 2, a_9 le poids 3.

Posons : $a_8 = u^2$, $a_9 = v^3$. Le couple (u,v) définit une branche du type I, celle qui est associée à (a_8, a_9), et de plus $(\lambda u, \lambda v)$ pour $\lambda \neq 0$, définit une branche qui appartient à la même classe analytique. On établit ainsi une correspondance entre la droite projective munie des coordonnées homogènes (u,v), et l'ensemble M_I des classes analytiques de l'espace des modules qui sont du type I. Si ω_2 est une racine carrée de l'unité, et ω_3 une racine cubique de l'unité, les points (u,v) et $(u\omega_2, u\omega_3)$ définissent la même branche.

L'action de ces racines de l'unité définit un groupe de transformations, d'ordre 6, de la droite projective, que l'on note G_6. Ce groupe est aussi défini par les transformations $(u,v) \to (u, v\omega_6)$, ω_6 étant une racine sixième de l'unité.

Deux points sont sur une même orbite si et seulement si ils représentent la même classe analytique. On obtient donc :

$$M_I = \mathbb{P}^1 / G_6 \quad .$$

Le quotient d'une variété normale par un groupe fini est une variété normale de même dimension. $\mathbb{P}^1/G_6$ est encore une droite projective.

Calculons le nombre r de différentielles non exactes dans chacun des cas.

Démontrons d'abord un lemme qui nous servira également dans la section suivante de ce chapitre.

<u>Lemme 4.2</u> : Soit C une branche de caractéristique quelconque $(n;\beta_1,\dots,\beta_g)$ où $\beta_1 = m$ et soit :

$$C : \begin{cases} x = t^n \\ y = t^m + bt^{\lambda} + \dots \end{cases}$$

une représentation paramétrique courte de C, où nous supposons que $\lambda + n \not\equiv 0 \pmod m$. Soit $\omega_1 = mydx - nxdy$ (on a $v(\omega_1) = \lambda+n-1$, (voir [Z]*, formule (7)), ω_1 est la différentielle non exacte de plus petit ordre). Pour toute différentielle holomorphe ω sur C, telle que $v(\omega) > v(\omega_1)$ et $v(\omega) + 1 \notin \Gamma$, on a $v(\omega) \geq v(\omega_1) + n$.

<u>Démonstration</u> : Nous pouvons supposer $n \neq 2$, car si $n = 2$, alors un terme tel que bt^{λ} ne figure pas dans la représentation courte. Soit $\omega = Adx + Bdy$, avec A, B dans $\mathcal{O}$. Il est montré dans [Zariski : Proc. of the NAS, loc. cit.] que :

(4.3) $$nx\omega = (nAx + mBy)dx - B\omega_1$$

où B n'est pas une unité dans $\mathcal{O}$, et $v(x\omega) \geq v(B\omega_1)$. Puisque $v(\omega) \neq v(Adx)$ et $v(\omega) \neq v(Bdy)$ (on a la condition $v(\omega) + 1 \notin \Gamma$), on doit avoir $v(\omega) > v(Adx) = v(Bdy)$, c'est-à-dire $v(A) + n = v(B) + m < v(\omega) + 1$. Ainsi $v(B) + m - n \in \Gamma$. Pour démontrer le lemme, il suffit d'établir l'inégalité $v(B) > n$, car $v(B) > n \Rightarrow v(B) \geq 2n$. Montrons cette dernière implication. Les premiers éléments du semi-groupe $\Gamma = v(\mathcal{O})$ sont

$n = \bar{\beta}_0$, $m = \bar{\beta}_1$, $2n, \dots$ si $m < 2n$ ou $n, 2n, \dots, h_n, m$ si $\frac{m}{n} = h$.

En effet il ne peut exister d'éléments compris entre m et 2n car le générateur $\bar{\beta}_2 = (n_1-1)\bar{\beta}_1 + \beta_2$ est supérieur à $2\bar{\beta}_1$ $(n_1 \geq 2)$. L'implication $(v(B) > n \Rightarrow v(B) \geq 2n)$ se ramène donc à $(v(B) > n \Rightarrow v(B) \neq m)$.

■ $n_1 \neq 2$. Supposons $v(B) = m$ alors $v(B) + m - n = 2m - n = e_1(2m_1 - n_1)$ qui n'appartient pas à Γ. Si $e_1(2m_1-n_1) \in \Gamma$ alors $2m_1 - n_1$ se décomposerait sur m_1 et n_1 à l'aide de coefficients positifs λ et μ tels que

$$2m_1 - n_1 = \lambda m_1 + \mu n_1 \quad (\lambda,\mu \in \mathbb{Z}_+)$$
$$(2-\lambda)m_1 = (\mu+1)n_1$$

* [Z] Zariski : Proceedings of the NAS, loc. cit.

$$\mu+1 \geq 0 \Rightarrow 2 \geq 2-\lambda \geq 0 \quad .$$

Comme $n_1 > 2$ on aboutit à une contradiction.

■ $n_1 = 2$. $m < 2n$ impose $m_1 < 2n_1$, soit $m_1 = 3$.
Supposons $v(B) = m$; $v(A) = v(B) \neq m-n = 4e_1 = 2n$, et posons :

$$A = mt^{4e_1} + A_2t^u + \ldots$$

$$V = -nt^{3e_1} + B_2t^v + \ldots$$

$$v(Adx + Bdy) + 1 \geq \inf\,(m+\lambda, v+m, u+n) \quad .$$

Comme $A - mx^2 \in \mathcal{O}$, u appartient à Γ et u+n également. D'autre part $B + ny \in \mathcal{O}$ ce qui prouve que

- $v \in \Gamma$ si $v < \lambda$ (auquel cas $v+m \in \Gamma$)
- $v \geq \lambda$ (auquel cas $v+m \geq \lambda+m$).

Enfin $\lambda+m = v(y^2-x^3)$.
En résumé $\inf\,(m+\lambda, v+m, u+n) \in \Gamma$. Comme $v(Adx + Bdy) + 1 \notin \Gamma$, l'une des deux égalités $m+\lambda = u+n$; $m+\lambda = v+m$ est nécessairement vérifiée.

- $m+\lambda = u+n$, soit encore $u = \lambda+m-n$, ce qui est impossible. En effet, $\lambda \not\equiv 0 \pmod{e_1}$ sinon λ serait dans Γ ; donc λ est le deuxième exposant de Puiseux β_2. $\lambda+m-n$ vaut donc $\bar{\beta}_2-n$ qui n'est pas dans Γ. Comme $u \in \Gamma$ nous avons une contradiction.
- $m+\lambda = v+m$, soit $v = \lambda$. Comme $u+n \neq m+\lambda$, $u+n > m+\lambda$ et $v(Adx + Bdy) + 1 = u+n \in \Gamma$, ce qui est à nouveau contradictoire (avec l'hypothèse faite sur ω).

Nous allons donner une preuve indirecte de l'inégalité $v(B) > n$. Supposons $v(B) = n$, d'où $v(B\omega_1) = \lambda + 2n-1$. Puisque $v(\omega) > v(\omega_1)$, (4.3) implique $v(B\omega_1) = v(nAx + mBy)dx$, c'est-à-dire $\lambda + n = v(nAx + mBy)$. Mais $\lambda + n \notin \Gamma$, donc $v(Ax) = v(By)$ et puisque $v(B) = n$, on obtient $v(A) = m$. Ainsi, A et B sont des séries entières des variables x, y de la forme :

$$(4.4) \quad \begin{aligned} A &= \alpha y + \text{somme de termes en } x^iy^j \text{ d'ordre} > m \;, \quad \alpha \neq 0 \\ B &= \beta x + \text{somme de termes en } x^iy^j \text{ d'ordre} > n \;, \quad \beta \neq 0 \quad . \end{aligned}$$

Puisque $\lambda > n$, on a $v(nAx + mBy) = \lambda + n > m + n$, (4.4) implique donc :

(4.5) $$n\alpha + m\beta = 0 \quad .$$

Maintenant il est clair, d'après (44), et l'expression de y dans la représentation paramétrique de C, que nAx et mBy sont des séries en t de la forme suivante :

$$nAx = (\text{somme de termes en } t^i \text{ tels que } m+n \leq i < \lambda+n \ , \ i \in \Gamma) + $$
$$+ n\alpha b t^{\lambda+n} + \text{termes de degré} > \lambda + n$$

$$nBy = (\text{somme de termes en } t^i \text{ tels que } m+n \leq i < \lambda+n \ , \ i \in \Gamma) + $$
$$+ m\beta b t^{\lambda+n} + \text{termes de degré} > \lambda + n \quad .$$

Le coefficient de $t^{\lambda+n}$ dans $nAx + mBy$ est donc $b(n\alpha + m\beta)$, c'est-à-dire zéro d'après (3), ce qui est en contradiction avec $v(nAx + mBy) = \lambda + n$.

Revenons maintenant à notre problème, qui est de déterminer le nombre r de différentielles non exactes dans les différents cas.

Si C est du type I et $a_8 \neq 0$, alors : $\omega_1 = 6ydx - 5xdy$ et $v(\omega_1) = 8 + 4 = 12$. Considérons $\omega_2 = y\,\omega_1$, ω_2 est non exacte car $v(\omega_2) + 1 = 18 + 1 = 19 \notin \Gamma$. Le seul autre entier q tel que $q + 1 \notin \Gamma$, $q \neq 12, 18$, $q > 12$, est $q = 13$. On a $13 < v(\omega_1) + n = 12 + 5$, et d'après le lemme, C ne peut avoir de différentielle d'ordre 13. Donc <u>r(C) = 2.</u>

Si C, toujours de type I, est telle que $a_8 = 0$, alors $v(\omega_1) = 13$, et $\omega_2 = x\omega_1$ est encore non exacte puisque $v(\omega_2) = 18$. Dans ce cas on a encore <u>r(C) = 2</u> (sans utiliser le lemme).

Si C est du type II, alors $v(\omega_1) = 18$, et <u>r(C) = 1.</u> Finalement, pour C_o, on a <u>$r(C_o) = 0$.</u>

<u>5.</u>

Etudions l'exemple $(n = 6 \ ; \ m = 7)$, $c = 30$. Ecrivons les éléments du complémentaire de Γ qui sont plus grands que 7,

$$\Gamma^c = \{8, 9, 10, 11, 15, 16, 17, 22, 23, 29\} \quad .$$

On peut supprimer dans toute représentation courte les termes d'ordre 8, 15, 22, 29 (qui sont de la forme $\alpha m - n$).

5.1 Soit alors :

$$C \begin{cases} x = t^6 \\ y = t^7 + a_9 t^9 + a_{10} t^{10} + a_{11} t^{11} + a_{16} t^{16} + a_{17} t^{17} + a_{23} t^{23} \end{cases} .$$

Supposons $a_9 \neq 0$.

On peut, comme d'habitude, enlever tous les termes d'exposant j tel que $j-9 = sn + cm$, (ch. IV, prop. 3.1). Il s'agit de $a_{16}t^{16}$ et $a_{23}t^{23}$.

Si $a_9 = 0$ mais $a_{10} \neq 0$, les termes d'ordre 16, 17 et 23 s'éliminent. Dressons la liste des différents types de branches que l'on obtient. Il y en a six.

a) Si a_9 et a_{10} ne sont pas nuls simultanément, on obtient les branches de représentation paramétrique

$$\text{I, II} \begin{cases} x = t^6 \\ y = t^7 + a_9 t^9 + a_{10} t^{10} + a_{11} t^{11} + a_{17} t^{17} \end{cases}$$

La justification des notations I et II sera donnée plus loin ((5.5) p. 76-77).

b) $a_9 = a_{10} = 0$, $a_{11} \neq 0$; le terme $a_{17}t^{17}$ disparaît ainsi que $a_{23}t^{23}$, ce qui donne les branches :

$$\text{III} \begin{cases} x = t^6 \\ y = t^7 + a_{11} t^{11} + a_{16} t^{16} \end{cases} .$$

Comme dans l'exemple précédent, on démontre facilement que M_{III} représente une droite projective ayant $J = a_{11}^9 / a_{16}^4$ comme coordonnée non homogène.

c) $a_9 = a_{10} = a_{11} = 0$, $a_{16} \neq 0$; le terme $a_{23}t^{23}$ disparaît. On obtient

$$\text{IV} \begin{cases} x = t^6 \\ y = t^7 + a_{16} t^{16} + a_{17} t^{17} \end{cases} .$$

M_{IV} est encore une droite projective, l'invariant J étant dans ce cas a_{16}^{10} / a_{17}^{9}. Lorsque $a_9 = a_{10} = a_{11} = a_{16} = 0$ mais $a_{17} \neq 0$, le terme $a_{23}t^{23}$ peut être éliminé (car $23 - 17 = 6 = n$) ; on obtient donc un élément particulier de IV, pour lequel $a_{16} = 0$; soit B ce point spécial de la composante IV. Il reste enfin les deux branches :

$$V \begin{cases} x = t^6 \\ y = t^7 + t^{23} \end{cases} \quad ; \quad VI \begin{cases} x = t^6 \\ y = t^7 \end{cases} .$$

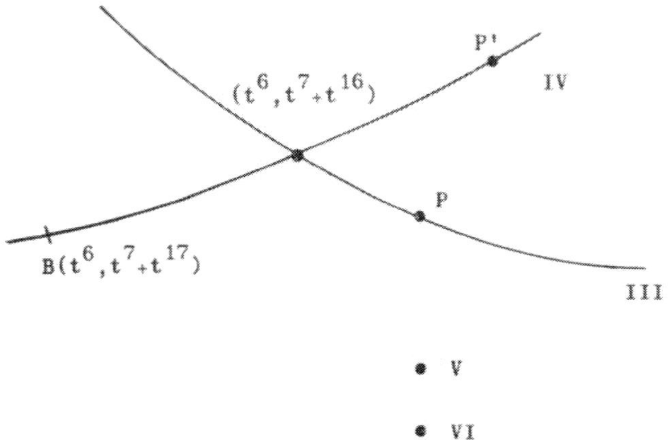

Si P et P' sont respectivement des points de l'espace des modules du type III et IV, alors :

- adhérence de P = {P,B,V,VI}, où B représente la classe $(t^6, t^7 + t^{17})$;
- adhérence de P' = {P',V,VI} ;
- adhérence de V = {V,VI} ;
- VI : (t^6, t^7) est le seul point fermé.

Les composantes I, II offrent un intérêt particulier. Ce sont d'abord les composantes de plus grande dimension. Nous verrons plus tard que la composante I contient la branche <u>générique</u> de la classe d'équisingularité; on peut dire aussi que chaque point générique P de l'espace des coefficients a_9, a_{10}, a_{11}, a_{16}, a_{17}, a_{23} -plus précisément chaque point P n'appartenant pas à une hypersurface $\Delta(a_9, a_{10}, a_{11}) = 0$- représente une branche isomorphe à une branche de type I. Nous verrons aussi plus tard que la composante <u>I est une surface algébrique</u>, tandis que la composante II n'est pas un espace séparé.

<u>5.2</u> Nous appellerons branche du type A toute branche dont la représentation paramétrique est de la forme :

$$\text{①} \qquad C \begin{cases} x = t^6 \\ y = t^7 + a_9 t^9 + a_{10} t^{10} + a_{11} t^{11} + a_{17} t^{17} \end{cases}$$

avec la condition a_9, a_{10}, a_{11}, a_{17} <u>non tous nuls</u>.

Nous allons voir que l'ensemble des branches du type A est représenté dans l'espace des modules M par <u>deux</u> composantes <u>distinctes</u> M_I, M_{II}, chacune de dimension 2. M_I sera l'ensemble des points de M, représentant les branches du type A telles que $a_{17} = 0$, tandis que M_{II} sera l'ensemble des points de M représentant les branches du type A, telles que les coefficients a_9, a_{10}, a_{11} vérifient une certaine relation algébrique $\Delta(a_9, a_{10}, a_{11}) = 0$ où :

$$\text{②} \qquad \Delta = \begin{vmatrix} 2a_9 & 0 & 7 \\ 3a_{10} & 2a_9 & 0 \\ 4a_{11} & 3a_{10} & 23a_9 \end{vmatrix} = 92a_9^3 + 63a_{10}^2 - 56a_9 a_{11} .$$

Nous verrons également que si :

$$\text{③} \qquad C' \begin{cases} x = t^6 \\ y' = t^7 + a'_9 t^9 + a'_{10} t^{10} + a'_{11} t^{11} + a'_{17} t^{17} \end{cases}$$

est une branche quelconque du type A isomorphe à C (définie par ①) et si C est représentée par un point de M_{II}, alors : $a_{17} \neq 0 \Longrightarrow a'_{17} \neq 0$ (sous l'hypothèse $a_9 \neq 0$). En d'autres termes, si l'on considère l'intersection $M_I \cap M_{II}$ (qui est de dimension 1), alors la branche C donnée par ① sera représentée par un point de cette intersection si et seulement si :

(1) a_9, a_{10}, a_{11} ne sont pas tous nuls

(2) $\Delta(a_9, a_{10}, a_{11}) = 0$

(3) soit $a_{17} = 0$, soit $a_9 = 0$ (donc aussi $a_{10} = 0$ car $\Delta(0, a_{10}, a_{11}) = 63a_{10}^2$) .

Pour l'étude de cette question, examinons d'abord le point suivant.

Etant donné une branche C du type A définie par (1) et telle que $a_{17} \neq 0$, trouver une condition nécessaire et suffisante pour que C soit isomorphe à une branche C' donnée par (3) et telle que $a'_{17} = 0$.

Dans cette situation on peut très bien supposer que $a_9 \neq 0$, car si $a_9 = 0$, alors le terme $a_{17}t^{17}$ peut être éliminé, sous réserve que l'un des coefficients a_{10} ou a_{11} n'est pas nul. $(17 - 10 = 7 = m$, $17 - 11 = 6 = n)$. Avec la condition $a_9 = a_{10} = a_{11} = 0$, le terme $a_{17}t^{17}$ ne peut certainement pas être éliminé car l'entier 22 $(= 17 + 5)$ est alors un invariant analytique de C $(= v(\omega_1)$ où $\omega_1 = 7ydx - 6xdy)$. Ainsi dans le cas spécial $a_9 = 0$, la condition nécessaire et suffisante demandée est : a_{10} et a_{11} non nuls simultanément.

Nous supposons donc maintenant $a_9 \neq 0$.

Soit φ un automorphisme de $\mathbb{C}[[t]]$ donné par $\varphi = c_1 t + c_2 t^2 + \dots$, $c_1 \neq 0$, et supposons que $\varphi(C) = C'$, ou plus précisément $\varphi(\mathcal{O}) = \mathcal{O}'$, $\mathcal{O}$ et $\mathcal{O}'$ étant respectivement les anneaux locaux de C et C'. L'automorphisme φ est le produit $\varphi_1 \circ \psi$ de deux automorphismes

$$\psi : t \to c_1 t$$
$$\varphi_1 : t \to t + c_2/c_1\, t^2 + \dots .$$

L'automorphisme ψ transforme C en la branche

$$\text{(3'')} \qquad C'' \begin{cases} x = t^6 \\ y'' = t^7 + a_9 c_1^2 t^9 + a_{10} c_1^3 t^{10} + a_{11} c_1^4 t^{11} + a_{17} c_1^{10} t^{17} \end{cases} ,$$

et le coefficient de t^{17} reste différent de zéro. Donc on peut remplacer C par C'', et φ par φ_1. Ainsi, il suffit d'étudier les automorphismes φ donnés par

$$\varphi(t) = t + c_h t^h + \dots , \qquad c_h \neq 0 , \; h \geq 2 .$$

Cherchons des conditions nécessaires sur h pour que $\varphi(\mathcal{O}) = \mathcal{O}'$.

a) $\varphi(x) \in \mathcal{O}'$, où $\varphi(x) = [\varphi(t)]^6 = t^6 + 6c_h t^{h+5} + \ldots$; $x' = t^6 \in \mathcal{O}'$, donc $\varphi(x) - x' \in \mathcal{O}'$, ce qui entraîne que h+5, la valuation de $\varphi(x) - x'$, est dans Γ.

(4) $$h + 5 \in \Gamma \ .$$

b) De même $\varphi(y) \in \mathcal{O}'$, $y' \in \mathcal{O}'$, donc $\varphi(y) - y' \in \mathcal{O}'$

$$\varphi(y) = t^7 + 7c_h t^{h+6} + \text{termes de degré} > 8$$

$$y' = t^7 + \text{termes de degré} > 8 \ .$$

Donc : $$\varphi(y) - y' = 7c_h t^{h+6} + \text{termes de degré} > 8 \ .$$

Comme $8 \notin \Gamma$, on a nécessairement $6+h \neq 8$ $(h \neq 2)$, d'autre part $h+5 \in \Gamma$ ((4)) donc les valeurs possibles pour h sont 7, 8, 9, 13, 14, 15, 16, 19,... en particulier, puisque $16 \notin \Gamma$:

(5) $$h + 6 \neq 17 \ .$$

Explicitons un peu plus $\varphi(y)$:

(6) $$\varphi(y) = t^7 + a_9 t^9 + a_{10} t^{10} + a_{11} t^{11} + a_{17} t^{17} + 7c_h t^{6+h} + \text{termes de degré} > 6+h$$

$$\varphi(y) - y' = (a_9 - a'_9)t^9 + (a_{10} - a'_{10})t^{10} + (a_{11} - a'_{11})t^{11} + \ldots ,$$

comme $6+h \geq 13$ et que 9, 10, 11 ne sont pas dans Γ, la valuation de $\varphi(y) - y'$ ne peut être l'un de ces nombres, nécessairement

(7) $$\begin{cases} a_9 = a'_9 \\ a_{10} = a'_{10} \\ a_{11} = a'_{11} \end{cases} .$$

Montrons maintenant que :

(8) $$h + 6 < 17 \ .$$

Nous savons déjà que $h + 6 \neq 17$. Supposons un instant que $h + 6 > 17$; le raisonnement que nous venons juste de faire prouverait que $a_{17} = a'_{17}$, donc C et C' seraient confondues.

D'après ⑧ , les seules valeurs possibles pour h sont maintenant 7, 8, 9, mais d'après ⑥ et ⑦ :

$$\varphi(y) - y' = 7c_h t^{h+6} + \text{termes d'ordre} > h+6$$

donc $h+6 \in \Gamma$ puisque $\varphi(y) - y' \in \mathcal{O}'$. Comme $15 \notin \Gamma$, les seules valeurs possibles pour h sont 7 et 8.

Montrons que l'éventualité $h = 8$ est irréalisable.

Supposons que $\varphi(t) = t + ct^8 + \ldots$, $c \neq 0$. $\varphi(x)$ s'écrit alors $\varphi(x) = t^6 + 6ct^{13} + \ldots$. $\varphi(x) - x' \in \mathcal{O}'$ et sa valuation 13 peut s'écrire $6+7$. On a donc $\varphi(x) = x' - 6(b_o x'y' + b_1 y'^2) + \ldots$, avec $b_o = -c \neq 0$.

Cherchons à déterminer alors l'automorphisme φ^{-1} :

$$\begin{aligned}\varphi(t^6) &= t^6 - 6b_o t^6(t^7 + a_9 t^9 + \ldots) - 6b_1(t^7 + a_9 t^9 + \ldots)^2 + \ldots\\ &= t^6 - 6b_o t^{13} - 6b_1 t^{14} - 6b_o a_9 t^{15} + \ldots\\ &= t^6(1 - 6b_o t^7 - 6b_1 t^8 - 6b_o a_9 t^9 + \ldots) .\end{aligned}$$

On a donc $\varphi^{-1}(t) = t(1 + b_o t^7 + b_1 t^8 + b_o a_9 t^9 + \ldots)$ d'après le lemme 3.5 du chapitre IV.* On a donc :

$$\begin{aligned}\varphi^{-1}(y') &= \varphi^{-1}(t^7) + \varphi^{-1}(a_9 t^9) + \varphi^{-1}(a_{10} t^{10}) + \varphi^{-1}(a_{11} t^{11}) + \varphi^{-1}(a_{17} t^{17})\\ &= (t^7 + 7b_o t^{14} + 7b_1 t^{15} + 7b_o a_9 t^{16} + \ldots)\\ &\quad + a_9(t^9 + 9b_o t^{16} + \ldots) + a_{10}(t^{10} + 10b_o t^{17} + \ldots)\\ &\quad + a_{11}(t^{11} + 11b_o t^{18} + \ldots) + a_{17}(t^{17} + \ldots)\\ &= t^7 + a_9 t^9 + a_{10} t^{10} + a_{11} t^{11} + 7b_o t^{14} + 7b_1 t^{15} + 16a_9 b_o t^{16} + \ldots\end{aligned}$$

et par suite $\varphi^{-1}(y') - y = 7b_o t^{14} + 7b_1 t^{15} + 16a_9 b_o t^{16} + \ldots$ .Comme $y^2 = t^{14} + 2a_9 t^{16} +$ termes d'ordre > 16 on a

$$\varphi^{-1}(y') - y - 7b_o y^2 = 7b_1 t^{15} + 2a_9 b_o t^{16} + \text{termes d'ordre} > 16$$

$\varphi^{-1}(y') - y - 7b_o y^2 \in \mathcal{O}(C)$, mais ni 15 ni 16 ne sont dans Γ. On a donc $b_1 = 0$, $a_9 b_o = 0$.

Puisque nous avons supposé $a_9 \neq 0$, on aboutit à une contradiction.

---

* appliqué avec $\bar{t} = \varphi(t)$, $n = 6$, $\mu = 8$.

Finalement h = 7, il s'en suit :

$$\varphi(t) = t + ct^7 + \dots, \quad c \neq 0,$$

$$\varphi(x) = (\varphi(t))^6 = t^6 + 6ct^{12} + \dots$$

$\varphi(x) - x' \in \mathcal{O}(C')$ et sa valuation est $12 = 2 \times 6$. On a donc :

$$\varphi(x) = x' - 6(b_o x'^2 + b_1 x'y' + b_2 y'^2) + \dots$$

$$\varphi(t^6) \quad t^6 - 6[B_o t^{12} + B_1 t^{13} + B_2 t^{14} + B_3 t^{15} + B_4 t^{16}] + \dots$$

où les B_i sont des formes linéaires en b_o, b_1, b_2. Précisément :

$$B_o = b_o, \qquad B_3 = b_1 a_9,$$

$$B_1 = b_1, \qquad B_4 = b_1 a_{10} + 2a_9 b_2.$$

$$B_2 = b_2,$$

Toujours d'après le lemme 3.2 (chap. IV) on en déduit $\varphi^{-1}(t)$, puis

$$\varphi^{-1}(y') = t^7 + a_9 t^9 + a_{10} t^{10} + a_{11} t^{11} + \sum_{j=0}^{4} c_j t^{13+j} + \text{termes d'ordre} > 17.$$

Que valent les c_j ?

c_o, c_1, c_2, c_3 sont des formes linéaires homogènes en b_o, b_1, b_2; c_4 est une fonction linéaire des b_o, b_1, b_2 dont le terme constant est a'_{17}.
$\varphi^{-1}(y') - y \in \mathcal{O}$ et vaut

$$\varphi^{-1}(y') - y = c_o t^{13} + c_1 t^{14} + c_2 t^{15} + c_3 t^{16} + (c_4 - a_{17}) t^{17} + \dots$$

13 et 14 sont deux éléments de Γ : $13 = 6+7$ et $14 = 2 \times 7$.
Calculons donc $\varphi^{-1}(y') - y - c_o xy - c_1 y^2 \in \mathcal{O}$. Nous trouvons
$\varphi^{-1}(y') - y - c_o xy - c_1 y^2 = \bar{c}_2 t^{15} + \bar{c}_3 t^{16} + \bar{c}_4 t^{17} + \dots$ où les $\bar{c}_i$ sont donnés par

$$\bar{c}_2 = 2a_9 b_o + 7b_2$$

$$\bar{c}_3 = 3a_{10} b_o + 2a_9 b_1$$

$$\bar{c}_4 = 4a_{11} b_o + 3a_{10} b_1 + 23a_9 b_2 + a'_{17} - a_{17}.$$

Comme 15, 16 et 17 ne sont pas dans Γ on a nécessairement

(9) $$\bar{c}_2 = \bar{c}_3 = \bar{c}_4 = 0 \quad .$$

Le système linéaire en b_o, b_1, b_2 a pour déterminant $\Delta = \begin{vmatrix} 2a_9 & 0 & 7 \\ 3a_{10} & 2a_9 & 0 \\ 4a_{11} & 3a_{10} & 23a_9 \end{vmatrix}$

On a donc les théorèmes suivants :

<u>Théorème 5.3</u> : Si $\Delta \neq 0$, il existe alors un automorphisme φ de $\mathbb{C}[[t]]$, de la forme

(10) $$\varphi(t) = t + c_h t^h + \ldots$$

qui envoie $\mathcal{O}(C)$ sur $\mathcal{O}(C')$ si et seulement si

$$a_9 = a'_9, \quad a_{10} = a'_{10}, \quad a_{11} = a'_{11}$$

a_{17} et a'_{17} étant quelconques, en particulier, on peut supposer $a'_{17} = 0$.

<u>Remarque</u> : Bien qu'ayant supposé dans le cours de la démonstration que $a_9 \neq 0$, le théorème reste vrai si $a_9 = 0$. Car dans ce cas $a_{10} \neq 0$ (on doit avoir $\Delta \neq 0$), donc a_{17} peut être éliminé par une transformation φ du type (10) , sans changer a_{10} et a_{11} (prop. 3.1, ch. IV).

<u>Théorème 5.4</u> : Si $\Delta \neq 0$, $C \simeq C'$ si et seulement si il existe un nombre complexe $\alpha \neq 0$ tel que :

$$\begin{cases} a'_9 = a_9 \alpha^2 \\ a'_{10} = a_{10} \alpha^3 \\ a'_{11} = a_{11} \alpha^4 \end{cases} .$$

C'est une conséquence du théorème 5.3 si l'on se rappelle la remarque faite au début de 5.2 : tout automorphisme φ de $\mathbb{C}[[t]]$ est de la forme $\varphi_1 \circ \psi$ avec $\psi : t \to \alpha t$, $\varphi_1 : t \to t + c_h t^h + \ldots$ et en revenant aux équations 3" de C".

On fait alors le changement de coordonnées dans $\mathbb{C}^2$

$$\left\{\begin{array}{l} x' = \dfrac{x}{\alpha^6} \\ \\ y' = \dfrac{y}{\alpha^7} \end{array}\right.$$

et l'on obtient le théorème 5.4.

<u>Théorème 5.5</u> : Si $\Delta = 0$ et $a_9 \neq 0$, C et C' sont analytiquement isomorphes si et seulement si :

$$\left\{\begin{array}{l} a'_9 = a_9\alpha^2 \\ a'_{10} = a_{10}\alpha^3 \\ a'_{11} = a_{11}\alpha^4 \\ a'_{17} = a_{17}\alpha^{10} \end{array}\right.$$

<u>Démonstration</u> : Si $\Delta = 0$, alors les équations ⑨ peuvent être résolues en b_o, b_1, b_2 si et seulement si la matrice

$$\begin{pmatrix} 2a_9 & 0 & 7 & 0 \\ 3a_{10} & 2a_9 & 0 & 0 \\ 4a_{11} & 3a_{10} & 23a_9 & a_{17} - a'_{17} \end{pmatrix}$$

a le même rang que Δ.

Comme nous avons supposé $a_9 \neq 0$, le rang de Δ est 2, $\left(\begin{vmatrix} 2a_9 & 0 \\ 3a_{10} & 2a_9 \end{vmatrix} = 4a_9^2 \neq 0 \right)$.

Donc la matrice à quatre colonnes ci-dessus doit avoir le rang 2. Ceci implique : $a_{17} = a'_{17}$. En effet :

$$\begin{vmatrix} 0 & 7 & 0 \\ 2a_9 & 0 & 0 \\ 3a_{10} & 23a_9 & a_{17} - a'_{17} \end{vmatrix} = 7.2a_9(a'_{17} - a_{17})$$

La fin de la démonstration est maintenant évidente.

Les composantes M_I et M_{II} (voir 5.1) de l'espace des modules sont alors représentées dans l'espace affine $\mathbb{C}^4$ par deux hypersurfaces

$$\begin{cases} a_{17} = 0 \\ \Delta = 0 \quad . \end{cases}$$

Deux branches analytiquement isomorphes sont représentées par deux points sont les coordonnées vérifient les conditions des théorème 5.4 ou 5.5 (sauf lorsqu'il s'agit des points $(a_9, a_{10}, a_{11}, a_{17})$ tels que $\Delta(a_9, a_{10}, a_{11}) = 0$ et $a_9 = 0$, c'est-à-dire des points vérifiants $a_9 = a_{10} = 0$).

On voit donc que si l'on écrit C sous la forme :

$$C : \begin{cases} x = t^6 \\ y = t^7 + u_1^2 t^9 + u_2^3 t^{10} + u_3^4 t^{11} + u_4^{10} t^{17} \end{cases} ;$$

le système (u_1, u_2, u_3, u_4) constitue un système de coordonnées homogènes de la classe de la branche C dans l'espace des modules. (Si C et C' sont telles que $(u_1, u_2, u_3, u_4) = \lambda(u_1', u_2', u_3', u_4')$ avec $\lambda \in \mathbb{C} - \{0\}$ alors $C \cong C'$).

Dans $\mathbb{P}^3$ les équations des composantes considérées de l'espace des modules deviennent :

$$V_I \qquad u_4 = 0$$

$$V_{II} \qquad \begin{vmatrix} 2u_1^2 & 0 & 7 \\ 3u_2^3 & 2u_1^2 & 0 \\ 4u_3^4 & 3u_2^3 & 23u_1^2 \end{vmatrix} = 0 \quad .$$

Deux branches C et C' représentées par les points $(u_1, \ldots, u_4)$ et $(u_1', \ldots, u_4')$, tels que u_1 et u_2 ne sont pas nuls simultanément, sont alors analytiquement <u>isomorphes</u> si et seulement si :

$$(u_1^2, u_2^3, u_3^4, u_4^{10}) = (\rho^2 u_1'^2, \rho^3 u_2'^3, \rho^4 u_3'^4, \rho^{10} u_4'^{10}) \quad ,$$

avec $(u_1, \ldots, u_4) \neq \lambda(u_1', \ldots, u_4')$ $\forall \lambda \in \mathbb{C}$, et avec ρ convenable.

On a alors, si l'on fixe $u_1 = u_1'$ (auquel cas on a $\rho = \pm 1$) :

$$u_1' = u_1, \quad u_2' = u_2 \omega_6, \quad u_3' = u_3 \omega, \quad u_4' = u_4 \omega_{10}$$

où ω_6, ω_4, ω_{10} sont des racines 6e, 4e et 10e de l'unité.

Nous avons alors une représentation (à un quotient par un groupe fini* près) de l'espace des modules des branches du type A telles que a_9 et a_{10} ne soient pas tous les deux nuls.

Nous avons décrit les seules identifications possibles en dehors du cas $u_1 = u_2 = 0$. Pour ce dernier, une branche C telle que $u_1 = u_2 = 0$ est donc du type

$$\begin{cases} x = t^6 \\ y = t^7 + a_{11}t^{11} + a_{17}t^{17} \end{cases}$$

si $a_{11} \neq 0$, $C \cong D$, avec $D : \begin{cases} x = t^6 \\ y = t^7 + t^{11} \end{cases}$, $(17 - 6 = 11)$.

si $a_{11} = 0$, $C \cong B$, avec $B : \begin{cases} x = t^6 \\ y = t^7 + t^{17} \end{cases}$.

D et B ne sont pas analytiquement isomorphes (exposant différentiel) [Zariski : Proceedings of the NAS, loc. cit.]. Sur la droite $(u_1 = u_2 = 0)$, tous les points tels que $u_3 \neq 0$, c'est-à-dire $\{u_1 = u_2 = 0\} - \{B\}$ sont équivalents (pour la relation d'équivalence analytique).

Essayons de décrire maintenant l'espace des modules des courbes du type A.

V_I est un plan projectif d'équation $u_4 = 0$.

Le groupe fini qui opère est $\mu_6 \times \mu_4$ d'ordre 24. D'après le théorème de Lüroth-Castelnuovo le quotient M_I est une surface rationnelle ayant deux points singu-

* G_{240} $\mu_6 \times \mu_4 \times \mu_{10}$, d'ordre 240.

liers (provenant des points (0,1,0,0) et (0,0,1,0)).

Ceci peut se voir de la manière suivante. Observons premièrement que la droite $u_1 = u_2 = 0$ rencontre le plan V_I ($u_4 = 0$) en un point unique de coordonnées (0,0,1,0), qui représente la branche

$$D : \begin{cases} x = t^6 \\ y = t^7 + t^{11} \end{cases} .$$

Ce point n'est pas seulement un point fixe du groupe $G_{24} = \mu_6 \times \mu_4$, d'ordre 24, qui opère sur V_I ($G_{24} = \{u_1' = u_1,\ u_2' = \omega_6 u_2,\ u_3' = \omega_4 u_3\}$ où ω_6 et ω_4 sont respectivement une racine 6e et 4e de l'unité). Mais c'est aussi un point dont la branche représentative D n'est isomorphe à <u>aucune</u> branche du type $x = t^6$, $y = t^7 + u_1^2 t^9 + u_2^3 t^{10} + u_3^4 t^{11}$ représentée par un point $(u_1, u_2, u_3, 0)$ de V_I différent de (0,0,1,0).

Ainsi la composante M_I dans la variété des modules qui provient de V_I est exactement la surface quotient V_I / G_{24}, c'est donc une <u>surface algébrique</u>. Cette surface a un plongement naturel dans un espace projectif $\mathbb{P}_6$, de dimension 6, et l'anneau (homogène) de coordonnées de cette surface plongée M_I est engendré sur $\mathbb{C}$, par les sept monômes :
$S_{\alpha_1,\alpha_2,\alpha_3} = u_1^{\alpha_1} u_2^{\alpha_2} u_3^{\alpha_3}$ tels que $\alpha_1 + \alpha_2 + \alpha_3 = 12$, $\alpha_2 \equiv 0 \pmod 6$ et $\alpha_3 \equiv 0 \pmod 4$ (les α_i étant des entiers non négatifs). Appelons H_1, H_2, H_3 les hypersurfaces $S_{12,0,0} = 0$, $S_{0,12,0} = 0$, $S_{0,0,12} = 0$, $M_{I,1}$, $M_{I,2}$, $M_{I,3}$, les surfaces affines $M_I - H_1$, $M_I - H_2$, $M_I - H_3$. Il est facile de voir que $M_{I,1}$, $M_{I,2}$ et $M_{I,3}$ recouvrent M_I. De plus, si l'on désigne par R_i l'anneau de coordonnées (non homogène) de $M_{I,i}$ et si l'on pose :

$$x_1 = u_2/u_1, \qquad y_1 = u_3/u_1$$
$$x_2 = u_1/u_2, \qquad y_2 = u_3/u_2$$
$$x_3 = u_1/u_3, \qquad y_3 = u_2/u_3 \ .$$

Alors :

$$R_1 = \mathbb{C}[x_1^6,\ y_1^4]$$
$$R_2 = \mathbb{C}[x_2^6,\ y_2^{12},\ x_2^2 y_2^4]$$
$$R_3 = \mathbb{C}[x_3^4,\ y_3^{12},\ x_3^2 y_3^6] \ .$$

Il en résulte que $M_{I,1}$ est un plan affine ; $M_{I,2}$ est la surface affine $Z_2^3 - X_2Y_2 = 0$, ayant comme point générique le point $(\overline{x}_2,\overline{y}_2,\overline{z}_2)$ où $\overline{x}_2 = x_2^6$, $\overline{y}_2 = y_2^{12}$, $\overline{z}_2 = x_2^2y_2^4$; et que $M_{I,3}$ est la surface affine $Z_3^2 - X_3Y_3 = 0$, ayant comme point générique le point $(\overline{x}_3,\overline{y}_3,\overline{z}_3)$ où $\overline{x}_3 = x_3^4$, $\overline{y}_3 = y_3^{12}$, $z_3 = x_3^2y_3^4$. L'unique point singulier $X_2 = Y_2 = Z_2 = 0$ de $M_{I,2}$ représente le point $u_1 = u_3 = 0$, $u_2 = 1$, du plan V_I, c'est-à-dire la branche E : $x = t^6$, $y = t^7 + t^{10}$, tandis que le point singulier $X_3 = Y_3 = Z_3 = 0$ de $M_{I,3}$ représente le point $u_1 = u_2 = 0$, $u_3 = 1$, de V_I, c'est-à-dire la branche D : $x = t^6$, $y = t^7 + t^{11}$. La surface M_I est une surface normale, ayant ces deux points comme points singuliers. Le point singulier E de M_I n'appartient à aucune autre des cinq composantes de l'espace des modules, tandis que le point D appartient également à M_{II} et à M_{III}.

V_{II} est un cône de sommet $(0,0,0,1) = B$.

Le groupe fini G_{240} laisse invariant $\{u_1 = u_2 = 0\}$. On fait donc d'abord le quotient par G_{240}. $\{u_1 = u_2 = 0\}$ donne dans le quotient une droite ℓ_o de V_{II}/G_{240}, pour laquelle nous devons faire l'identification décrite ci-dessus, c'est-à-dire que nous avons à identifier tous les points $u_1 = u_2 = 0$, $u_3 \neq 0$, avec le point $u_1 = u_2 = u_4 = 0$, $u_3 = 1$, qui représente la branche D.

M_{II}, la composante de l'espace des modules, associée à V_{II}, est donc :

$$M_{II} = V_{II}/G_{240} - \ell_o \cup \{D\} \cup \{B\} .$$

En particulier M_{II} est en bijection avec un constructible, mais sa topologie est différente : $B \in \overline{\{D\}}$, ce qui montre que dans M_{II}, D n'est pas un point fermé.

6.

Nous allons maintenant déterminer l'invariant r(C) pour les différentes branches de notre classe d'équisingularité (6;7).

(a) Considérons d'abord la composante M_I. Nous allons voir que si $C : x = t^6$, $y = t^7 + a_9t^9 + a_{10}t^{10} + a_{11}t^{11}$ est une branche C représentée par un point de M, et si ce point n'appartient pas à M_{II} (on a donc $\Delta(a_9,a_{10},a_{11}) \neq 0$), alors $r(C) = 4$. (Nous verrons plus tard que pour chaque C dans M_{II}, on a $r(C) < 4$).

Pour voir cela, supposons d'abord $a_9 \neq 0$. Nous avons une différentielle non exacte, $7ydx - 6xdy$, dont l'ordre est minimum, (égal à $14 (= 9 + 6 - 1)$ dans le cas présent). Il sera commode de multiplier cette différentielle par le facteur numérique $-1/6$. Posons

$$(1) \qquad \omega_1 = -1/6(7ydx - 6xdy) = (2a_9 t^{14} + 3a_{10} t^{15} + 4a_{11} t^{16})dt$$

$$(2) \qquad \omega_2 = y\omega_1, \qquad \omega_4 = y^2\omega_1 .$$

ω_2 et ω_4, d'ordre respectif 21 et 28, sont donc non exactes car $21 + 1 \notin \Gamma$, $28 + 1 \notin \Gamma$. En utilisant le lemme 4.2, chaque différentielle non exacte sur C dont l'ordre est plus grand que 14 est nécessairement d'ordre ≥ 20. Mais le seul entier $N \geq 20$ tel que $N + 1 \notin \Gamma$, $N \neq 21$ et $N \neq 28$ est l'entier 22. Un calcul élémentaire montre que :

$$(3) \qquad 2a_9[21x\omega_1 - 2a_9 dy^3] - 63a_{10}\omega_2 = (-3\Delta(a_9, a_{10}, a_{11})t^{22} + \dots)dt .$$

Donc, si l'on pose $\omega_3 = 2a_9[21x\omega_1 - 2a_9 dy^3] - 63a_{10}\omega_2$, ω_3 est d'ordre 22, ce qui montre que $r(C) = 4$.

Supposons maintenant $a_9 = 0$. Dans ce cas $a_{10} \neq 0$ car $\Delta(0, a_{10}, a_{11}) = 63a_{10}^2$. La différentielle non exacte ω_1 définie par (1) est maintenant d'ordre 15. Les différentielles $\omega_2 = x\omega_1$, $\omega_3 = y\omega_1$, $\omega_4 = xy\omega_1$ sont d'ordre respectif 21, 22 et 28. Ces trois entiers étant les seuls entiers $N \geq 21$ tels que $N + 1 \notin \Gamma$, on trouve encore que $r(C) = 4$.

(b) On s'intéresse maintenant à la seconde composante M_{II} de l'espace des modules, dont les points représentent les branches

$$C : x = t^6, \ y = t^7 + a_9 t^9 + a_{10} t^{10} + a_{11} t^{11} + a_{17} t^{17} \text{ telles que :}$$

$$\Delta(a_9, a_{10}, a_{11}) = 0, \text{ et } a_9, a_{10}, a_{11}, a_{17} \text{ non tous nuls .}$$

On remarque que $M_{II} \cap M_{III}$ contient une seule branche D : $x = t^6$, $y = t^7 + t^{11}$, et $M_{II} \cap M_{IV}$ contient également une seule branche B : $x = t^6$, $y = t^7 + t^{17}$. On remarque aussi que M_{II} ne contient aucune des branches isolées M_V ($x = t^6$, $y = t^7 + t^{23}$) et M_{VI} ($x = t^6$, $y = t^7$) de l'espace des modules.

Nous allons montrer que $r(C) = 3$ pour chaque C dans M_{II}, sauf pour $C = B = M_{II} \cap M_{IV}$, pour laquelle $r(B) = 2$.

Le cas $C = D$: $x = t^6$, $y = t^7 + t^{11}$ est très simple et sera traité en premier. Dans ce cas, on a d'abord la différentielle de plus bas degré, ω_1, dont l'ordre est 16 $(11 + n - 1 = 11 + 5)$. Puis on a les différentielles $\omega_2 = x\omega_1$ et $\omega_3 = x^2\omega_1$, d'ordre respectif 22 et 28 ; ω_2 et ω_3 sont non exactes car $22 + 1$ et $28 + 1$ n'appartiennent pas à Γ. D'après le lemme 4.2, une différentielle ω sur C, telle que $v(\omega) + 1 \notin \Gamma$ doit avoir un ordre $\geq 16 + 6 = 22$, et comme 22 et 28 sont les seuls entiers N tels que $N + 1 \notin \Gamma$ et $N \geq 22$, on en déduit que ω_1, ω_2, ω_3 forment une base des différentielles non exactes (modulo les différentielles exactes). Ainsi $r(C) = 3$ dans le cas présent.

Pour la branche B : $x = t^6$, $y = t^7 + t^{17}$, la différentielle de plus bas degré, ω_1, a pour ordre 22 $(17 + n - 1 = 17 + 5)$, et la seule autre différentielle non exacte (modulo les différentielles exactes) est $\omega_2 = x\omega_1$, d'ordre 28. Donc $r(B) = 2$.

Etudions maintenant le cas d'une branche C telle que : $C \in M_{II}$, $C \notin M_{III} \cup M_{IV}$.

Remarquons qu'une telle branche peut être caractérisée de la manière suivante : $\Delta(a_9, a_{10}, a_{11}) = 0$, et $a_9 \neq 0$.

En effet, si $a_9 = 0$, alors a_{10} aussi doit être nul (car $\Delta = 0$). Supposons alors $a_{11} \neq 0$; le terme $a_{17}t^{17}$ peut être éliminé $(17 - 11 = 6 = n)$, c'est-à-dire que l'on est dans le cas étudié ci-dessus où C est la branche : $D = M_{II} \cap M_{III}$, tandis que si a_{11} est également nul, on est ramené au cas de la branche $B = M_{II} \cap M_{IV}$.

Puisque $a_9 \neq 0$, nous avons comme dans le cas (a) les trois différentielles non exactes ω_1, ω_2, ω_4 définies par (1) et (2) d'ordre respectif 14, 21, 28, à la différence près qu'ici l'expression (1) de ω_1 a un terme supplémentaire, $10a_{17}t^{22}dt$, provenant de la présence du terme $a_{17}t^{17}$. Nous allons voir que C n'a pas de différentielle d'ordre 22, et ceci démontrera que $r(C) = 3$.

Nous aurons besoin de deux résultats généraux qui présentent un intérêt intrinsèque et qui peuvent être utiles dans le cas général d'une classe d'équisingularité $(n;m)$ où n et m sont premiers entre eux.

Cette condition n et m premiers entre eux sera désormais implicite pour tout le reste du paragraphe.

<u>Lemme 6.1</u> : Soit $\omega = Adx + Bdy$ une différentielle sur une branche C : $x = t^n$, $y = t^m + bt^\lambda + \ldots$, $b \neq 0$, $\lambda + n \not\equiv 0 \pmod m$, où $A, B \in \mathcal{O} = \mathcal{O}(C)$. Soit $c = (m-1)(n-1)$, l'ordre du conducteur de $\overline{\mathcal{O}}$ dans $\mathcal{O}$.

Si $c > v(\omega) > \min\{v(Adx), v(Bdy)\}$, alors il existe des entiers positifs ou nuls a, b, et une constante non nulle ρ, tels que :

(4) $$v(A) = v(x^a y^{b+1}), \quad v(B) = v(x^{a+1}y^b) \;,$$

(5) $$\omega = \rho x^a y^b \omega_1 + A_1 dx + B_1 dy \;,$$

où $\omega_1 = mydx - nxdy$ est la différentielle non exacte de plus bas degré $\lambda + n - 1$,

(6) $A_1, B_1 \in \mathcal{O}$, avec $v(A_1) > v(A)$; $v(B_1) > v(B)$.

<u>Démonstration</u> : Il résulte de la condition $v(Adx + Bdy) > \min\{v(Adx), v(Bdy)\}$ que $v(Adx) = v(Bdy)$, c'est-à-dire $v(A) + n = v(B) - m$. Posant : $v(A) = a_1 n + a_2 m$ et $v(B) = b_1 n + b_2 m$. $(a_1, a_2, b_1, b_2 \in \mathbb{Z}_+)$, on a alors :

(7) $$(a_1 + 1 - b_1)n = (b_2 + 1 - a_2)m \;.$$

Nous avons aussi supposé que $mn - m - n + 1 > v(Adx) = v(Bdy)$, c'est-à-dire $mn - m - n + 2 > (a_1 + 1)n + a_2 m$ et $mn - m - n + 2 > b_1 n + (b_2 + 1)m$. Comme $m \geq 1$ et $n \geq 1$, on a : $mn > (a_1 + 1)n + a_2 m (= b_1 n + (b_2 + 1)m)$.

Ces inégalités montrent que les entiers positifs $a_1 + 1$, b_1 sont plus petits que m, et que les entiers positifs a_2, $b_2 + 1$ sont plus petits que n. On en déduit alors d'après (7) :

(8) $$b_1 = a_1 + 1, \quad \text{et } a_2 = b_2 + 1 \quad (\text{car } (m,n) = 1) \;.$$

Si l'on pose $a = a_1$, $b = b_2$, alors (4) s'obtient à partir de (8). On peut alors écrire $A = \alpha x^a y^{b+1} + A_1$, $B = \beta x^{a+1} y^b + B_1$, où α, β sont des constantes non nulles, et A_1, B_1 vérifient (6). Nous obtenons donc :

(9) $$Adx + Bdy = x^a y^b (\alpha ydx + \beta xdy) + A_1 dx + B_1 dy$$

avec α, β constantes non nulles.

De l'hypothèse $v(Adx + Bdy) > \min\{v(Adx), v(Bdy)\}$, on obtient, tenant compte des expressions $A = \alpha x^a y^{b+1} + A_1$ et $B = \beta x^{a+1} y^b + B_1$ et de (6), que : $v(\alpha ydx + \beta xdy) > v(ydx) = v(xdy)$. En fait, (6) implique les inégalités

$$v(A_1dx) > v(Adx) = v(x^ay^bydx) = v(x^ay^bxdy)$$
$$v(B_1dy) > v(Bdy) = v(x^ay^bxdy) = v(x^ay^bydx) \quad .$$

Donc :

$$v(A_1dx + B_1dy) > v(x^ay^bxdy) = v(x^ay^bydx) \quad .$$

Comme : $v(Adx + Bdy) > \min\{v(Adx), v(Bdy)\} = v(Adx) = v(x^ay^bydx) = v(x^ay^bxdy)$,on déduit de (9) que $v[x^ay^b(\alpha ydx + \beta xdy)] > v(x^ay^bydx) = v(x^ay^bxdy)$. Donc : $v(\alpha ydx + \beta xdy) > v(ydx) = v(xdy)$. On doit avoir : $v(\alpha ydx + \beta xdy) > m+n-1$. Mais $\alpha ydx + \beta xdy = [(n\alpha + m\beta)t^{m+n-1} + \ldots]dt$, on obtient donc la relation $n\alpha + m\beta = 0$.
On peut donc écrire : $\alpha = m\rho$, $\beta = -n\rho$, où $\rho = \frac{\alpha}{m}$ est une constante non nulle, (5) se déduit alors de (9).

Lemme 6.2 : Soit ω une différentielle sur C satisfaisant aux conditions suivantes :

(a) $v(\omega) + 1 \notin \Gamma$

(b) $v(\omega) > w(\omega_1)$ et $v(\omega) - v(\omega_1) \notin \Gamma$.

Soit $Adx + Bdy$ une expression de ω dans laquelle A et B ont les valuations les plus grandes possibles. Alors il existe des entiers positifs a, b, et une constante non nulle ρ tels que (4), (5) et (6) soient vrais et tels que de plus

$$(10) \qquad v(\omega) > v(x^ay^b\omega_1) = v(A_1dx + B_1dy) \quad .$$

Démonstration : La condition (a) entraîne les inégalités : $c-1 > v(\omega)$ $c-1 > v(\omega) > \min\{v(Adx), v(Bdy)\}$ imposées dans le lemme 6.1, et ceci est vrai pour toute représentation $\omega = Adx + Bdy$ de ω. On a donc : $v(A) + n = v(B) + m$, d'où si l'on choisit A de valuation maximum, alors il en est de même pour B. Si l'on choisit alors une telle représentation pour ω, nous obtenons d'après le lemme 6.1, les relations (4), (5) et (6), pour des entiers positifs a, b convenables, et pour un choix convenable de la constante ρ.

Maintenant, comme $v(\omega) - v(\omega_1) \notin \Gamma$, (d'après (b)), on a : $v(\omega) \neq v(x^ay^b\omega_1)$. La condition de maximum sur A et B nous permet de déduire de (6) que l'on a aussi $v(\omega) \neq v(A_1dx + B_1dy)$, et (10) s'obtient à partir de (5).

Utilisant ces deux lemmes, nous allons donner une preuve indirecte du fait que notre branche C n'a pas de différentielles d'ordre 22. Supposons le contraire, et soit ω une différentielle sur C, d'ordre 22. Comme $22+1 \notin \Gamma$, et $22 - v(\omega_1) = 22 - 14 = 8 \notin \Gamma$, les conditions (a) et (b) du lemme 6.2 sont vérifiées.
Donc ω admet une représentation $\omega = Adx + Bdy$ telle que les relations (4), (5), (6) et (10) soient réalisées pour des entiers positifs a et b, une constante non nulle ρ, et des éléments A_1, B_1 de $\mathcal{O}$ convenables. Au besoin, en divisant ω par la constante ρ, on peut supposer $\rho = 1$. Comme $22 = v(\omega) > v(x^a y^b \omega_1) = v(x^a y^b) + 14$ (d'après (10)) ; et $v(\omega) > v(\omega_1)$, on a : $0 < v(x^a y^b) < 8$. Ceci implique : $a+b = 1$. Il y a donc deux cas possibles:

$$\text{I} : a = 0,\ b = 1 \qquad \text{II} : a = 1,\ b = 0 \ .$$

Cas I : $a = 0$, $b = 1$. Dans ce cas nous avons $v(A) = v(x^a y^{b+1}) = v(y^2) = 14$ et $v(B) = v(x^{a+1} y^b) = v(xy) = 13$. D'où d'après (6) :

$$v(A_1) \geq 15 \quad \text{et} \quad v(B_1) \geq 14 \ .$$

Comme $A_1 \in \mathcal{O}$, l'inégalité $v(A_1) \geq 15$ implique $v(A_1) \geq 18$ ($= 3n$). Donc l'ordre de la différentielle $A_1dx + B_1dy$ est soit 20 (si $v(B_1) = 14$) , soit plus grand que 23 (si $v(B_1) > 14$), auquel cas $v(B_1) \geq 18$. De plus, la différentielle $x^a y^b \omega_1$ est dans le cas présent $y\omega_1$, dont l'ordre est 21. Ceci contredit l'égalité $v(y\omega_1) = v(A_1dx + B_1dy)$ (voir (10)). Donc on ne peut pas avoir $a = 0$, $b = 1$.

Cas II : $a = 1$, $b = 0$. Dans ce cas nous avons $v(A) = v(xy) = 13$, et $v(B) = v(x^2) = 12$. D'où :

(11a) $$v(A_1) \geq 14$$

(11b) $$v(B_1) \geq 13 \ .$$

Nous avons aussi $x^a y^b \omega_1 = x\omega_1$ et d'après (10) :

(12) $$20 = v(x\omega_1) = v(A_1dx + B_1dy)$$

(13) $$\omega = x\omega_1 + A_1dx + B_1dy \ .$$

Nous allons traiter le cas simple, celui pour lequel on a $v(A_1) > 14$ et par conséquent $v(A_1) \geq 18$. Dans ce cas $v(A_1dx) \geq 23$, et, puisque par (10) on doit avoir $v(A_1dx + B_1dy) = v(x\omega_1) = 20$, on a donc nécessairement $v(B_1dy) = 20$, c'est-à-dire $v(B_1) = 14$. Ainsi $B_1 = \alpha y^2$ + termes de degré ≥ 18 en t, où α est une constante non nulle. De ceci on obtient immédiatement que $B_1dy = [7\alpha t^{20} + 23\alpha a_9 t^{22}$ + termes de degré $> 22]dt$. Comme

(14) $$x\omega_1 = [2a_9t^{20} + 3a_{10}t^{21} + 4a_{11}t^{22} + 10a_{17}t^{28}]\,dt \quad ,$$

on a d'après (13) :

$$\omega = [(2a_9 + 7\alpha)t^{20} + 3a_{10}t^{21} + (4a_{11} + 23\alpha a_9)t^{22} + \ldots]dt \quad .$$

Comme $v(\omega) = 22$, on doit avoir $2a_9 + 7\alpha = 0$ et $a_{10} = 0$. Mais alors, on a $4a_{11} + 23\alpha a_9 = \dfrac{28a_{11} - 46a_9^2}{7} = -\dfrac{\Delta(a_9, 0, a_{11})}{14a_9} = 0$, ce qui contredit $v(\omega) = 22$.

Il reste le cas où $v(A_1) = 14$. Dans ce cas $v(A_1dx) = 19$ et, comme $v(A_1dx + B_1dy) = v(x\omega_1) = 20$, d'après (12), on obtient $v(B_1) = 13$. Puisque nous avons maintenant $v(A_1dx + B_1dy) > v(A_1dx) = v(B_1dy)$, et comme l'entier $c = (m-1)(n-1) = 30$ est plus grand que $v(A_1dx + B_1dy) = 20$, nous pouvons donc appliquer le lemme 6.1 à la différentielle $A_1dx + B_1dy$.

Tenant compte des relations $v(A_1) = v(y^2)$, $v(B_1) = v(xy)$, les entiers a et b du lemme sont $a = 0$, $b = 1$. On obtient

(15) $$A_1dx + B_1dy = \rho_1 y\omega_1 + A_2dx + B_2dy \quad ,$$

où ρ_1 est une constante non nulle, A_2, B_2 sont des éléments de $\mathcal{O}$ tels que $v(A_2) > 14$ (et donc nécessairement $v(A_2) \geq 18$) et $v(B_2) \geq 14$. On peut donc écrire (13) comme suit :

(16) $$\omega = x\omega_1 + \rho_1 y\omega_1 + B_2dy + Hdt \quad ,$$

où $v(H) \geq 23$ (car $v(A_2dx) \geq 23$).

Nous avons $B_2 = \gamma y^2$ + termes de degré ≥ 18 en t. D'où $B_2dy = \frac{\gamma}{3}\,d(y^3)$ + une différentielle d'ordre ≥ 24. On a $x\omega_1 = (2a_9t^{20} + \ldots)dt$, $B_2dy = (7\gamma t^{20} + \ldots)dt$ tandis que $v(y\omega_1) = 21$. Comme $v(\omega) = 22$, il vient $2a_9 + 7\gamma = 0$. D'où nous tirons d'après (16) que :

(17) $$21\omega = 21x\omega_1 - 2a_9dy^3 + \rho_2 y\omega_1 + H_1dt \quad ,$$

où $\rho_2 = 21\rho_1$ et $v(H_1) \geq 23$.

La relation (3) reste vraie dans le cas présent (l'apparition du terme $a_{17}t^{17}$ dans y n'a aucun effet sur cette relation). De plus, $\Delta(a_9, a_{10}, a_{11})$ étant nul, la relation (3) nous dit que : $2a_9(21x\omega_1 - 2a_9 dy^3) = 63a_{10}\omega_2 +$ une différentielle d'ordre ≥ 23 (ici $\omega_2 = y\omega_1$). Donc d'après (17), on peut écrire :

$$42a_9\omega = (63a_{10} + 2a_9\rho_2)\omega_2 + H_2 dt \ , \text{ avec } v(H_2) \geq 23 \ .$$

La différentielle du membre de gauche de cette relation est d'ordre 22. La différentielle du membre de droite est soit d'ordre 21 (si $63a_{10} + 2a_9\rho_2 \neq 0$) soit d'ordre ≥ 23 (si $63a_{10} + 2a_9\rho_2 = 0$). Cette contradiction achève la démonstration de notre assertion : la branche C n'a pas de différentielle d'ordre 22.

(c) Considérons maintenant la composante M_{III}, qui est une droite représentant les branches C de la forme

$$C : \begin{cases} x = t^6 \\ y = t^7 + a_{11}t^{11} + a_{16}t^{16} \end{cases} .$$

Si $a_{11} \neq 0$, la différentielle ω_1, d'ordre le plus bas, est d'ordre 16 ($= 11 + n - 1 = 11 + 5$). Il existe deux autres différentielles $\omega_2 = x\omega_1$ et $\omega_3 = x^2\omega_1$, d'ordre respectif 22 et 28. Utilisant à nouveau le lemme 4.2, nous voyons qu'elles forment une base des différentielles non exactes, (modulo les différentielles exactes). Donc $r(C) = 3$.

Cependant, si $a_{11} = 0$, l'ordre de ω_1 devient 21, et la seule autre différentielle non exacte est $\omega_2 = y\omega_1$, d'ordre 28. Dans ce cas $r(C) = 2$. Remarquons que cette branche $x = t^6$, $y = t^7 + t^{16}$ est l'intersection de M_{III} et de M_{IV}.

(d) La composante M_{IV} représente les branches de la forme

$$C : \begin{cases} x = t^6 \\ y = t^7 + a_{16}t^{16} + a_{17}t^{17} \end{cases} .$$

Si $a_{16} \neq 0$, alors 21 est l'ordre de la différentielle ω_1 d'ordre minimum et la seule autre différentielle non exacte est $\omega_2 = y\omega_1$, d'ordre 28. D'où $r(C) = 2$.

Si $a_{16} = 0$, il s'agit alors de la branche B : $x = t^6$, $y = t^7 + t^{17}$, qui appartient à M_{II}, et nous avons déjà vu que $r(B) = 2$.

Donc, nous avons $r(C) = 2$ pour toute branche C dans M_{IV}.

(e) Finalement, la branche isolée $x = t^6$, $y = t^7 + t^{23}$ n'a qu'une seule différentielle non exacte ω_1, d'ordre 28, tandis que l'autre branche isolée : $x = t^6$, $y = t^7$, n'a pas de différentielle non exacte.

7. Topologie de l'espace des modules M de la classe d'équisingularité (6;7).

Nous avons vu que dans tous les exemples considérés dans ce chapitre (sauf le cas $n = 2$, pour lequel l'espace des modules est toujours réduit à un point), M n'est pas un ensemble constructible, car en tant qu'espace topologique, ce n'est pas un sous-espace d'une variété algébrique. Ceci est vrai aussi bien lorsque nos variétés V (définies sur le corps des nombres complexes) sont munies de la topologie ordinaire d'espace analytique complexe, ou de la topologie bien connue dite "topologie de Zariski", dans laquelle les sous-ensembles fermés sont les sous-variétés algébriques de V.

Pour comprendre cela, il nous suffit d'observer que pour une variété V, définie sur le corps des nombres complexes $\mathbb{C}$, et munie de sa topologie de Zariski, tout point de V, à coordonnées complexes, est un point fermé tandis que dans l'espace des modules M, il y a toujours un point qui n'est pas fermé (sauf dans le cas $n = 2$). Dans le cas particulier de la caractéristique (6;7) nous trouvons cependant des phénomènes topologiques nouveaux qui n'apparaissent pas dans les autres exemples.

7.1 Dans tous les autres exemples, nous avons vu que chaque composante de M (muni de la topologie induite par celle de M) est une variété algébrique (dans nos exemples ce fut toujours soit une droite projective $\mathbb{P}_1$, soit un point isolé).

Dans le cas de la caractéristique (6;7), on obtient une nouvelle composante, M_{II}, qui non seulement n'est pas algébrique (et pas constructible), mais qui de plus se présente comme un espace non séparé. En effet, sur M_{II} nous avons les deux points :

(1) $\qquad D : x = t^6 \;,\quad y = t^7 + t^{11}$

(2) $\qquad B = x = t^6 \;,\quad y = t^7 + t^{17}$

tels que la fermeture du point D est la paire (D,B),les cinq autres composantes sont toutes des variétés algébriques complètes (M_I est une surface normale, M_{III} et M_{IV} sont des droites projectives, tandis que M_V et M_{VI} sont des points isolés).

7.2 Nous désirons montrer maintenant que si l'on regarde l'ensemble des composantes M_i de M, comme un ensemble ordonné ($M_I \prec M_{II} \prec M_{III} \prec M_{IV} \prec M_V \prec M_{VI}$), alors pour chaque i = I, II, III, IV, V, VI, la fermeture de M_i dans M est $\bigcup_{j\geq i} M_j$.

Tout d'abord, il est clair qu'étant donné un ensemble $\overline{a}$ de six nombres complexes $\{\overline{a}_9, \overline{a}_{10}, \overline{a}_{11}, \overline{a}_{16}, \overline{a}_{17}, \overline{a}_{23}\}$, il existe des suites convergentes de 6-uplets, $a^{(i)} = \{a_9^{(i)}, a_{10}^{(i)}, a_{11}^{(i)}, a_{16}^{(i)}, a_{17}^{(i)}, a_{23}^{(i)}\}$ telles que : $\Delta(a_9^{(i)}, a_{10}^{(i)}, a_{11}^{(i)}) \neq 0$ pour tout i, et telles que $\overline{a} = \lim a^{(i)}$. Ceci montre que M = fermeture de $M_I - M_{II}$ = fermeture de M_I.

Nous montrons ensuite que :

$$\overline{M}_{II} = \overline{M_{II} - B} = M_{II} \cup M_{III} \cup M_{IV} \cup M_V \cup M_{VI} \quad , \tag{3}$$

étant bien entendu que les adhérences sont prises dans M. L'égalité $\overline{M}_{II} = \overline{M_{II} - B}$ est évidente, car B est adhérent au point D qui appartient à M_{II}. Nous savons déjà (§ 5.1 de ce chapitre) que, si P est un point quelconque de M_{III}, alors la fermeture de P dans M est $\{P, B, M_V, M_{VI}\}$, tandis que pour tout point P' de M_{IV}, la fermeture de P' dans M est l'ensemble $\{P', M_V, M_{VI}\}$.

Il est d'autre part évident que la fermeture de M_{II} ne peut pas contenir d'éléments de M_I qui ne soient pas dans M_{II} (car $\Delta(a_9, a_{10}, a_{11}) = 0$ sur M_{II}, tandis que $\Delta(a_9, a_{10}, a_{11}) \neq 0$ sur $M_I - M_{II}$). Donc pour démontrer (3), il nous suffit seulement de voir que M_{III} et M_{IV} appartiennent tous les deux à $\overline{M}_{II}$. Ceci se démontre facilement. Si $Q = (a_{11}, a_{16})$ est un point de M_{III} (Q représente la branche $x = t^6$, $y = t^7 + a_{11}t^{11} + a_{16}t^{16}$, où a_{11} et a_{16} ne sont pas simultanément nuls), on peut trouver une suite de points $\tilde{p}^{(i)} = \{a_9^{(i)}, a_{10}^{(i)}, a_{11}^{(i)}, a_{16}^{(i)}, \tilde{a}_{17}^{(i)}\}$ telle que pour tout i : $a_9^{(i)} \neq 0$, $\Delta(a_9^{(i)}, a_{10}^{(i)}, a_{11}^{(i)}) = 0$ et telle que : $\lim a_9^{(i)} = \lim a_{10}^{(i)} = \lim \tilde{a}_{17}^{(i)} = 0$, et :

$$9 \lim \frac{{a_{10}^{(i)}}^2}{a_9^{(i)}} = 8a_{11} \quad , \tag{4}$$

$$\lim a_{16}^{(i)} = a_{16} \quad .$$

Rappelons que :

(5) $$\Delta(a_9,a_{10},a_{11}) = a_9[92a_9^2 + 7(9a_{10}^2/a_9 - 8a_{11})] .$$

Comme $\Delta(a_9^{(i)},a_{10}^{(i)},a_{11}^{(i)}) = 0$ et $a_9^{(i)} \neq 0$, on obtient :
$92a_9^{(i)2} + 7(9a_{10}^{(i)2}/a_9^{(i)} - 8a_{11}^{(i)}) = 0$, d'où, comme $\lim a_9^{(i)} = 0$, on déduit de (4) que $\lim a_{11}^{(i)} = a_{11}$. En conclusion, $\lim \widetilde{P}^{(i)}$ est notre point $Q = (0,0,a_{11},a_{16},0)$, puisque chaque point $\widetilde{P}^{(i)}$ représente une branche $\widetilde{C}^{(i)}$ isomorphe à une branche $C^{(i)}$ représentée par le point $P^{(i)}$ de M_{II} : $(a_9^{(i)},a_{10}^{(i)},a_{11}^{(i)},a_{17}^{(i)})$ de M_{II}, où $a_{17}^{(i)}$ est une constante convenable. (On utilise ici la proposition 3.1 ch. IV, où n, m, λ et j sont respectivement les entiers 6, 7, 9 et 16, car $16 = 9 + 7$), on en déduit alors que $Q \in \overline{M}_{II}$.)

Il est aussi facile de démontrer que $M_{IV} \subset \overline{M}_{II}$.
Soit Q : (a_{16},a_{17}) un point de M_{IV}, nous devons considérer une suite de points $\widetilde{P}^{(i)}$: $(a_9^{(i)},a_{10}^{(i)},a_{11}^{(i)},a_{16}^{(i)},\widetilde{a}_{17}^{(i)})$ telle que $\lim \widetilde{P}^{(i)} = (0,0,0,a_{16},a_{17})$ et telle que pour tout i : $a_9^{(i)} \neq 0$, $\Delta(a_9^{(i)},a_{10}^{(i)},a_{11}^{(i)}) = 0$. On obtient encore utilisant à nouveau la proposition 3.1 du chapitre IV, que la branche représentée par $\widetilde{P}^{(i)}$ est isomorphe à une branche $C^{(i)}$ représentée par un point $P^{(i)}$ de M_{II}, et par conséquent $Q \in \overline{M}_{II}$. Ceci achève la démonstration de (3).

Nous savons déjà que la relation $\overline{M}_i = \bigcup_{j \geq i} M_j$ est vraie pour $i = IV$, V et VI. Donc il nous reste à montrer que

(6) $$\overline{M}_{III} = M_{III} \cup M_{IV} \cup M_V \cup M_{VI}$$

et pour cela il nous suffit de montrer que $M_{IV} \subset \overline{M}_{III}$ (car il est clair que $\overline{M}_{III} \cap (M_I \cup M_{II} - B - D) = \emptyset$).

Soit (a_{16},a_{17}) un point Q de M_{IV}. Considérons une suite de points $\overline{P}^{(i)}$: $(a_{11}^{(i)},a_{16}^{(i)},a_{17}^{(i)})$ telle que $a_{11}^{(i)} \neq 0$ par tout i, et telle que $\lim \overline{P}^{(i)} = (0,a_{16},a_{17}) = Q$. (Ici $\overline{P}^{(i)}$ représente la branche $\overline{C}^{(i)}$: $x = t^6$, $y = t^7 + a_{11}^{(i)}t^{11} + a_{16}^{(i)}t^{16} + a_{17}^{(i)}t^{17}$).

Toujours en utilisant la proposition 3.1 ch. IV, $\overline{C}^{(i)}$ est isomorphe à la branche $C^{(i)}$ représentée par le point $P^{(i)}$: $(a_{11}^{(i)},a_{16}^{(i)})$ de M_{III}, et ceci montre que $Q \in \overline{M}_{III}$.

Notons que nous avons :

$$(M_I \cup M_{II}) \cap M_{III} = D \; (= M_I \cap M_{II} \cap M_{III})$$

et

$$(M_I \cup M_{II}) \cap M_{IV} = B \; (= M_{II} \cap M_{IV}) \quad .$$

D'où par (6), nous avons $M - \overline{M}_{III} = (M_I \cup M_{II}) - B - D$. On obtient alors :

(7) $$(M_I \cup M_{II}) - B - D \text{ est ouvert dans } M \quad .$$

Nous allons avoir besoin pour la suite de l'expression explicite de $a_{17}^{(i)}$ en fonction de $a_9^{(i)}, a_{10}^{(i)}, a_{11}^{(i)}, a_{16}^{(i)}, \tilde{a}_{17}^{(i)}$, où dans le cours de la démonstration de (3), $a_{17}^{(i)}$ était tel que les points $P^{(i)} : (a_9^{(i)}, a_{10}^{(i)}, a_{11}^{(i)}, 0, a_{17}^{(i)})$ et $\tilde{P}^{(i)} : (a_9^{(i)}, a_{10}^{(i)}, a_{11}^{(i)}, a_{16}^{(i)}, \tilde{a}_{17}^{(i)})$ représentaient des branches isomorphes, et où $a_9^{(i)}$ était supposé non nul.

La démonstration de la proposition 3.1 du chapitre IV ne donne pas l'expression de $a_{17}^{(i)}$ à laquelle on est conduit lorsque $a_{16}^{(i)} t^{16}$ est éliminé. En calculant cette expression, nous omettrons les indices i.

Soit alors une branche $\tilde{C}$ donnée par

(8) $$\tilde{C} : x = t^6,\; y = t^7 + a_9 t^9 + a_{10} t^{10} + a_{11} t^{11} + a_{16} t^{16} + \tilde{a}_{17} t^{17}, \quad a_9 \neq 0 \quad .$$

Pour éliminer t^{16}, nous devons appliquer à $\tilde{C}$ l'isomorphisme $\overline{t} = \varphi(t)$ défini par :

(9) $$x_1 = \overline{t}^6 = \varphi(t^6) = x - 6cxy \quad ,$$

où

(10) $$c = - a_{16} / 2a_9 \quad .$$

[Se référer au tout début de la démonstration de la proposition 3.1 ch. IV, où n, σ et s sont maintenant égaux à 6, 1 et 0, ainsi qu'à la fin de la section 3.1 où l'on trouve l'expression de c, $c = - a_j / (\lambda - m) a_\lambda$, ici $j = 16$, $\lambda = 9$, $m = 7$.]

D'après (8) et (9), on a :

$$\overline{t}^6 = t^6 - 6ct^{13} - 6ca_9 t^{15} - 6ca_{10} t^{16} - 6ca_{11} t^{17} - 6ca_{16} t^{22} - 6ca_{17} t^{23} \quad .$$

et l'on obtient facilement :

$$t = \bar{t}(1 + c\bar{t}^7 + ca_9\bar{t}^9 + ca_{10}\bar{t}^{10} + \text{termes de degré} \geq 11) .$$

En substituant dans l'expression de y donnée par (8), on trouve :

$$y = \bar{t}^7 + a_9\bar{t}^9 + a_{10}\bar{t}^{10} + a_{11}\bar{t}^{11} + 7c\bar{t}^{14} + (16ca_9 + a_{16})\bar{t}^{16} + (17ca_{10} + \tilde{a}_{17})\bar{t}^{17} + \dots$$

D'où, si l'on pose $y_1 = y - 7cy^2$, et en tenant compte de (10), on obtient $y_1 = \bar{t}^7 + a_9\bar{t}^9 + a_{10}\bar{t}^{10} + a_{11}\bar{t}^{11} + a_{17}\bar{t}^{17} + \dots$, où

(11) $$a_{17} = 3ca_{10} + \tilde{a}_{17} = \tilde{a}_{17} - \frac{3a_{10}a_{16}}{2a_9} .$$

Ceci est l'expression cherchée de a_{17}.

7.3 Etant donné un entier s $(0 \leq s \leq 4)$, $M^{(s)}$ désigne l'ensemble des points de M qui représentent des branches C telles que $r(C) = s$, où l'on rappelle que r(C) désigne le nombre de différentielles holomorphes non exactes sur C (modulo les différentielles exactes $d\xi$, $\xi \in \mathcal{O}$). Nous avons vu dans le paragraphe 6 de ce chapitre que :

(12) $$M^{(4)} = M_I - \Delta$$

où Δ est la sous-variété fermée (une courbe) de la surface M_I, définie par l'équation $\Delta(a_9, a_{10}, a_{11}) = 0$ (ou plus précisément, Δ est l'image sur M_I de la courbe $\Delta(u_1^2, u_2^3, u_3^4) = 0$ du plan projectif où :

(13) $$\Delta(a_9, a_{10}, a_{11}) = 92a_9^3 + 63a_{10}^2 - 56a_9a_{11} .\ )$$

Ainsi $M^{(4)}$ est une surface algébrique ouverte, c'est donc un espace séparé. Nous avons vu aussi dans le § 6 que :

(14) $M^{(3)} = (M_{II} - B - D) \cup (M_{III} - E)$, où E est la branche $x = t^6$, $y = t^7 + t^{16}$

(15) $M^{(2)} = M_{IV}$ (une droite projective)

(16) $M^{(1)} = M_V$ (le point isolé représenté par la branche $x = t^6$, $y = t^7 + t^{23}$)

(17) $M^{(0)} = M_{VI}$ (la branche $x = t^6$, $y = t^7$) .

Ainsi $M^{(2)}$, $M^{(1)}$, et $M^{(0)}$ sont aussi des variétés algébriques et des espaces séparés.

Nous allons montrer maintenant que $M^{(3)}$ est aussi, en tant que sous-espace de M, un espace séparé, confirmant ainsi dans le cas particulier de la caractéristique (6;7) une conjecture de Mumford, disant que dans l'espace des modules M d'une classe d'équisingularité de branche algébroïde plane, les sous-espaces $M^{(\rho)}$ des points qui représentent les branches C pour lesquelles $r(C) = \rho$ sont des espaces séparés.

Nous savons que $M_{II} - B - D$, en tant que sous-espace de M, est un espace séparé. De plus, $M_{II} - B - D = [(M_I \cup M_{II}) - B - D] \cap M^{(3)}$, et par (7) nous savons que $(M_I \cup M_{II}) - B - D$ est ouvert dans M. Donc $M_{II} - B - D$ est aussi ouvert dans $M^{(3)}$. Comme $M_{II} - B - D$, en tant que sous-espace de M, est un espace séparé, si l'on prend deux points distincts P et P' de $M_{II} - B - D$, et deux voisinages disjoints N et N' de P et P' dans M, alors $N \cap (M_{II} - B - D)$ et $N' \cap (M_{II} - B - D)$ seront des voisinages disjoints de P et P' dans $M^{(3)}$. D'où pour montrer que deux points distincts P, P' de $M^{(3)}$ ont des voisinages disjoints dans $M^{(3)}$, il suffit de considérer le cas où l'un des points P, P' appartient à $M_{III} - E$.

Soit par exemple $P' \in M_{III} - E$: $P' = (a'_{11}, a'_{16})$, $a'_{11} \neq 0$.

Nous allons montrer indirectement que P et P' ont des voisinages disjoints dans $M^{(3)}$. Supposons donc que deux voisinages quelconques de P et P' ont dans $M^{(3)}$ une intersection non vide. Ceci équivaut au fait qu'il existe une suite convergente $\{P_i\}$ de points de $M^{(3)}$ telle que P et P' sont tous deux limites de cette suite. Ceci signifie que dans l'espace affine de dimension 5 des coefficients a_9, a_{10}, a_{11}, a_{16}, a_{17}, il existe deux suites convergentes $\{P^{(i)}\}$ et $\{P'^{(i)}\}$, où

$$P^{(i)} = (a_9^{(i)}, a_{10}^{(i)}, a_{11}^{(i)}, a_{16}^{(i)}, \tilde{a}_{17}^{(i)}) \qquad \Delta(a_9^{(i)}, a_{10}^{(i)}, a_{11}^{(i)}) = 0 \quad ;$$

$$P'^{(i)} = (a_9'^{(i)}, a_{10}'^{(i)}, a_{11}'^{(i)}, a_{16}'^{(i)}, \tilde{a}_{17}'^{(i)}) \quad , \quad \Delta(a_9'^{(i)}, a_{10}'^{(i)}, a_{11}'^{(i)}) = 0$$

telles que si $C^{(i)}$ et $C'^{(i)}$ sont les branches représentées par les points $P^{(i)}$ et $P'^{(i)}$, c'est-à-dire si l'on a :

$$C^{(i)} = x = t^6,\ y = t^7 + a_9^{(i)} t^9 + a_{10}^{(i)} t^{10} + a_{11}^{(i)} t^{11} + a_{16}^{(i)} t^{16} + \tilde{a}_{17}^{(i)} t^{17} \quad ,$$

$$C'^{(i)} : x = t^6,\ y = t^7 + a_9'^{(i)} t^9 + a_{10}'^{(i)} t^{10} + a_{11}'^{(i)} t^{11} + a_{16}'^{(i)} t^{16} + \tilde{a}_{17}'^{(i)} t^{17} \quad ,$$

alors :

(18) $$C^{(i)} \cong C'^{(i)}$$

et
$$\lim P^{(i)} = P = (a_9, a_{10}, a_{11}, a_{16}, \tilde{a}_{17})$$
$$\lim P'^{(i)} = P' = (0, 0, a'_{11}, a'_{16}, 0) \quad .$$

a_9, a_{10} ne sont pas tous les deux nuls, si $P \in M_{II} - B - D$, et $a_9 = a_{10} = 0$, $a_{11} \neq 0$ si $P \in M_{III} - E$.

Nous obtenons donc $\lim a_j^{(i)} = a_j$, $j = 9, 10, 11, 16$; $\lim \tilde{a}_{17}^{(i)} = a_{17}$; $\lim a_9'^{(i)} = \lim a_{10}'^{(i)} = 0$; $\lim a_{11}'^{(i)} = a'_{11}$, $\lim a_{16}'^{(i)} = a'_{16}$, $\lim \tilde{a}_{17}'^{(i)} = \tilde{a}'_{17}$.

Nous affirmons, quitte à retirer un nombre fini de points à la suite $\{P^{(i)}, P'^{(i)}\}$, que l'on peut supposer :

(19) $$a_9^{(i)} \neq 0 \quad \text{et} \quad a_9'^{(i)} \neq 0 \text{ pour tout } i \quad .$$

En effet, supposons le contraire pour la suite $\{P^{(i)}\}$. Alors, quitte à remplacer $\{P^{(i)}\}$ par une sous-suite convergente, on aura $a_9^{(i)} = 0$ pour tout i*. En vertu de (18), on obtient $a_9'^{(i)} = a_{10}'^{(i)} = 0$ pour tout i (thm. 5.5).

D'autre part, comme $\lim a_{11}'^{(i)} = a'_{11} \neq 0$, on peut supposer que $a_{11}'^{(i)} \neq 0$ pour tout i. Mais alors, encore par (18), on doit avoir $a_{11}^{(i)} \neq 0$ pour tout i.

Nous avons donc $a_9 = a_{10} = 0$, et $a_{11} \neq 0$, et d'après la proposition 3.1 du ch. IV, on a $C^{(i)} \cong C^{(i)'}$, où $C^{(i)}$ est représentée par le point $P^{(i)'}$: $\{a_{11}^{(i)}, a_{16}^{(i)}\}$, et $C'^{(i)} \cong C'^{(i)'}$, où $C'^{(i)'}$ est représenté par le point $P'^{(i)'}$: $\{a_{11}'^{(i)}, a_{16}'^{(i)}\}$.

De plus, on a encore $\lim P^{(i)'} = P$ et $\lim P'^{(i)'} = P'$, (puisqu'on peut alors supprimer $\tilde{a}_{17}$). On déduit de l'isomorphisme $C'^{(i)} \cong C'^{(i)'}$ que $a_{11}'^{(i)} = a_{11}^{(i)} \cdot \rho_i^4$, $a_{16}'^{(i)} = a_{16}^{(i)} \cdot \rho_i^9$ pour un certain $\rho_i \neq 0$.

Comme $\lim a_{11}'^{(i)} = a'_{11} \neq 0$ et $\lim a_{11}^{(i)} \neq 0$, on a aussi $\lim \rho_i = \rho \neq 0, \infty$, puisque $\rho^4 = a'_{11}/a_{11}$. Passant à la limite, on trouve que : $a'_{11} = a_{11} \cdot \rho^4$, $a'_{16} = a_{16} \cdot \rho^9$, ce qui implique que P et P' coïncident (en tant qu'éléments de M), contrairement à l'hypothèse $P \neq P'$. Ceci prouve que l'on peut supposer vérifiées les inégalités (19).

On déduit de (19) et de la proposition 3.1, ch. IV, que :

---

* puisque $\Delta(a_9^{(i)}, a_{10}^{(i)}, a_{11}^{(i)}) = 0$, on a aussi $a_{10}^{(i)} = 0$.

$$C^{(i)} \cong C^{(i)'} \quad , \quad C'^{(i)} \cong C'^{(i)'} \quad ,$$

où $C^{(i)'}$ et $C'^{(i)'}$ sont cette fois les branches définies par :

$$C^{(i)'} = x = t^6,\ y = t^7 + a_9^{(i)} t^9 + a_{10}^{(i)} t^{10} + a_{11}^{(i)} t^{11} + a_{17}^{(i)} t^{17}$$

$$C'^{(i)'} : x = t^6,\ y = t^7 + a_9'^{(i)} t^9 + a_{10}'^{(i)} t^{10} + a_{11}'^{(i)} t^{11} + a_{17}'^{(i)} t^{17}$$

et d'après (11)

$$(20) \qquad \begin{cases} a_{17}^{(i)} = \tilde{a}_{17}^{(i)} - \dfrac{3a_{10}^{(i)} a_{16}^{(i)}}{2a_9^{(i)}} \\[2ex] a_{17}'^{(i)} = \tilde{a}_{17}'^{(i)} - \dfrac{3a_{10}'^{(i)} a_{16}'^{(i)}}{2a_9'^{(i)}} \end{cases} .$$

Comme $C^{(i)'} \cong C'^{(i)'}$, $\Delta(a_9^{(i)}, a_{10}^{(i)}, a_{11}^{(i)}) = \Delta(a_9'^{(i)}, a_{10}'^{(i)}, a_{11}'^{(i)}) = 0$, on obtient d'après le théorème 5.5 de ce chapitre que :

$$(21) \qquad a_j^{(i)} = a_j'^{(i)} \alpha_i^{j-7} \quad , \quad \alpha_i \neq 0 \text{ et } j = 9, 10, 11, 17 \quad .$$

En substituant (21) dans (20),

$$(22) \qquad (\tilde{a}_{17}^{(i)} - \alpha_i^{10} \tilde{a}_{17}'^{(i)}) = \frac{3a_{10}^{(i)}}{2a_9^{(i)}} \alpha_i (a_{16}^{(i)} - \alpha_i^9 a_{16}'^{(i)}) \quad .$$

D'après (21) pour $j = 11$, on a $\lim \alpha_i^4 = a_{11}/a_{11}' \neq \infty$ car $a_{11}' \neq 0$. Posons $\lim \alpha_i^4 = \alpha$; on a : $\alpha \neq \infty$. On ne peut avoir $\alpha = 0$, sinon on obtiendrait, d'après (21) et en passant à la limite, que $a_9^{(i)} = a_{10}^{(i)} = a_{11}^{(i)} = 0$, c'est-à-dire que P serait à ce moment-là soit B, soit E, ce qui est impossible.

Comme $\lim a_9'^{(i)} = \lim a_{10}'^{(i)} = 0$, on déduit de (21) que $\lim a_9^{(i)} = \lim a_{10}^{(i)} = 0$, c'est-à-dire : $a_9 = a_{10} = 0$.

On en conclut que P appartient aussi à $M_{III} - E$, c'est-à-dire que l'on a maintenant $P = (a_{11}, a_{16})$; puisque $P' = (a_{11}', a_{16}')$, nous avons $a_{11} \neq 0$, $a_{11}' \neq 0$, car P, $P' \neq E$.

En utilisant à nouveau (11) et en passant à la limite on obtient : $a_{11} = a_{11}\alpha^4$, $\alpha \neq 0$; de ceci et du fait que $P \neq P'$, il vient : $a_{16} - a_{16}'\alpha^9 \neq 0$, c'est-à-dire $\lim (a_{16}^{(i)} - \alpha_i^9 a_{16}'^{(i)}) \neq 0$.

Comme $\Delta(a_9^{(i)}, a_{10}^{(i)}, a_{11}^{(i)}) = 92(a_9^{(i)})^3 + 63(a_{10}^{(i)})^2 - 56\, a_9^{(i)} a_{11}^{(i)} = 0$

$$56\, a_{11}^{(i)} = 92(a_9^{(i)})^2 + 63\, \frac{(a_{10}^{(i)})^2}{a_9^{(i)}} \;.$$

Puisque $\lim a_{11}^{(i)} = a_{11} \neq 0$, $\lim \dfrac{(a_{10}^{(i)})^2}{a_9^{(i)}} \neq 0$ et $\lim \left| \dfrac{a_{10}^{(i)}}{a_9^{(i)}} \right| = \infty$ puisque $\lim a_{10}^{(i)} = 0$. Comme $\lim (a_{16}^{(i)} - \alpha_i^9\, a_{16}'^{(i)}) \neq 0$, nous trouvons d'après la formule (22) que $\lim |\tilde{a}_{17}^{(i)} - \alpha_i^{10}\, \tilde{a}_{17}'^{(i)}| = \infty$, α étant fini ceci est impossible. On a donc $P = P'$, ce qui achève la démonstration.

***

Chapitre VI :

Le point de vue de la théorie des déformations

Etude de la composante générique de l'espace des modules d'une classe d'équisingularité de caractéristique (n,m) (n et m premiers entre eux).

1.

Dans l'article cité en introduction, Ebey montre que l'espace des modules des courbes (planes ou non) ayant un semi-groupe donné est en bijection avec un sous-ensemble algébrique constructible d'un espace affine. Pour cela il montre que l'espace des modules est le quotient d'un espace affine par un groupe algébrique (connexe et résoluble). Nous allons utiliser ces notions pour définir la composante générique de l'espace des modules.

Théorème 1.1 (M. Rosenlicht, Amer. J. Math. 78 (1956) 401-443) : Soit G un groupe algébrique agissant régulièrement* sur une variété algébrique V (pas nécessairement complète). Il existe alors une variété W et une application rationnelle dominante τ définies à équivalence rationnelle près telle que : si τ est définie à l'extérieur de V_o sous-variété stricte de V, pour tous les points $P \in W - W_o$ (W_o sous-variété stricte de W) la fibre $\tau^{-1}(P)$ est une orbite de G de dimension constante sur $W - W_o$.

On peut donc parler de la variété W représentant les orbites génériques. Elle est définie à équivalence birationnelle près. C'est cette variété que nous appelons la composante générique de l'espace des modules M.

* G opère régulièrement sur V si pour toute composante G_a de G on a une application algébrique

$$G_a \times V \longrightarrow V$$
$$(g,v) \longmapsto g(v)$$

telle que $\forall\, g_1, g_2 \in G_a$, $\forall\, v \in V$, $g_1(g_2(v)) = g_1 g_2(v)$ et $e(v) = v$.

Il est alors légitime de poser la question : quelle est la dimension de cette composante générique ?

Nous traiterons cette question dans ce chapitre, en nous plaçant du point de vue de la théorie des déformations (et non de celui de la représentation paramétrique des branches comme nous l'avons fait au chapitre V). Cependant nous le ferons seulement pour les branches ayant une seule paire caractéristique de Puiseux (m,n). Nous calculerons la dimension dans le cas $m = n+1$ et nous donnerons le résultat sans démonstration pour $m \equiv 1 \pmod n$.

2. Une approche du problème du point de vue de la théorie des déformations.

K sera un corps de caractéristique 0, algébriquement clos. Nous savons que toute branche analytique formelle définie sur K est analytiquement équivalente à une branche algébrique sur K (ch. I, 1.5).

Soit C_o la branche d'équation $f_o(X,Y) = Y^n + X^m = 0$. La déformation semi-universelle de C_o* est alors donnée par une application :

$G : K^2 \times K^{N'-1} \to K^{N'}$.

La fibre de ce morphisme au point $\underline{v} \in K^{N'}$ est une branche $C_{\underline{v}}$ d'équation :

$$C_{\underline{v}} : f_{\underline{v}}(X,Y) = f_o(X,Y) + \sum_{j=1}^{N'} v_j \; s_j(X,Y) = 0$$

où les $s_j(X,Y)$ sont les N' monômes $X^\alpha Y^\beta$ $0 \le \alpha \le m-2$, $0 \le \beta \le n-2$ qui forment une base du K-espace vectoriel $K[[X]][Y]/J_o = K[[X]][Y]/(Y^{n-1}, X^{m-1})$.

$N' = (n-1)(m-1)$.

Nous appellerons $Defr(C_o)$ l'ensemble des courbes $C_{\underline{v}}$, $\underline{v} \in K^{N'}$.

Proposition 2.1 : Pour toute branche C_1 de $L(C_o)$, il existe dans $Defr(C_o)$ une branche analytiquement isomorphe à C_1.

Démonstration :

■ C_1 peut être jointe à C_o par une famille analytique $\mathfrak{S}$ dont tous les éléments différents de C_o sont analytiquement isomorphes à C_1.

En effet, si C_1 est définie par

---

* La définition est rappelée en annexe p. 191.

$$C_1 \begin{cases} x = t^n \\ y = t^m + a_1 t^{m+1} + \ldots + a_p t^{m+p} + \ldots \end{cases}$$

nous construisons la famille σ paramétrée par u, dont l'élément C_u est donné par

$$C_u \begin{cases} x = t^n \\ y = t^m + a_1 u t^{m+1} + \ldots + a_p u^p t^{m+p} + \ldots \end{cases}$$

$\forall\, u \neq 0$, $C_u \simeq C_1$ puisque C_u est obtenue à partir de C_1 par les changements de paramètre et de coordonnées suivants

$$\begin{cases} t' = ut \\ x' = x/u^n \\ y' = y/u^m \end{cases}$$

■ D'après la versalité de G, σ provient de G par changement de base. Il existe donc une fibre de G, c'est-à-dire un élément de $\mathrm{Defr}(C_o)$ analytiquement isomorphe à C_1.

Le point P_o représentant C_o dans l'espace des modules est donc dans l'adhérence de tout point P de cet espace.

Nous appellerons Eqs $\mathrm{Defr}(C_o)$ le sous-ensemble de $\mathrm{Defr}(C_o)$ constitué des branches qui appartiennent à la classe d'équisingularité $L(C_o)$.

Une branche $C_{\underline{v}}$ de $\mathrm{Defr}(C_o)$ définie par :

$$C_{\underline{v}} : f_{\underline{v}} = Y^n + X^m + \sum_{j=1}^{N'} v_j\, s_j(X,Y) = 0$$

sera dans $L(C_o)$ si et seulement si les coefficients v_j des monômes $s_j(X,Y) = X^\alpha Y^\beta$ sont nuls pour $\frac{\alpha}{m} + \frac{\beta}{n} < 1$ (pour le voir, considérer le polygone de Newton de $C_{\underline{v}}$).

Nous choisissons nos notations de telle sorte que les monômes $X^\alpha Y^\beta$ avec $\frac{\alpha}{m} + \frac{\beta}{n} > 1$ soient les N premiers. Il est facile de voir que $N = \frac{(n-3)(m-3)}{2} + \left[\frac{m}{n}\right] - 1$. (N est le nombre de points du réseau standard de $\mathbb{R}^2$ situés strictement à l'intérieur du triangle défini par les droites $\alpha = m-1$, $\beta = n-1$, $\frac{\alpha}{m} + \frac{\beta}{n} = 1$.)

$$\text{Eqs Defr}(C_o) = \{C_{\underline{v}} : f_{\underline{v}} = f_o(X,Y) + \sum_1^N v_i\ s_i(X,Y) = 0\} \quad ,$$

avec $s_i(X,Y) = X^{\alpha_i} Y^{\beta_i}$, $0 \le \alpha_i \le m-2$, $0 \le \beta_i \le m-2$, $\frac{\alpha_i}{m} + \frac{\beta_i}{n} > 1$, pour $1 \le i \le N$.

Eqs Defr(C_o) s'envoie surjectivement sur l'espace des modules M qui est donc un quotient topologique de Eqs Defr(C_o).

$f_{\underline{v}}$ est un polynôme unitaire en Y à coefficients dans l'anneau $K[X, v_1, \dots, v_N] = K[\underline{v}][X]$.

En fait (surtout si $K = \mathbb{C}$) nous travaillerons plutôt sur l'anneau $K[[\underline{v}]][[X]]$ ou même sur l'anneau des séries formelles en X à coefficients dans l'anneau des séries convergentes dans un voisinage déterminé de l'origine $\underline{v} = 0$ ou d'un point $\underline{v} = \tilde{\underline{v}}$.

Nous noterons par A l'un des trois anneaux suivants :

- $K[[\underline{v}]]$ séries formelles en $\underline{v}$ à coefficients dans K
- Séries convergentes dans un voisinage déterminé de l'origine (resp. de $\tilde{\underline{v}}$) dans $\mathbb{C}^N$

en précisant à chaque fois le domaine de validité de nos démonstrations.

Considérons l'idéal jacobien $J_{\underline{v}} = \left(f_{\underline{v}}, \frac{\partial f_{\underline{v}}}{\partial X}, \frac{\partial f_{\underline{v}}}{\partial Y}\right)$ de la courbe $C_{\underline{v}}$.
C'est un idéal de $A[[X]][Y]$ et nous posons :

$$R = A[[X]][Y]/J_{\underline{v}} \quad .$$

Puisque $f_{\underline{v}}$, $\frac{\partial f_{\underline{v}}}{\partial X}$, $\frac{\partial f_{\underline{v}}}{\partial Y}$ s'annulent pour $X = Y = 0$, $J_{\underline{v}} \cap A = (0)$ et A est donc canoniquement un sous-anneau de R. Nous écrirons donc

$$R = A[[x]][y]$$

où x et y sont les classes de X et Y modulo $J_{\underline{v}}$.

Soit $D(X,\underline{v})$ le discriminant de $f_{\underline{v}}$ (considéré comme un <u>polynôme en Y</u> à coefficients dans $A[[X]]$). C'est un élément de $A[[X]]$.

Si $\tilde{\underline{v}}$ est un point de K^N, l'ordre en X de $D(X,\tilde{\underline{v}})$ est $\alpha(\tilde{\underline{v}})$, où $\alpha(\tilde{\underline{v}})$ est la valuation en t de la classe (modulo $f_{\tilde{\underline{v}}}$) de $\frac{\partial f_{\tilde{\underline{v}}}}{\partial Y}$ dans $K[[t]]$ (clôture intégrale de l'anneau local $\mathcal{O}_{\tilde{\underline{v}}}$ de la branche $C_{\tilde{\underline{v}}}$). On sait (2.2, ch. II) que $\alpha(\tilde{\underline{v}}) = c(\tilde{\underline{v}}) + n-1$. ($c(\tilde{\underline{v}})$ est l'ordre du conducteur de $K[[t]]$ dans $\mathcal{O}_{\tilde{\underline{v}}}$ et $(n-1)$ est l'ordre de $\mathfrak{D}_x$ où x, classe de X modulo $f_{\tilde{\underline{v}}}$, est bien un paramètre transverse à $\mathcal{O}_{\tilde{\underline{v}}}$).

Puisque $c(\tilde{\underline{v}})$ est un invariant de la classe d'équisingularité, $\alpha(\tilde{\underline{v}})$ est donc indépendant de $\tilde{\underline{v}} \in K^N$. Pour $\tilde{\underline{v}} = 0$ le discriminant $D(X,0)$ de $f_o(X,Y) = Y^n + X^m$ est $X^{m(n-1)}$; on a donc $\alpha(\tilde{\underline{v}}) = m(n-1)\ \forall\ \tilde{\underline{v}} \in K^N$. $D(X,\underline{v})$ est donc de la forme :

$$D(X,\underline{v}) = X^{m(n-1)}[a_o(\underline{v}) + Xa_1(\underline{v}) + \ldots .]$$

où $a_i(\underline{v}) \in A$ et où $a_o(\underline{v})$ ne s'annule pour aucune valeur de $\underline{v}$. $a_o(\underline{v})$ est donc une constante égale à $a_o(0) = 1$.

Nous avons donc montré que le discriminant $D(X,\underline{v})$ de $f_{\underline{v}}$ (considéré comme polynôme en Y) est donné par

$$(2.2) \qquad D(X,\underline{v}) = X^{m(n-1)}(1 + a_1(\underline{v})X + \ldots) \quad .$$

Puisque $D(X,\underline{v})$ appartient à l'idéal principal engendré par la classe $\frac{\partial f_{\underline{v}}}{\partial Y}$ dans $A[[X]][Y]/f_{\underline{v}}$, $D(X,\underline{v}) \in J_{\underline{v}}$ et d'après (2.2), $X^{m(n-1)}$ est aussi dans $J_{\underline{v}}$ puisque c'est le produit de $D(X,\underline{v})$ par une unité de $A[[X]][Y]$.

Si x est la classe de X dans $R = A[[X]][Y]/J_{\underline{v}}$ nous avons $x^{m(n-1)} = 0$; d'autre part $f_{\underline{v}}$ étant un polynôme unitaire en Y de degré n, R est un A-module de type fini dont un système de générateurs est formé par les monômes $x^k y^{\ell}$ (pour $0 \leq k < m(n-1)$, $0 \leq \ell < n$). Nous noterons ces générateurs $\Omega_1 \ldots \Omega_r$ $(r = mn(n-1))$. Le quotient de R par l'idéal engendré par les $(v_i)_{1 \leq i \leq N}$ est égal à $K[[X]][Y]/J_o$, mais

$$K[[X]][Y]/J_o = \sum_{j=1}^{N'} K\, s_j(x_o,y_o)$$

où x_o et y_o sont les classes de X et Y modulo $J_o = (X^{m-1}, Y^{n-1})$

$(s_j(x_o,y_o) = x_o^{\alpha_j} y_o^{\beta_j}$ $0 \leq \alpha_j \leq m-2$, $0 \leq \beta_j \leq n-2)$.
Nous avons donc dans R des relations de la forme

$$(2.3) \qquad \Omega_\rho = \sum_{j=1}^{N'} C_{\rho j}\, s_j(x,y) + \sum_{\sigma=1}^{r} A_{\rho\sigma}(\underline{v})\Omega_\sigma \quad ,$$

avec $C_{\rho j} \in K$ et $A_{\rho\sigma}(\underline{v}) \in \mathfrak{m}_{\underline{v}}$ idéal maximal de A engendré par $\underline{v} = (v_1 \ldots v_n)$.
(Les relations vérifiées dans $R/\mathfrak{m}_{\underline{v}}R$ se relèvent en des relations dans R).

Si nous appelons $\Delta(\underline{v})$ le déterminant $|A_{\rho\sigma}(\underline{v}) - \delta_{\rho\sigma}|$ ($\delta_{\rho\sigma}$ est le symbole de Kronecker) nous obtenons en "résolvant" (2.3)

$$\Delta(\underline{v})\Omega_\rho \in \sum_{j=1}^{N'} A \, . \, s_j(x,y) \; ; \quad 1 \leq \rho \leq r \quad .$$

Puisque $A_{\rho\sigma}(0) = 0$, nous avons $\Delta(0) = \pm 1$ et $\Delta(\underline{v})$ est donc une unité de A. Finalement :

$$\Omega_\rho \in \sum_{j=1}^{N'} A \, . \, s_j(x,y) \quad .$$

Les Ω_ρ $(1 \leq \rho \leq r)$ s'expriment sur les s_j $(1 \leq j \leq N')$ qui forment donc un système de générateurs de R en tant que A-module*.

Si A est un anneau de séries convergentes dans un ouvert $U \subset \mathbb{C}^N$, nous choisissons U de telle sorte que les quotients $D(X,\underline{v})/X^{m(n-1)}$ et $1/\Delta(\underline{v})$ convergent dans U, et la démonstration précédente s'applique**.

Cette restriction est sans importance, puisque nous nous intéressons à l'espace des modules et que :

<u>Lemme 2.4</u> : Tout voisinage de C_o dans Eqs Defr(C_o) (i.e. l'ensemble des branches de Eqs Defr(C_o) où $\underline{v}$ parcourt un voisinage U de O dans $\mathbb{C}^N$) s'applique surjectivement sur l'espace des modules M.

<u>Démonstration</u> : Une branche $C_{\underline{v}} \in$ Eqs Defr C_o étant donnée par

$$f_{\underline{v}} = Y^n + X^m + \sum_{j=1}^{N} v_j \, s_j(X,Y) = 0 \quad .$$

Nous faisons la transformation linéaire suivante :

$$\varphi_u(X) = u^n X \qquad \varphi_u(Y) = u^m Y \qquad (u \in \mathbb{C} - \{0\})$$

$\varphi_u(C_{\underline{v}})$ est alors définie par l'équation

---

* Si $A = K[[\underline{v}]]$, A est un anneau local. D'après le lemme de Nakayama, les $s_j(x_o,y_o)$ qui forment un système de générateurs de $R/\mathfrak{m}_{\underline{v}}R$ se relèvent en un système de générateurs de R : les $s_j(x,y)$ $1 \leq j \leq N'$.

** Dans ce cas, en appliquant le lemme de Nakayama à $\mathbb{C}\{\underline{v}\}$ on sait que les <u>germes</u> $\overline{\Omega}_\rho$ des Ω_ρ s'expriment au moyen des <u>germes</u> $\overline{s}_j(x,y)$ des $s_j(x,y)$. Comme R est un A-module de type fini $(r < +\infty)$ il existe un ouvert U où les représentants Ω_ρ s'expriment A-linéairement sur les $s_j(x,y)$.

$$\varphi_u(C_{\underline{v}}) : Y^n + X^m + \sum_{j=1}^{N} v_j\, u^{\alpha_j n+\beta_j m-mn}\, s_j(X,Y) = 0$$

(avec $s_j(X,Y) = X^{\alpha_i}Y^{\beta_i}$ et $\alpha_i n + \beta_i m > mn$).
$\varphi_u(C_{\underline{v}})$ est analytiquement isomorphe à $C_{\underline{v}}$, appartient toujours à Eqs Defr(C_o) mais correspond au point $\varphi_u(\underline{v}) = (v_j\, u^{\alpha_i n+\beta_i m-mn})_{1\le i\le N}$ qui pour u suffisamment petit appartient au voisinage U fixé de 0 dans $\mathbb{C}^N$. Ceci prouve le lemme 2.4.

Soit F le corps des fractions de A. Notons par q' la dimension de $V'_{\underline{v}}$, espace vectoriel sur F engendré par les N' monômes $s_j(x,y)$ $(1 \le j \le N')$.
$V'_{\underline{v}}$ est en fait l'anneau des quotients de R relativement à la partie multiplicative $A - \{0\} \subset R$. De même q sera la dimension de $V_{\underline{v}}$ espace vectoriel sur F engendré par les N monômes $s_j(x,y)$ $1 \le j \le N$.
D'autre part si $\underline{\tilde{v}} \in \mathbb{C}^N$ et si $\tilde{x}$ et $\tilde{y}$ sont les classes de X et Y dans le quotient $\mathbb{C}[[X]][Y]/J_{\underline{\tilde{v}}}$ ($J_{\underline{\tilde{v}}}$ est l'idéal jacobien de la branche $C_{\underline{\tilde{v}}}$ définie sur $\mathbb{C}$ par $f_{\underline{\tilde{v}}} = 0$), nous noterons $q'(\underline{\tilde{v}})$ la dimension du $\mathbb{C}$-espace vectoriel $V'_{\underline{\tilde{v}}}$ engendré par les N' monômes $s_j(\tilde{x},\tilde{y})$ et $q(\underline{\tilde{v}})$ la dimension de $V_{\underline{\tilde{v}}}$ engendré sur $\mathbb{C}$ par $s_j(\tilde{x},\tilde{y})$ $1 \le j \le N$.
Nous pouvons donc interpréter les entiers q' et q introduits plus haut comme les valeurs $q'(\underline{v})$ et $q(\underline{v})$ obtenues pour la courbe générique $C_{\underline{v}}$ (c'est-à-dire la courbe <u>définie sur F</u> par l'équation $f_{\underline{v}} = 0$).
D'autre part $R = A[[X]][Y]/J_{\underline{v}}$, R est engendré en tant que A-module par les $s_j(x,y)$ $(1 \le j \le N)$, $V'_{\underline{v}}$ est donc le quotient $F[[X]][Y]/J_{\underline{v}}$ et les nombres q' et q sont respectivement :

$$q' = q'(\underline{v}) = \dim_F \text{Defr}\ C_{\underline{v}}$$

$$q = q(\underline{v}) = \dim_F \text{Eqs Defr}\ C_{\underline{v}}\ .$$

Soit $B'(\underline{v})$ (resp. $B(\underline{v})$) une base sur F de $V'_{\underline{v}}$ (resp. $V_{\underline{v}}$) extraite de l'ensemble $\{s_1(x,y)\ldots s_{N'}(x,y)\}$ (resp. $\{s_1(x,y)\ldots s_N(x,y)\}$).
De même nous notons $B'(\underline{\tilde{v}})$ (resp. $B(\underline{\tilde{v}})$) une base du $\mathbb{C}$-espace vectoriel $V'_{\underline{\tilde{v}}}$ (resp. $V_{\underline{\tilde{v}}}$) extraite de $\{s_1(\tilde{x},\tilde{y})\ldots s_{N'}(\tilde{x},\tilde{y})\}$ (resp. $\{s_1(\tilde{x},\tilde{y}),\ldots,s_N(\tilde{x},\tilde{y})\}$).

<u>Proposition 2.5</u> : Nous avons

$$V'_{\underline{\tilde{v}}} = \mathbb{C}[[X]][Y]/J_{\underline{\tilde{v}}}$$

et par suite pour toute spécialisation $\underline{\tilde{v}}$ de $\underline{v}$

$$q'(\underline{\tilde{v}}) = \dim_{\mathbb{C}} \text{Defr } C_{\underline{\tilde{v}}} \ .$$

<u>Démonstration</u> : Soit $\mathfrak{M}(\underline{\tilde{v}})$ l'idéal maximal de A engendré par les différences $v_i - \tilde{v}_i$ $(1 \leq i \leq N)$ et soit $\mathfrak{M}^*(\underline{\tilde{v}})$ l'idéal de $A[[X]][Y]$ engendré par $\mathfrak{M}(\underline{\tilde{v}})$.

Comme $R = A[[X]][Y]/J_{\underline{v}}$, le quotient $R/\mathfrak{M}(\underline{\tilde{v}})R$ est égal à $A[[X]][Y]/J_{\underline{v}} + \mathfrak{M}^*(\underline{\tilde{v}})$. D'autre part

$$A[[X]][Y]/J_{\underline{v}} + \mathfrak{M}^*(\underline{\tilde{v}}) = \frac{A[[X]][Y]/\mathfrak{M}^*(\underline{\tilde{v}})}{J_{\underline{v}} + \mathfrak{M}^*(\underline{\tilde{v}})/\mathfrak{M}^*(\underline{\tilde{v}})}$$

$$= \frac{\mathbb{C}[[X]][Y]}{J_{\underline{\tilde{v}}}} \ .$$

Finalement $R/\mathfrak{M}(\underline{\tilde{v}})R = \mathbb{C}[[X]][Y]/J_{\underline{\tilde{v}}}$ et la proposition 2.5 est démontrée puisque $V'_{\underline{\tilde{v}}} = R/\mathfrak{M}(\underline{\tilde{v}})R$ (les classes de X et Y modulo $J_{\underline{\tilde{v}}}$ sont égales aux classes $\mathfrak{M}(\underline{\tilde{v}})R$ de x et y).

<u>Proposition 2.6</u> : L'intersection de $B'(\underline{v})$ avec $\{s_1(x,y),\dots,s_N(x,y)\}$ est une base $B(\underline{v})$ de $V_{\underline{v}}$. De même $B'(\underline{\tilde{v}}) \cap \{s_1(\tilde{x},\tilde{y}),\dots,s_N(\tilde{x},\tilde{y})\}$ est une base $B(\underline{\tilde{v}})$ de $V_{\underline{\tilde{v}}}$.

On a donc, pour toute spécialisation $\underline{\tilde{v}}$ de $\underline{v}$:

$$q(\underline{\tilde{v}}) = \dim_{\mathbb{C}} \text{Eqs Defr } C_{\underline{\tilde{v}}} \ .$$

<u>Démonstration</u> : $B'(\underline{\tilde{v}})$ étant donnée, notons $B'^*(\underline{\tilde{v}})$ l'ensemble des monômes $X^{\alpha}Y^{\beta}$ qui relèvent dans $\mathbb{C}[[X]][Y]$ les éléments de $B'(\underline{\tilde{v}})$.

D'après la proposition 2.5 nous avons :

$$\text{Defr } C_{\underline{\tilde{v}}} = \{C_{\underline{v}*} : f_{\underline{v}*} = f_{\underline{\tilde{v}}} + \sum_{s_\nu \in B'^*(\underline{\tilde{v}})} u_\nu \, s_\nu(X,Y) = 0\} \ .$$

D'autre part $C_{\tilde{\underline{v}}} \in$ Eqs Defr C_o, donc l'ensemble des branches de Defr $C_{\tilde{\underline{v}}}$ qui sont équisingulières à $C_{\tilde{\underline{v}}}$ est l'ensemble

$$\text{Eqs Defr } C_{\tilde{\underline{v}}} = \{C_{\underline{v}*} : f_{\underline{v}*} = f_{\tilde{\underline{v}}} + \sum_{s_\nu \in B^*(\tilde{\underline{v}})} u_\nu \, s_\nu(X,Y) = 0\}$$

où $B^*(\tilde{\underline{v}}) = B'^*(\tilde{\underline{v}}) \cap \{s_1(X,Y),\ldots,s_N(X,Y)\}$. En effet $C_{\tilde{\underline{v}}}$ a même polygone de Newton que C_o et $B^*(\tilde{\underline{v}}) = \{X^\alpha Y^\beta \in B'^*(\tilde{\underline{v}})$ avec $\frac{\alpha}{m} + \frac{\beta}{n} > 1\}$
$= B'^*(\tilde{\underline{v}}) \cap \{s_1(X,Y),\ldots,s_N(X,Y)\}$.
Ceci montre que $B'(\tilde{\underline{v}}) \cap \{s_1(\tilde{x},\tilde{y}),\ldots,s_N(\tilde{x},\tilde{y})\} = B(\tilde{\underline{v}})$ est une base de $V_{\tilde{\underline{v}}}$ et $q(\tilde{\underline{v}}) = \dim_{\mathbb{C}}$ Eqs Defr $C_{\tilde{\underline{v}}}$.

Dans tout ceci nous avons raisonné au point spécial $\tilde{\underline{v}}$; en fait le même raisonnement s'applique au point générique $\underline{v}$ (et nous n'avons plus besoin de la proposition 2.5 puisque l'on sait dans ce cas que $V'_{\underline{v}} = F[[X]][Y]/J_{\underline{v}}$).

<u>Corollaire 2.7</u> : Soit $W_{\tilde{\underline{v}}}$ le sous-espace de $V'_{\tilde{\underline{v}}}$ engendré par les monômes $s_{N+1}(\tilde{x},\tilde{y}),\ldots,s_{N'}(\tilde{x},\tilde{y})$.
La proposition 2.6 est alors équivalente à la propriété suivante

$$V'_{\tilde{\underline{v}}} = V_{\tilde{\underline{v}}} \oplus W_{\tilde{\underline{v}}} \quad .$$

<u>Démonstration</u> : Comme $V'_{\tilde{\underline{v}}} = V_{\tilde{\underline{v}}} + W_{\tilde{\underline{v}}}$ il suffit de prouver que $V_{\tilde{\underline{v}}} \cap W_{\tilde{\underline{v}}} = \{0\}$.
Soit $\mathcal{B}'$ une base de $V'_{\tilde{\underline{v}}}$ obtenue en complétant une base de $W_{\tilde{\underline{v}}}$ extraite de $\{s_{N+1}(\tilde{x},\tilde{y}),\ldots,s_{K'}(\tilde{x},\tilde{y})\}$ à l'aide d'éléments de $\{s_1(\tilde{x},\tilde{y}),\ldots,s_N(\tilde{x},\tilde{y})\}$.
D'après (2.6) $\mathcal{B}' \cap \{s_1(\tilde{x},\tilde{y}),\ldots,s_N(\tilde{x},\tilde{y})\}$ est une base de $V_{\tilde{\underline{v}}}$.
Soit $s \in V_{\tilde{\underline{v}}} \cap W_{\tilde{\underline{v}}}$: nous voyons que s se décompose sur $\mathcal{B}' \cap \{s_1(\tilde{x},\tilde{y}),\ldots,s_N(\tilde{x},\tilde{y})\}$ (resp. sur $\mathcal{B}' \cap \{s_{N+1}(\tilde{x},\tilde{y}),\ldots,s_{N'}(\tilde{x},\tilde{y})\}$) puisque s est un élément de $V_{\tilde{\underline{v}}}$ (resp. $W_{\tilde{\underline{v}}}$). Comme l'écriture dans la base $\mathcal{B}'$ est unique nous avons $s = 0$.
Réciproquement si $V'_{\tilde{\underline{v}}} = V_{\tilde{\underline{v}}} \oplus W_{\tilde{\underline{v}}}$ l'intersection de toute base de $V'_{\tilde{\underline{v}}}$ extraite de $\{s_1(\tilde{x},\tilde{y}),\ldots,s_{N'}(\tilde{x},\tilde{y})\}$ avec $\{s_1(\tilde{x},\tilde{y}),\ldots,s_N(\tilde{x},\tilde{y})\}$ est clairement une base de $V_{\tilde{\underline{v}}}$.

Là encore la démonstration est identique si l'on raisonne sur la courbe générique $C_{\underline{v}}$.

Considérons alors le germe de morphisme G_o, déformation semi-universelle de C_o :

$$G_o : (\mathbb{C}^2 \times \mathbb{C}^{N'-1},0) \longrightarrow (\mathbb{C}^{N'},0) = (\text{Defr } C_o, C_o) \quad .$$

Soit $C \in \text{Eqs Defr } C_o$. Considérons un représentant G_o^U de G_o tel que $C \in U$:

$$G_o^U : X_o^U \longrightarrow U \subset \text{Defr } C_o \quad .$$

D'après "le théorème de décomposition" (voir B. Teissier, Remarque 1.5 Déformations à type topologique constant, Séminaire de géométrie analytique Astérisque No 16, 1974, voir aussi l'appendice ch. III). Il existe un voisinage ouvert $V \subset U$ de C tel que la restriction $G_o^U|_V$ soit isomorphe au morphisme

$$G^W \times \text{id}_{\mathbb{C}^{N'-q'}} : X \times \mathbb{C}^{N'-q'} \longrightarrow W \times \mathbb{C}^{N'-q'} \cong V$$

où $G^W : X \to W$, est un représentant du germe de morphisme G, déformation semi-universelle de C.
De plus puisque $C \in \text{Eqs Defr } C_o$, $\text{Eqs Defr } C_o \cap V \cong (\text{Eqs Defr } C \cap W) \times \mathbb{C}^{N'-q'}$.
Nous avons donc :

$$\dim \text{Eqs Defr } C_o = (\dim \text{Eqs Defr } C) + N' - q' \quad .$$

Si en anticipant sur le prochain paragraphe, nous admettons que lorsque C est une branche générale (cf. 3.2) $\dim \text{Eqs Defr } C = q$ est la dimension de la composante générique de l'espace des modules, le résultat précédent s'écrit alors $N' - N = q' - q$ et signifie que les $N' - N$ monômes $s_{N+1}(x,y),\dots,s_{N'}(x,y)$ sont linéairement indépendants sur F modulo $J_{\underline{v}}$.
Nous vérifierons ce résultat directement au paragraphe 4, dans le cas $m = n+1$.

3. Sur la dimension de la composante générique de l'espace des modules.

Dans ce paragraphe nous montrerons deux théorèmes.

Théorème 3.1 : Le nombre $q = q(\underline{v})$ est la dimension de la composante générique de l'espace des modules.

Pour énoncer le second théorème, nous considérons le A-module des formes linéaires $\sum_{j=1}^{N'} B_j(\underline{v})Z_j$ à coefficients dans A, telles que $\sum_{j=1}^{N'} B_j(\underline{v})s_j(x,y) = 0$. C'est un A-module de type fini. Soit $\{\psi_1,\psi_2,\dots,\psi_k\}$ un système de générateurs de ce module. Posons

$$\psi_\alpha = \sum_{j=1}^{N'} B_{\alpha,j}(\underline{v})Z_j \qquad 1 \le \alpha \le k \quad .$$

Puisque $V'_{\underline{v}} = V_{\underline{v}} \oplus W_{\underline{v}}$, toute forme linéaire de notre module (soit $\sum_{j=1}^{N'} B_j(\underline{v})Z_j$) vérifie séparément :

$$\begin{cases} \sum_{j=1}^{N} B_j(\underline{v})s_j(x,y) = 0 \\ \\ \sum_{j=N+1}^{N'} B_j(\underline{v})s_j(x,y) = 0 \quad . \end{cases}$$

Le système de générateurs peut donc être choisi de telle sorte que ψ_α est soit de la forme $\sum_{j=1}^{N} B_{\alpha,j}(\underline{v})Z_j$, soit de la forme $\sum_{j=N+1}^{N'} B_{\alpha,j}(\underline{v})Z_j$. Nous indexerons les ψ_α de telle sorte que $\psi_1,\psi_2,\dots,\psi_\ell$ ne dépendent que de $Z_1,\dots,Z_N$ tandis que $\psi_{\ell+1},\psi_{\ell+2},\dots,\psi_k$ ne dépendent que de $Z_{N+1},\dots,Z_{N'}$. La matrice des $B_{\alpha,j}(\underline{v})$ est donc de la forme suivante :

$$\begin{array}{c} \\ \ell \\ k-\ell \end{array} \begin{array}{c} \overleftrightarrow{\;N\;} \quad \overleftrightarrow{\;N'-N\;} \\ \left(\begin{array}{c|c} B_o & 0 \\ \hline 0 & B_1 \end{array}\right) \end{array} = B(\underline{v})$$

B_o est de rang N-q, et le rang de B est $N'-q' = N-q+\text{rg } B_1$. Si nous utilisons le résultat énoncé à la fin du paragraphe 2, nous obtenons que $\text{rg } B_1 = 0$. Nous pouvons donc prendre $B = B_o$.

Nous dirons qu'une branche $C_{\underline{\tilde{v}}} \in \text{Eqs Defr } C_o$ est <u>générale</u> si la matrice $B(\underline{\tilde{v}})$ est encore de rang N'-q'. Cette définition n'a de sens que si $\underline{\tilde{v}}$ appartient à un voisinage suffisamment petit de l'origine, où les coefficients de la matrice $B(\underline{v})$ convergent. Mais nous savons que nous pouvons faire cette restriction (cf. 2.4).

Un point $P \in M$ est général s'il représente une branche générale $C_{\underline{\tilde{v}}}$; remarquons que les points $\underline{\tilde{v}}$ d'un voisinage de l'origine tels que $C_{\underline{\tilde{v}}}$ est générale sont les points situés hors de l'espace analytique défini par les mineurs d'ordre N'-q' de la matrice $B(\underline{v})$.

<u>Théorème 3.2</u> : L'ensemble des points généraux de M est contenu dans la composante générique M_1 de M et contient un ouvert de Zariski de M.

De plus si $C_{\underline{\tilde{v}}}$ est <u>générale</u> alors

$$q' = \dim_F \text{defr } C_{\underline{v}} \qquad q'(\underline{\tilde{v}}) = \dim_{\mathbb{C}} \text{Defr } C_{\underline{\tilde{v}}}$$

$$q = \dim_F \text{Eqs Defr } C_{\underline{v}} = q(\underline{\tilde{v}}) = \dim_{\mathbb{C}} \text{Eqs Defr } C_{\underline{\tilde{v}}} \quad .$$

<u>Démonstration des théorèmes 3.1 et 3.2</u> : Soit $C_{\underline{\tilde{v}}}$ une branche générale. Fixons un mineur $B^*(\underline{v})$ d'ordre N'-q', extrait de la matrice $B(\underline{v})$, qui ne s'annule pas pour $\underline{v} = \underline{\tilde{v}}$. Nous indexons les $B_{\alpha,j}$ de telle sorte que les lignes de ce mineur soient les N'-q' premières.

Soient $i_{q'+1} < i_{q'+2} < \ldots < i_{N'}$ les indices des colonnes de $B^*(\underline{v})$.

Si $\{i_1, i_2, \ldots, i_{q'}\}$ est l'ensemble ordonné complémentaire de $\{i_{q'+1}, \ldots, i_{N'}\}$ dans $\{1, \ldots, N'\}$, alors $\{s_{i_1}(x,y), \ldots, s_{i_{q'}}(x,y)\}$ est une base sur F de l'espace vectoriel $V'_{\underline{v}}$ engendré par les $s_j(x,y)$ $(1 \leq j \leq N')$.

D'après la proposition 2.6 $\{s_{i_1}(x,y), \ldots, s_{i_{q'}}(x,y)\} \cap \{s_1(x,y), \ldots, s_N(x,y)\}$ est une base de $V_{\underline{v}}$ et a donc exactement q éléments.

Nous conviendrons alors que cette intersection est l'ensemble $\{s_1(x,y), \ldots, s_q(x,y)\}$ donc que

$$i_1 = 1, \quad i_2 = 2, \ldots, i_q = q$$

$$i_{q'+1} = q+1, \ldots, i_{q'+N-q} = N$$

et que les $q'-q$ indices supérieurs à N qui ne sont pas dans $\{i_{q'+N-q+1}, i_{q'+N-q+1}, \ldots, i_{N'}\}$ sont $N+1, N+2, \ldots, N+q'-q$. Nous avons donc le schéma suivant :

$$\underbrace{s_1(x,y),\ldots,s_q(x,y)}_{\text{base de } V_{\underline{v}}},\ldots,s_N(x,y),\underbrace{s_{N+1}(x,y),\ldots,s_{N+q'-q}(x,y)}_{\text{base de } W_{\underline{v}}},\ldots,s_{N'}(x,y)$$

Les indices des colonnes du mineur $B^*(\underline{v})$ sont donc $q+1, q+2, \ldots, N, N+q'-q+1, \ldots, N'$.

Passant maintenant à une branche générale $C_{\tilde{\underline{v}}}$, nous savons que $\tilde{x}$ et $\tilde{y}$ sont les classes dans $R/\mathfrak{m}(\tilde{\underline{v}})R$ de x et y (voir 2.$\overline{5}$).

Puisque nous avons $\sum_{j=1}^{N'} B_{\alpha,j}(\underline{v})s_j(x,y) = 0$ nous avons aussi $\sum_{j=1}^{N'} B_{\alpha,j}(\tilde{\underline{v}})s_j(\tilde{x},\tilde{y}) = 0$. Puisque $B^*(\underline{v})$ est, par hypothèse, non nul en $\underline{v} = \tilde{\underline{v}}$ il s'en suit que les $s_{q+1}(\tilde{x},\tilde{y}),\ldots,s_N(\tilde{x},\tilde{y}),s_{N+q'-q+1}(\tilde{x},\tilde{y}),\ldots,s_{N'}(\tilde{x},\tilde{y})$ sont des combinaisons linéaires sur $\mathbb{C}$ des autres $s_j(\tilde{x},\tilde{y})$.

La deuxième partie du théorème 3.2 en découlera si nous montrons toutefois que ces q' monômes $s_1(\tilde{x},\tilde{y}),\ldots,s_q(\tilde{x},\tilde{y}),s_{N+1}(\tilde{x},\tilde{y}),\ldots,s_{N+q'-q}(\tilde{x},\tilde{y})$ sont $\mathbb{C}$-linéairement indépendants : c'est que nous allons faire :

Soit $L = \{1,2,\ldots,q,N+1,\ldots,N+q'-q\}$ l'ensemble des q' indices considérés. Supposons que nous ayons une relation

$$\sum_{\nu\in L} c_\nu\, s_\nu(\tilde{x},\tilde{y}) = 0 \quad ; \quad c_\nu \in \mathbb{C} \quad ,$$

ce qui signifie en fait : $\sum_{\nu\in L} c_\nu\, s_\nu(X,Y) \in J_{\tilde{\underline{v}}}$.

Dans la démonstration de la proposition 2.5, on prouve que :

$$A[[X]][Y]/J_{\underline{v}} + \mathfrak{m}^*(\tilde{\underline{v}}) = \mathbb{C}[[X]][Y]/J_{\tilde{\underline{v}}}$$

donc $\sum_{\nu\in L} c_\nu\, s_\nu(X,Y) \in J_{\underline{v}} + \mathfrak{m}^*(\tilde{\underline{v}})$.

Nous avons donc, dans l'anneau R :

$$\sum_{\nu\in L} c_\nu\, s_\nu(x,y) \in \mathfrak{m}(\tilde{\underline{v}})R$$

ou encore, puisque R est un A-module engendré par les monômes $s_j(x,y)$ $(1 \le j \le N')$

(3.3)
$$\sum_{\nu\in L} c_\nu \, s_\nu(x,y) = \sum_{i=1}^{N'} A_i(\underline{v}) \, s_i(x,y)$$

$$= \sum_{\nu\in L} A_\nu(\underline{v}) s_\nu(x,y) + \sum_{\nu'\notin L} A_{\nu'}(\underline{v}) s_{\nu'}(x,y)$$

avec $A_i(\underline{v}) \in \mathfrak{m}(\underline{\tilde{v}})$.

Mais les $s_{\nu'}(x,y)$, $(\nu' \notin L)$ vérifient les relations :

$$1 \le \alpha \le N'-q' \qquad \sum_{\nu'\notin L} B_{\alpha,\nu'} \, s_{\nu'}(x,y) = - \sum_{\nu\in L} B_{\alpha,\nu} \, s_\nu(x,y) \quad .$$

Le déterminant de ce système d'équations étant $B^*(\underline{v})$, nous avons des relations de la forme

$$B^*(\underline{v}) \, . \, s_{\nu'}(x,y) = \sum_{\nu\in L} D_{\nu'\nu} \, s_\nu(x,y) \quad .$$

En reportant dans (3.3) nous obtenons :

$$B^*(\underline{v}) \, . \sum_{\nu\in L} c_\nu \, s_\nu(x,y) = \sum_{\nu\in L} A'_\nu(\underline{v}) \, s_\nu(x,y)$$

où $A'_\nu(\underline{v}) \in \mathfrak{m}(\underline{\tilde{v}})$.

Puisque les $s_\nu(x,y)$ sont F-linéairement indépendants nous avons nécessairement $B^*(\underline{v}) \, . \, c_\nu - A'_\nu(\underline{v}) = 0$, ce qui implique que $c_\nu = 0$ pour tout $\nu \in L$ puisque $B^*(\underline{\tilde{v}}) \neq 0$ ($C_{\underline{\tilde{v}}}$ générale) et que $A'_\nu(\underline{\tilde{v}}) = 0$ $(A'_\nu(\underline{v}) \in \mathfrak{m}(\underline{\tilde{v}}))$.

Nous avons donc démontré que si $C_{\underline{\tilde{v}}}$ est générale alors

$$\dim_{\mathbb{C}} \mathrm{Defr}\, C_{\underline{\tilde{v}}} = \dim \mathrm{Defr}\, C_{\underline{v}}$$

et d'après (2.6) $\quad \dim_{\mathbb{C}} \mathrm{Eqs\,Defr}\, C_{\underline{\tilde{v}}} = \dim \mathrm{Eqs\,Defr}\, C_{\underline{v}}$.

Réciproquement supposons que

$$q' = \dim_F \mathrm{Defr}\, C_{\underline{v}} = \dim_{\mathbb{C}} \mathrm{Defr}\, C_{\underline{\tilde{v}}} = \dim_{\mathbb{C}} \mathbb{C}[[X,Y]]/J_{\underline{\tilde{v}}} \quad .$$

Comme $s_1(x,y), s_2(x,y), \ldots, s_{N'}(x,y)$ engendrent l'espace vectoriel $\mathbb{C}[[X,Y]]/J_{\underline{\tilde{v}}}$ (cf. 2.3) l'espace des relations vérifiées par $s_1(x,y), \ldots, s_{N'}(x,y)$ est donc de dimension N'-q'. Le rang de $B(\underline{\tilde{v}})$ est donc inférieur ou égal à $N'-q'$.

Supposons qu'il soit strictement inférieur à $N'-q'$. Cela signifie qu'il existe une relation vérifiée pour $\underline{v} = \underline{\tilde{v}}$ qui n'est pas engendrée par les lignes de la matrice $B(\underline{\tilde{v}})$. D'après le lemme de Nakayama elle se relève en une relation vérifiée dans un ouvert de Zariski de $\mathbb{C}^{N'}$ contenant $\underline{\tilde{v}}$, donc vérifiée au point générique $\underline{v}$, et par suite engendré par les lignes de $B(\underline{v})$. Il y a donc contradiction : le rang de $B(\underline{\tilde{v}})$ est donc $N'-q'$.

Conclusion : $C_{\underline{\tilde{v}}}$ est générale si et seulement si $\dim_{\mathbb{C}} \text{Defr } C_{\underline{\tilde{v}}} = \dim_F \text{Defr } C_{\underline{v}}$.

3.4. Soit φ la surjection canonique d'un voisinage de l'origine $U \subset \Sigma_o = \text{Eqs Defr } C_o$, sur l'espace des modules M. Si $M_1 \subset M$ est la composante générique alors φ induit une application rationnelle φ^* de U sur M_1 (théorème 1.1). φ^* coïncide avec φ sur le complémentaire d'un fermé de U.

Pour certaines valeurs $\underline{\tilde{v}}$ de $\underline{v}$, φ et φ^* peuvent être définies simultanément sans coïncider nécessairement : nous allons le voir sur les exemples étudiés au chapitre V (caractéristique (4.5) et (5.6)).

■ (4.5) (voir ch. V.2)

$$\Sigma_o = \{C_u : f_u = Y^4 + X^5 + uX^3Y^2 = 0\} .$$

La base de la déformation équisingulière de C_o est l'espace $\mathbb{C}$. L'espace des modules est réduit à deux points P_1, P_o représentant les branches :

$$P_1 \quad : \quad x = t^4 \ ; \ y = t^5 + t^7$$

$$P_o \quad : \quad x = t^4 \ ; \ y = t^5$$

$\tilde{u}$ étant donné, la représentation paramétrique de $C_{\tilde{u}}$ est donnée par $x = -t^4$; $y = t^5 - \frac{\tilde{u}}{4} t^7 + \ldots$

On a donc $\varphi(C_{\tilde{u}}) = P_1$ si $\tilde{u} \neq 0$ et $\varphi(C_o) = P_o$. La composante générique de l'espace des modules est le point P_1 et l'application rationnelle $\varphi^* : \mathbb{C} \to \{P_1\}$ est donnée par : $\forall\, \tilde{u} \in \mathbb{C}$, $\varphi^*(\tilde{u}) = P_1$.

On a donc $\varphi^*(0) = P_1 \neq \varphi(0) = P_o$.

■ (5.6) (voir ch. V, 4). Dans ce cas

$$\Sigma_o = \{C_{\underline{v}} : f_{\underline{v}} = Y^5 + X^6 + v_1X^4Y^2 + v_2X^3Y^3 + v_3X^4Y^3 = 0\} \quad .$$

La base de la déformation équisingulière de C_o est $\mathbb{C}^3$. L'espace des modules est la réunion d'une droite projective M_1 et de deux points P_1 et P_o.
M_1 est la composante générique de M.
Les points de M_1 représentent les branches définies par

$$x = t^5 \qquad y = t^6 + at^8 + bt^9$$

où a, b ne sont pas tous les deux nuls et a^3/b^2 est la coordonnée non homogène sur M_1.
P_1 et P_o représentent respectivement les branches définies par $x = t^5$, $y = t^6 + t^{14}$ et $x = t^5$, $y = t^6$.
$\underline{\tilde{v}} = (\tilde{v}_1, \tilde{v}_2, \tilde{v}_3)$ étant donné, $C_{\underline{\tilde{v}}}$ a pour représentation paramétrique $x = t^5$,

$y = -t^6 - \frac{\tilde{v}_1}{5} t^8 + \frac{\tilde{v}_2}{5} t^9 + \ldots$ si $\tilde{v}_1$ et $\tilde{v}_2$ ne sont pas tous les deux nuls,
et $x = t^5$,

$y = -t^6 + \frac{\tilde{v}_3}{5} t^{14} + \ldots$ si $\tilde{v}_1 = \tilde{v}_2 = 0 \quad \tilde{v}_3 \neq 0$.

Enfin C_o est représenté par $x = t^5 \quad y = -t^6$.
$\varphi(C_{\underline{\tilde{v}}})$ est le point de M_1 de coordonnée $-\tilde{v}_1^3/5\tilde{v}_2^2$ si $\tilde{v}_1, \tilde{v}_2$ ne sont pas tous les deux nuls
$\varphi(C_{(0,0,\tilde{v}_3)}) = P_1$ si $\tilde{v}_3 \neq 0$ et $\varphi(C_o) = P_o$.
L'application rationnelle $\varphi^* : \mathbb{C}^3 \to M_1$ est donnée par $\varphi^*(\underline{\tilde{v}}) = -\tilde{v}_1^3/5\tilde{v}_2^2$ qui n'est pas définie pour $\tilde{v}_1 = \tilde{v}_2 = 0$ et coïncide donc avec φ en dehors de cet ensemble.

3.5. Si $C_{\underline{v}}$ est la branche générique de Eqs Defr C_o, $P_{\underline{v}}$, sa classe dans l'espace des modules, est le point générique de M_1.
Posons $\Sigma_{\underline{v}}$ = Eqs Defr $C_{\underline{v}}$. Nous avons

$$\Sigma_{\underline{v}} = \{C^*_{\underline{t}'} : f^*_{t'} = f_{\underline{v}} + \sum_{\nu=1}^{q} t'_\nu \, s_\nu(X,Y) = 0\}$$

avec $\underline{t}' = (t'_1, \ldots, t'_q)$.

Comme précédemment (3.2) les monômes $s_1(x,y),\dots,s_q(x,y),s_{N+1}(x,y)\dots$ $\dots s_{N+q'-q}(x,y)$ forment une base de $V'_{\underline{v}}$.

En tenant compte de l'expression de $f_{\underline{v}}$ et en posant $t_\nu = t'_\nu + v_\nu$ nous obtenons :

$$\Sigma_{\underline{v}} = \{C^*_{\underline{t}} : f^*_t = f_o(X,Y) + \sum_{i=1}^{N-q} v_{q+i}\, s_{q+i}(X,Y) + \sum_{\nu=1}^{q} t_\nu\, s_\nu(X,Y) = 0\} \quad .$$

La base de la déformation équisingulière de $C_{\underline{v}}$ est donc le sous-espace de F^N défini par les équations $t_{q+i} = v_{q+i}$ pour $1 \leq i \leq N-q$.

D'après la versalité de $\Sigma_{\underline{v}}$*, il existe un morphisme ψ analytique de M_1^* (germe de l'espace M_1 au point $P_{\underline{v}}$) dans $\Sigma_{\underline{v}}$ tel que $\varphi \circ \psi = id_{M_1^*}$.

Ceci montre que $\varphi(\Sigma_{\underline{v}}) = M_1^*$ et donc que φ induit une application rationnelle dominante de $\Sigma_{\underline{v}}$ sur M_1.

Appelons φ_1^* la restriction de φ^* à $\Sigma_{\underline{v}}$: d'après [Teissier, Déformations à type topologique constant, prop. 2.3, Séminaire Douady-Verdier, Astérisque No 16 (1974), voir aussi l'appendice ch. III] $C_{\underline{v}}$ est une point isolé de $(\varphi_1^*)^{-1}(P_{\underline{v}})$. Alors, puisque φ_1^* est une application rationnelle dominante de $\Sigma_{\underline{v}}$ sur M_1, c'est un morphisme fini. Ceci implique que

$$\dim M_1 = \dim \Sigma_{\underline{v}} = q \quad .$$

Le théorème 3.1 est donc établi.

Soit maintenant $\widetilde{P}$ un point général, représentant une branche générale $C_{\underline{\tilde{v}}}$ $(B^*(\underline{\tilde{v}}) \neq 0)$. Comme au point générique nous aurons

$$\Sigma_{\underline{\tilde{v}}} = \text{Eqs Defr } C_{\underline{\tilde{v}}} = \{C^*_{\underline{t}} : f^*_{\underline{t}} = f_{\underline{\tilde{u}}} + \sum_{i=1}^{N-q} \tilde{v}_{q+i}\, s_{q+i}(X,Y) + \sum_{\nu=1}^{q} t_\nu\, s_\nu(X,Y) = 0\}$$

en effet, puisque $C_{\underline{\tilde{v}}}$ est générale, $\dim_{\mathbb{C}}$ Eqs Defr $C_{\underline{\tilde{v}}} = q$.

Dans un voisinage suffisamment petit $E(\underline{\tilde{v}})$ de $C_{\underline{\tilde{v}}}$ dans $\Sigma_{\underline{\tilde{v}}}$ toutes les branches seront générales et φ induira un morphisme analytique de $E(\underline{\tilde{v}})$ dans M. D'après la versalité de $\Sigma_{\underline{\tilde{v}}}$, φ envoie ce voisinage $E(\underline{\tilde{v}})$ sur un voisinage $E^*(\widetilde{P})$ de $\widetilde{P}$ dans M. Puisque $E(\underline{\tilde{v}}) \subset \mathbb{A}^q_{\mathbb{C}}$ est analytiquement irréductible, $E^*(\widetilde{P})$

---

* Pour montrer que la famille des branches paramétrée par M_1^* est analytique et plate, il suffit de remarquer que M_1^* est isomorphe au germe d'un constructible de $\Sigma_{\underline{v}}$ pris au point générique de l'une de ses composantes (voir Ebey loc. cit.).

est aussi irréductible. En utilisant le théorème cité de Teissier, nous concluons de la même manière que $E^*(\widetilde{P})$ est de dimension q.
L'image par φ de l'ensemble des branches $C_{\widetilde{\underline{v}}}$ telles que $B^*(\widetilde{\underline{v}}) \neq 0$ est un sous-ensemble M' de M ayant les deux propriétés suivantes :

1) M' est localement analytiquement irréductible et de dimension q en chacun de ses points

2) M' est connexe (image d'un connexe).

D'autre part, puisque $\{C_{\widetilde{\underline{v}}} \in \text{Eqs Defr } C_o \,;\, B^*(\widetilde{\underline{v}}) \neq 0\}$ est un ouvert de Zariski de Eqs Defr C_o, nous avons donc $\varphi^* = \varphi$ en presque toutes les branches générales $C_{\widetilde{\underline{v}}}$. Par suite $\varphi(C_{\widetilde{\underline{v}}}) \in M$, pour $\widetilde{\underline{v}}$ en dehors d'un fermé analytique de l'ouvert défini par $B^*(\widetilde{\underline{v}}) \neq 0$.

On a donc $M' \subset M_1$ en utilisant le fait que M' est localement irréductible. Ceci démontre la première partie du théorème 3.2.

4. Calcul de la dimension de la composante générique de l'espace des modules de la classe d'équisingularité (n,n+1).

Dans ce cas une équation de C_o est $Y^n + X^{n+1} = 0$. Le quotient $\mathbb{C}[[X]][Y]/(Y^{n-1},X^n)$ est engendré par les N' monômes $X^\alpha Y^\beta$ $0 \le \alpha \le n-1$; $0 \le \beta \le n-2$ $N' = n(n-1)$

$$\text{Defr } (C_o) = \{C_{\underline{v}} : f_{\underline{v}} = Y^n + X^{n+1} + \sum_{\alpha=0}^{n-1} \sum_{\beta=0}^{n-2} v_{\alpha,\beta} X^\alpha Y^\beta = 0\}$$

Eqs Defr (C_o) est l'ensemble des courbes de Defr (C_o) pour lesquelles $v_{\alpha,\beta} = 0$ si $\frac{\alpha}{n+1} + \frac{\beta}{n} < 1$. Nous avons donc :

$$\text{Eqs Defr } C_o = \{C_{\underline{u}} : f_{\underline{u}} = Y^n + f_{n+1} + \dots + f_{2n-3} = 0\}$$

où f_{n+p} $(1 \le p \le n-3)$ est donné par :

$$
(4.1)\quad
\begin{cases}
f_{n+1} = X^{n+1} + u_1 X^{n-1} Y^2 + u_2 X^{n-2} Y^3 + \dots\dots\dots + u_{n-3} X^3 Y^{n-2} , \\
f_{n+2} = u_{n-2} X^{n-1} Y^3 + \dots\dots\dots + u_{2n-7} X^4 Y^{n-2} , \\
\vdots \\
f_{n+p} = u_{\nu_p} X^{n-1} Y^{p+1} + \dots + u_{\nu_p+n-p-3} X^{p+2} Y^{n-2} , \\
\vdots \\
f_{2n-3} = u_{\frac{(n-2)(n-3)}{2}} X^{n-1} Y^{n-2}
\end{cases}
$$

avec $\nu_p = \dfrac{(2n-p-4)(p-1)}{2} + 1$.

Nous vérifions bien dans ce cas le résultat de (2.1). Nous obtenons $N = \dfrac{(n-2)(n-3)}{2}$ ($N = \dim_{\mathbb{C}}$ Eqs Defr C_o).

Nous allons étudier principalement la branche générique $C_{\underline{u}}$ définie sur F, d'idéal jacobien $J_{\underline{u}} = \left(f_{\underline{u}}, \dfrac{\partial f_{\underline{u}}}{\partial X}, \dfrac{\partial f_{\underline{u}}}{\partial Y}\right) \subset A[[X]][Y]$ et la dimension q de l'espace vectoriel sur F engendré par les N monômes de (4.1).

Nous savons (cf. § 2) que q est la dimension sur F de Eqs Defr $C_{\underline{u}}$ et d'après le théorème 3.1, c'est aussi la dimension de la composante générique M_1 de l'espace des modules M.

Pour calculer q nous aurons besoin également de déterminer $q' = \dim_F$ Defr $C_{\underline{u}} = \dim_F V'_{\underline{u}} = \dim_F F[[X]][Y]/J_{\underline{u}}$ ($V'_{\underline{u}}$ est engendré sur F par les $X^\alpha Y^\beta$; $0 \le \alpha \le n-1$, $0 \le \beta \le n-2$).

Nous avons vu (prop. 2.5) que pour toute spécialisation $\tilde{\underline{u}}$ de $\underline{u}$ les N' monômes $\tilde{x}^\alpha \tilde{y}^\beta$; $0 \le \alpha \le n-1$, $0 \le \beta \le n-2$ (x et y sont toujours les classes de X et Y dans $\mathbb{C}[[X]][Y]/J_{\tilde{\underline{u}}}$) engendrent $\mathbb{C}[[X]][Y]/J_{\tilde{\underline{u}}}$.

Nous allons donner une démonstration directe de ces résultats dans le cas (n,n+1) (nous le ferons pour $V'_{\underline{u}}$, la démonstration étant identique pour $V'_{\tilde{\underline{u}}}$).

Désignons par S l'idéal de $A[[X]][Y]$ engendré par X et Y. Puisque $\dfrac{\partial f_{\underline{u}}}{\partial Y} = n Y^{n-1} + \dfrac{\partial f_{n+1}}{\partial Y} + \dots + \dfrac{\partial f_{2n-3}}{\partial Y}$, $Y^{n-1} \in S^n + J_{\underline{u}}$ et plus généralement

(4.2) $$X^a Y^{b+n-1} \in S^{a+b+n} + J_{\underline{u}} \qquad a \geq 0 \quad b \geq 0 \quad .$$

Nous avons aussi

$$\frac{\partial f_u}{\partial X} = (n+1)X^n + (n-1)u_1 X^{n-2} Y^2 + \ldots + 3 u_3 X^2 Y^{n-2} + \frac{\partial f_{n+2}}{\partial X} + \ldots\ldots$$
$$\ldots + \frac{\partial f_{2n-3}}{\partial X} \quad .$$

4.3. X^n est donc dans l'idéal engendré par $X^{n-2}Y^2$, $X^{n-3}Y^3, \ldots, X^2Y^{n-2}$ et $S^{n+1} + J_{\underline{u}}$.

Nous allons montrer maintenant que :

(4.4) $$\forall\, p \in \{0,1,\ldots,n-3\} \quad S^{n+p} \subset (X^{n-1}Y^{p+1}, X^{n-2}Y^{p+2}, \ldots, X^{p+2}Y^{n-2}, S^{n+p+1} + J_{\underline{u}})$$

et que :

(4.5) $$\forall\, i \geq 2n-2 \qquad S^i \subset J_{\underline{u}} \quad ,$$

ce qui prouvera notre assertion.

D'après (4.2) (avec $a+b=1$) et (4.3)

$$S^n \subset (X^{n-1} Y, X^{n-2} Y^2, \ldots, X^2 Y^{n-2}, S^{n+1} + J_{\underline{u}})$$

ce qui prouve (4.4) pour $p = 0$.

Raisonnons par récurrence sur p. Supposons que (4.4) soit vérifiée pour $p < n-3$, c'est-à-dire :

$$S^{n+p} \subset (X^{n-1} Y^{p+1}, X^{n-2} Y^{p+2}, \ldots, X^{p+2} Y^{n-2}, S^{n+p+1} + J_{\underline{u}}) \quad .$$

Ce qui donne, en tenant compte de (4.3) :

$$S^{n+p} X \subset (X^{n-1} Y^{p+2}, X^{n-2} Y^{p+3}, \ldots, X^2 Y^{n+p-1}, S^{n+p+2} + J_{\underline{u}}) \quad .$$

Mais d'après (4.2) les monômes $X^a Y^{n+p+1-a}$ sont dans $S^{n+p+2} + J_{\underline{u}}$ dès que $n+p+1-a \geq n-1$, donc

(4.6) $$S^{n+p} X \subset (X^{n-1} Y^{p+2}, X^{n-2} Y^{p+3}, \ldots, X^{p+3} Y^{n-2}, S^{n+p+2} + J_{\underline{u}}) \quad .$$

D'autre part en utilisant à nouveau l'hypothèse de récurrence :

$$S^{n+p}\, Y \subset (X^{n-1}\, Y^{p+2},\, X^{n-2}\, Y^{p+3}\, ,\ldots, X^{p+2}\, Y^{n-1},\, S^{n+p+2} + J_{\underline{u}}) \quad .$$

Mais $X^{p+2}\, Y^{n-1} \in S^{n+p+2} + J_{\underline{u}}$ d'après (4.2) et nous obtenons finalement :

$$(4.7) \qquad S^{n+p}\, Y \subset (X^{n-1}\, Y^{p+2},\, X^{n-2}\, Y^{p+3}\, ,\ldots, X^{p+3}\, Y^{n-1},\, S^{n+p+2} + J_{\underline{u}}) \quad .$$

Les inclusions (4.6) et (4.7) montrent que $S^{n+p+1} \subset (X^{n+1}\, Y^{p+2},\, X^{n-2}\, Y^{p+3},\ldots$
$\ldots, X^{p+3}\, Y^{n-2},\, S^{n+p+2} + J_{\underline{u}})$, ce qui termine la démonstration de (4.4).
Pour démontrer (4.5) il suffit de le faire pour $i = 2n-2$.
D'après (4.4) (pour $p = n-3$) nous avons

$$S^{2n-3} \subset (X^{n-1}\, Y^{n-2},\, S^{2n-2} + J_{\underline{u}}) \quad .$$

Alors $S^{2n-3}\, X \subset (X^{n}\, Y^{n-2},\, S^{2n-1} + J_{\underline{u}})$, donc, en tenant compte de (4.3) puis de (4.2) :

$$S^{2n-3}\, X \subset S^{2n-1} + J_{\underline{u}} \quad .$$

D'autre part $S^{2n-3}\, Y \subset (X^{n-1}\, Y^{n-1},\, S^{2n-1} + J_{\underline{u}})$, et par (4.2) ceci nous donne $S^{2n-3}\, Y \subset S^{2n-1} + J_{\underline{u}}$.
Nous avons donc $S^{2n-1} \subset S^{2n} + J_{\underline{u}}$, ce qui prouve que $S^{2n-2} \subset S^{2n} + J_{\underline{u}}$. En itérant ce procédé nous montrerions de même que $S^{2n-2} \subset S^{\nu} + J_{\underline{u}} \quad \forall\, \nu \geq 2n-1$.
Comme le lieu singulier de $C_{\underline{u}}$ est réduit à $X = Y = 0$, il existe un entier ν_o tel que $S^{\nu_o} \subset J_{\underline{u}}$. Nous obtenons donc $S^{2n-2} \subset J_{\underline{n}}$.

Nous allons maintenant définir quelques notations :
Soient P^*_p, Q^*_{p+1}, R^*_{p+2} des polynômes homogènes en X et Y de degré respectif p, p+1, p+2 donnés par

$$P^*_p = \sum_{i=0}^{p} P^*_{p-i,i}\; X^{p-i}\; Y^{i} \quad ,$$

$$Q^*_{p+1} = \sum_{i=0}^{p+1} Q^*_{p+1-i,i}\; X^{p+1-i}\; Y^{i} \quad ,$$

$$R^*_{p+2} = \sum_{i=0}^{p+2} R^*_{p+2-i,i}\; X^{p+2-i}\; Y^{i} \quad ,$$

où $P^*_{p-i,i}$, $Q^*_{p+1-i,i}$, $R^*_{p+2-i,i}$ sont des indéterminées.
g^*_{n+p+1} sera le polynôme homogène suivant :

$$g^*_{n+p+1} = P^*_p \, f_{n+1} + Q^*_{p+1} \frac{\partial f_{n+1}}{\partial X} + R^*_{p+2} \, Y^{n-1} .$$

Nous noterons $\ell_i^{(p)}$ $(0 \le i \le n+p+1)$ le coefficient de $X^{n+p+1-i}\, Y^i$ dans g^*_{n+p+1}. Ces $n+p+2$ quantités sont des formes linéaires en les indéterminées $P^*_{p-i,i}$, $Q^*_{p+1-i,i}$, $R^*_{p+2-i,i}$. Nous les écrivons :

$$\ell_\nu^{(p)} = \sum_{i=0}^{p} \ell^{(p)}_{\nu,i}(\underline{u})\, P^*_{p-i,i} + \sum_{i=0}^{p+1} \ell^{(p)}_{\nu,p+1+i}(\underline{u})\, Q^*_{p+1-i,i}$$
$$+ \sum_{i=0}^{p+2} \ell^{(p)}_{\nu,2p+3+i}(\underline{u})\, R^*_{p+2-i,i}$$

où les $\ell^{(p)}_{\nu,j}$ $(0 \le \nu \le n+p+1 \ ; \ 0 \le j \le 3p+5)$ sont des fonctions affines de $u_1, u_2, \ldots, u_{n-3}$ à coefficients entiers.
En considérant l'expression de g^*_{n+p+1} nous voyons que

$$\ell^{(p)}_{\nu,2p+3+i}(\underline{u}) = 0 \qquad \text{si} \quad \nu \in \{0,1,\ldots,n-2\} \ \text{et} \ i \in \{0,1,\ldots,p+2\}$$

$$\ell^{(p)}_{n+j-1,2p+3-i}(\underline{u}) = \delta_{ij} \qquad \text{si} \quad i \in \{0,1,\ldots,p+2\} \ \text{et} \ j \in \{0,1,\ldots,p+2\}$$

où δ_{ij} est le symbole de Kronecker.

Nous appellerons L_p la matrice $(n-1) \times (2p+3)$ des $\ell^{(p)}_{\nu,j}$ pour $0 \le \nu \le n-2$; $0 \le j \le 2p+2$ et L^*_p la matrice des $\ell^{(p)}_{\nu,j}$ pour $0 \le \nu \le n+p+1$; $0 \le j \le 3p+5$

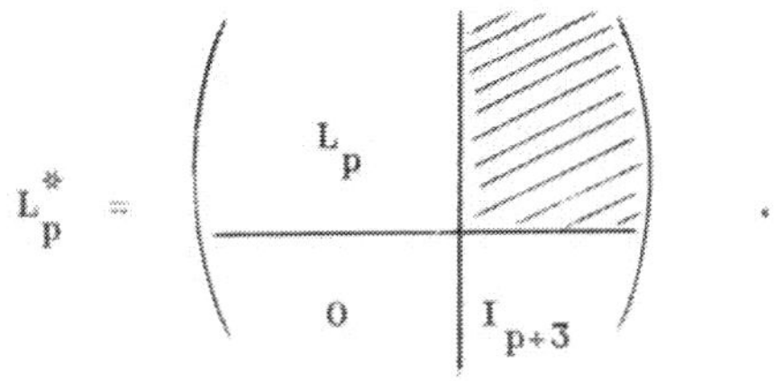

Remarquons que si g_{n+p+1} est le polynôme $P^*_p f_{n+1} + Q^*_{p+1} \frac{\partial f_{n+1}}{\partial X}$, la matrice L_p ne fait intervenir que les coefficients des monômes $X^{n+p+1}, X^{n+p}Y, \ldots, X^{p+3}Y^{n-2}$ dans g_{n+p+1}.

Notons que si $2p+3 \le n-1$, le nombre de lignes de L_p est supérieur ou égal au nombre de ses colonnes. Nous supposerons désormais $2p \le n-4$.

Appelons Δ_p le mineur calculé avec les $2p+3$ premières lignes de L_p :

$$\Delta_p = |\ell^{(p)}_{\nu,j}(\underline{u})| \qquad \nu, j \in \{0,1,\dots,2p+2\} \ ; \ 0 \le 2p \le n-4.$$

Il est peut être utile au lecteur d'avoir les formes explicites des coefficients de la matrice entrant dans le calcul de Δ_p, et du déterminant Δ_p lui-même : les voici

X^{n+p+1} : $\ell_0^{(p)} = P^*_{p,0} + (n+1)\, Q^*_{p+1,0} \qquad (p \ge 0)$

$X^n\, Y$: $\ell_1^{(0)} = (n+1)\, Q^*_{0,1}$

$X^{n+p}\, Y$: $\ell_1^{(p)} = P^*_{p-1,1} + (n+1)\, Q^*_{p,1} \qquad (p > 0)$

$X^{n-1}\, Y^2$: $\ell_2^{(0)} = P^*_{0,0}\, u_1 + (n-1)\, Q^*_{1,0}\, u_1$

$X^{n+1-\nu}\, Y^\nu$: $\ell_\nu^{(0)} = P^*_{0,0}\, u_{\nu-1} + (n-\nu+1)\, Q^*_{1,0}\, u_{\nu-1} + (n-\nu+2)\, Q^*_{0,1}\, u_{\nu-2} \qquad (\nu \ge 3)$

$X^n\, Y^2$: $\ell_2^{(1)} = P^*_{1,0}\, u_1 + (n-1)\, Q^*_{2,0}\, u_1 + (n+1)\, Q^*_{0,2}$

$X^{n-1}\, Y^3$: $\ell_3^{(1)} = P^*_{1,0}\, u_2 + P^*_{0,1}\, u_1 + (n-2)\, Q^*_{2,0}\, u_2 + (n-1)\, Q^*_{1,1}\, u_1$

$X^{n+2-\nu}\, Y^\nu$: $\ell_\nu^{(1)} = P^*_{1,0}\, u_{\nu-1} + P^*_{0,1}\, u_{\nu-2} + (n-\nu+1)\, Q^*_{2,0}\, u_{\nu-1} + (n-\nu+2)\, Q^*_{1,1}\, u_{\nu-2}$
$\qquad + (n-\nu+3)\, Q^*_{0,2}\, u_{\nu-3} \qquad (\nu \ge 4)$

$X^{n+p+1-\nu} Y^\nu$: $\ell_\nu^{(p)} = \sum_{i=0}^{\nu-2} P^*_{p-i,i}\, u_{\nu-1-i} + P^*_{p-\nu,\nu} + \sum_{i=0}^{\nu-2} (n+i-\nu+1) Q^*_{p+1-i,i}\, u_{\nu-1-i}$
$\qquad + (n+1)\, Q^*_{p+1-\nu,\nu} \qquad (2 \le \nu \le p)$

$X^n\, Y^{p+1}$: $\ell_{p+1}^{(p)} = \sum_{i=0}^{p-1} P^*_{p-i,i}\, u_{p-i} + \sum_{i=0}^{p-1} (n-p+i)\, Q^*_{p+\varepsilon-i,i}\, u_{p-i} + (n-1)\, Q^*_{0,p+1}$

$X^{n-1}\, Y^{p+2}$: $\ell_{p+2}^{(p)} = \sum_{i=0}^{p} P^*_{p-i,i}\, u_{p+1-i} + \sum_{i=0}^{p} (n-p-1+i)\, Q^*_{p+1-i,i}\, u_{p+1-i}$

$X^{n+1-\nu+p} Y^\nu$: $\ell_\nu^{(p)} = \sum_{i=0}^{p} P^*_{p-i,i}\, u_{\nu-1-i} + \sum_{i=0}^{p+1} (n-\nu+1+i)\, Q^*_{p+1-i,i}\, u_{\nu-1-i}$

$(n-1 \ge \nu \ge p+3)$.

Ce sont les seules valeurs qui nous intéressent puisque Δ_p est construit sur les 2p+3 premières lignes de L_p. Δ_p est aussi le déterminant (relatif aux indéterminées P^*, Q^*) du système linéaire écrit ci-dessus.

Pour $p=0$ nous obtenons

$$\Delta_o = \begin{vmatrix} 1 & n+1 & 0 \\ 0 & 0 & n+1 \\ u_1 & (n-1)u_1 & 0 \end{vmatrix} = 2(n+1)u_1 .$$

Pour $p=1$, nous obtenons un déterminant d'ordre 5 qui s'écrit :

$$\Delta_1 = \begin{vmatrix} 1 & 0 & n+1 & 0 & 0 \\ 0 & 1 & 0 & n+1 & 0 \\ u_1 & 0 & (n-1)u_1 & 0 & n+1 \\ u_2 & u_1 & (n-2)u_2 & (n-1)u_1 & 0 \\ u_3 & u_2 & (n-3)u_3 & (n-2)u_2 & (n-1)u_1 \end{vmatrix} = \begin{vmatrix} 2u_1 & 0 & n+1 \\ 3u_2 & 2u_1 & 0 \\ 4u_3 & 3u_2 & (n-1)u_1 \end{vmatrix}$$

Plus généralement Δ_p s'exprime facilement comme un déterminant d'ordre 2p+1, (en effet les deux premières lignes de Δ_p ne contiennent que deux éléments non nuls qui sont $\ell_{00} = \ell_{11} = 1$ et $\ell_{0,p+1} = \ell_{1,p+2} = n+1$), dont les termes sont des entiers ou des éléments de la forme iu_j avec $1 \le j \le 2p+1$. Δ_p est donc un polynôme de $\mathbb{Z}[u_1, u_2, \ldots, u_{n-3}]$.

<u>Remarque 4.9</u> : Notre condition $0 \le 2p \le n-4$ conduit pour $p=1$ à l'inégalité $n \ge 6$. 6 est donc la plus petite valeur de n pour laquelle Δ_1 est significatif. On obtient dans ce cas

$$\Delta_1 = \begin{vmatrix} 2u_1 & 0 & 7 \\ 3u_2 & 2u_1 & 0 \\ 4u_3 & 3u_2 & 5u_1 \end{vmatrix} = 20u_1^3 + 63u_2^2 - 56u_1u_3$$

qui est identique à un facteur numérique près, au déterminant :

$$\Delta = \begin{vmatrix} 2a_9 & 0 & 7 \\ 3a_{10} & 2a_9 & 0 \\ 4a_{11} & 3a_{10} & 23a_9 \end{vmatrix} = 92a_9^3 + 63a_{10}^2 - 56a_9a_{11}$$

que nous avons considéré au ch. V dans l'exemple de la caractéristique $\{6,7\}$.
La branche $C_{\underline{u}} \in \text{Eqs Defr } C_o$ d'équation

$$f_{\underline{u}} : Y^6 + X^7 + u_1X^5Y^2 + u_2X^4Y^3 + u_3X^3Y^4 + u_4X^5Y^3 + u_5X^4Y^4 + u_6X^5Y^4 = 0$$

admet une représentation paramétrique de la forme :

$$x = -t^6$$

$$y = t^7 + a_9t^9 + a_{10}t^{10} + a_{11}t^{11} + \ldots$$

avec $6a_9 = u_1$, $6a_{10} = -u_2$, $6a_{11} = \dfrac{12u_3 - u_1^2}{12}$.
Si nous substituons les valeurs obtenues pour a_9, a_{10}, a_{11} dans Δ nous obtenons alors $12.\Delta_1$.

Le lemme dont nous avons besoin maintenant s'exprime alors comme suit :

<u>Lemme 4.10</u> : Si $0 \leq 2p \leq n-4$ alors $\Delta_p \neq 0$. La matrice L_p (resp. L_p^*) est alors de rang maximum $2p+3$ (respectivement $3p+6$).

<u>Démonstration</u> : D'après la forme de L_p^* il est clair que L_p^* est de rang $\text{rg}L_p + p+3$.
Pour montrer que $\Delta_p \neq 0$ il suffit de montrer qu'il existe une valeur $\tilde{u}$ de u telle que $\tilde{\Delta}_p = \Delta_p(\tilde{u}) \neq 0$.
Nous choisissons

$$\tilde{u}_i = 0 \quad i \neq p+1 \quad \text{et} \quad \tilde{u}_{p+1} = 1 \quad .$$

Nous obtenons alors $f_{n+1} = X^{n+1} + X^{n-p-1}Y^{p+2}$

$$\text{et} \quad \frac{\partial f_{n+1}}{\partial X} = (n+1)X^n + (n-p-1)X^{n-p-2}Y^{p+2}$$

et g_{n+p+1} devient :

$$\tilde{g}_{n+p+1} = \sum_{i=0}^{p} (P^*_{p-i,i} + (n+1)Q^*_{p+1-i,i})X^{n+p+1-i}Y^i + (n+1)Q^*_{0,p+1}X^nY^{p+1}$$

$$+ \sum_{i=0}^{p} (P^*_{p-i,i} + (n-p-1)Q^*_{p+1-i,i})X^{n-1-i}Y^{p+2+i} + (n-p-1)Q^*_{0,p+1} \quad .$$

Il est alors facile de calculer $\tilde{\Delta}_p$ et de montrer qu'il est différent de zéro. Cependant il est plus simple de procéder comme suit :

Pour montrer que $\tilde{\Delta}_p \neq 0$ il suffit de montrer que les $2p+3$ équations linéaires homogènes en les $P^*_{p-i,i}$, $0 \leq i \leq p$, et $Q^*_{p+1-i,i}$, $0 \leq i \leq p+1$ (obtenues en écrivant que $\tilde{g}_{n+p+1}$ n'a pas de termes de degré $\leq 2p+2$ en Y) ont seulement la solution triviale.
Mais ces équations sont les suivantes

$$\left.\begin{array}{l} P^*_{p-i,i} + (n+1)Q^*_{p+1-i,i} = 0 \\ P^*_{p-i,i} + (n-p-1)Q^*_{p+1-i,i} = 0 \\ Q^*_{0,p+1} = 0 \end{array}\right\} \quad 0 \leq i \leq p$$

qui n'ont que la solution triviale en commun.

<u>Lemme 4.11</u> : Soit $C_{\underline{u}}$ (resp. $C_{\tilde{\underline{u}}}$) une branche définie sur F (resp. $\mathbb{C}$) appartenant à Eqs Defr C_o et telle que pour $0 \leq 2p \leq n-4$, $\Delta_p(\underline{u}) \neq 0$ (resp. $\Delta_p(\tilde{\underline{u}}) \neq 0$). Soit $J_{\underline{u}}$ (resp. $J_{\tilde{\underline{u}}}$) l'idéal jacobien de $C_{\underline{u}}$ (resp. $C_{\tilde{\underline{u}}}$). Soit $\xi \in J_{\underline{u}}$ (resp. $J_{\tilde{\underline{u}}}$) tel que $\xi \in S^{n+p+1}$ $(0 \leq 2p \leq n-4)$. Alors si $\xi = nPf + Q\frac{\partial f}{\partial X} + R\frac{\partial f}{\partial Y}$, nous avons nécessairement $P \in S^p$, $Q \in S^{p+1}$, $R \in S^{p+1}$.

Si nous écrivons $P = P_p + P_{p+1} + \ldots$, $R = R_{p+1} + R_{p+2} + \ldots$ où P_ν et R_ν sont homogènes de dégré ν en X et Y à coefficients dans A (resp. $\mathbb{C}$) alors

$$P_p Y + R_{p+1} = 0 \quad .$$

<u>Démonstration</u> : Par récurrence sur p.

■ $p = 0$. (Dans ce cas il est inutile de supposer $\Delta \neq 0$). Soit $Q = Q_o + Q_1 + \ldots$ la décomposition de Q en polynômes homogènes. Puisque f et $\frac{\partial f}{\partial X}$ sont dans S^n, et que $\frac{\partial f}{\partial Y} \notin S^n$, nous avons nécessairement $R_o = 0$ puisque $\xi \in S^{n+1}$.

La composante de degré n de ξ est alors donnée par :

$$\xi_n = n P_o Y^n + Q_o \frac{\partial f_{n+1}}{\partial X} + n R_1 Y^{n-1} \quad .$$

Puisque $\xi \in S^{n+1}$, $\xi_n = 0$ et nous devons avoir : $Q_o = 0$, $P_o Y + R_1 = 0$.

■ Supposons le lemme 4.11 vérifié pour $p < \left[\frac{n-4}{2}\right]$ et soit $\xi \in S^{n+p+2}$.
Nous avons donc aussi $\xi \in S^{n+p+1}$ et par hypothèse de récurrence

$$P \in S^p \quad Q \in S^{p+1} \quad R \in S^{p+1}, \text{ et } P_p Y + R_{p+1} = 0 \quad .$$

Nous allons maintenant écrire que la composante homogène ξ_{n+p+1} de degré $n+p+1$ est nulle.

$$\xi_{n+p+1} = P_p\left(nf_{n+1} - Y\frac{\partial f_{n+1}}{\partial Y}\right) + Q_{p+1}\frac{\partial f_{n+1}}{\partial X} + n(P_{p+1}Y + R_{p+2})Y^{n-1} = 0 \quad .$$

Nous avons $X\frac{\partial f_{n+1}}{\partial X} + Y\frac{\partial f_{n+1}}{\partial Y} = (n+1)f_{n+1}$ comme f_{n+1} est homogène de degré $n+1$ et si nous posons alors

$$(4.12)\quad \begin{cases} P_p^* = -P_p \quad Q_{p+1}^* = P_pX + Q_{p+1} \quad R_{p+1}^* = P_{p+1}Y + R_{p+2} \\ \text{nous pouvons réécrire } \xi_{n+p+1} \text{ sous la forme} \\ \xi_{n+p+1} = P_p^*\, f_{n+1} + Q_{p+1}^*\,\frac{\partial f_{n+1}}{\partial X} + R_{p+2}^*\, Y^{n-1} \end{cases} .$$

Ce polynôme homogène en X et Y est nul si ses coefficients $\ell_\nu^{(p)}$ $0 \le \nu \le n+p+1$ sont nuls. Mais les $\ell_\nu^{(p)}$ s'expriment au moyen de la matrice L_p^* donnée en (4.8). Puisque $0 \le 2p \le n-4$ le lemme 4.10 s'applique, L_p^* est de rang $3p+6$ et les coefficients des polynômes P_p^*, Q_{p+1}^*, R_{p+2}^* sont tous nuls.
Nous avons donc $P_p = 0$, $Q_{p+1} = 0$, et $P_{p+1}Y + R_{p+2} = 0$, ce qui prouve le lemme (4.11) à l'ordre $p+1$.
Nous en venons maintenant au résultat principal qui donne les valeurs de q et q'.

<u>Théorème 4.13</u> :

a) Soit $C_{\underline{u}}$ une branche générique de Eqs Defr C_o (resp. $C_{\underline{\tilde{u}}}$ une branche vérifiant $\Delta_p(\tilde{u}) \neq 0$ pour $0 \le 2p \le n-4$). Alors modulo $S^{n+p+2} + J_{\underline{u}}$ (resp. $S^{n+p+2} + J_{\underline{\tilde{u}}}$) les $n-2p-4$ monômes $X^{n-p-2}Y^{2p+3}, X^{n-p-3}Y^{2p+4}, \dots, X^{p+3}Y^{n-2}$, forment une base de l'espace vectoriel des monômes de degré $n+p+1$.

b) $S^{n+p+1} \subset J_{\underline{u}}$ (resp. $J_{\underline{\tilde{u}}}$) pour $2p \ge n-4$.

<u>Démonstration</u> : Nous noterons J l'idéal $J_{\underline{u}}$ (resp. $J_{\underset{\sim}{\underline{u}}}$), la démonstration pour $\underline{u}$ étant identique à celle pour $\underset{\sim}{\underline{u}}$.

a) Soit g_{n+p+1} un polynôme homogène de $A[X,Y]$ de degré $n+p+1$, appartenant à $S^{n+p+2}+J$. Nous avons alors

$$g_{n+p+1} = \eta + \xi \qquad \text{avec} \quad \eta \in S^{n+p+2} \text{ et } \xi \in J \ .$$

Puisque $\xi \in S^{n+p+1}$ (g_{n+p+1} est évidemment dans S^{n+p+1}) avec $0 \leq 2p \leq n-4$, le lemme 4.11 s'applique et nous donne une décomposition de ξ de la forme :

$$\xi = n(P_p + P_{p+1} + \ldots)f + (Q_{p+1} + Q_{p+2} + \ldots)\frac{\partial f}{\partial X} + (R_{p+1} + R_{p+2} + \ldots)\frac{\partial f}{\partial Y}$$

avec $YP_p + R_{p+1} = 0$.
La composante ξ_{n+p+1} de ξ peut s'écrire comme en (4.12)

$$\xi_{n+p+1} = P_p^* f_{n+1} + Q_{p+1}^* \frac{\partial f_{n+1}}{\partial X} + R_{p+2}^* Y^{n-1} \ .$$

Mais comme $\eta \in S^{n+p+2}$ nous avons $\xi_{n+p+1} = g_{n+p+1}$.

Réciproquement si p est un entier quelconque (pas nécessairement inférieur à $\left[\frac{n-4}{2}\right]$ et si P_p^*, Q_{p+1}^*, R_{p+2}^* sont des polynômes homogènes de degré respectif p, $p+1$, $p+2$ à coefficients dans A, alors $g_{n+p+1} = \xi_{n+p+1}$ définie par (4.12) est dans l'idéal $S^{n+p+2}+J$.
En effet :

- $\frac{\partial f}{\partial X} = \frac{\partial f_{n+1}}{\partial X} + \frac{\partial f_{n+2}}{\partial X} + \ldots$ et comme $\frac{\partial f_{n+p}}{\partial X} \in S^{n+1}$ pour $p \geq 2$, $\frac{\partial f_{n+1}}{\partial X} \in S^{n+1}+J$, il vient que $Q_{p+1}^* \frac{\partial f_{n+1}}{\partial X} \in S^{n+p+2}+J$.
- Le même raisonnement montre que $\frac{\partial f_{n+1}}{\partial Y} \in S^{n+1}+J$ et comme f_{n+1} est homogène $(n+1)f_{n+1} = X\frac{\partial f_{n+1}}{\partial X} + Y\frac{\partial f_{n+1}}{\partial Y}$, ce qui montre que $f_{n+1} \in S^{n+2}+J$ et que $P_p f_{n+1} \in S^{n+p+2}+J$.

Les 2p+3 polynômes homogènes de degré n+p+1

$$(4.14) \qquad \begin{cases} X^{p-i}\, Y^i\, f_{n+1} & (0 \leq i \leq p) \\ X^{p+1-i}\, Y^i\, \frac{\partial f_{n+1}}{\partial X} & (0 \leq i \leq p+1) \end{cases}$$

avec les p+3 monômes $X^{p+2-i}\ Y^{n+i-1}$ $(0 \le i \le p+2)$, forment donc un système de générateurs de l'espace vectoriel des polynômes homogènes g_{n+p+1} appartenant à $S^{n+p+2} + J$. Parmi les monômes de degré n+p+1 il nous reste

$$X^{n+p+1},\ X^{n+p}\ Y, \dots, X^{p+3}\ Y^{n-2} \quad .$$

Chacun des polynômes de (4.14) induit une relation entre ces monômes modulo $S^{n+p+2} + J$

$$\sum_{\nu=0}^{n-2} \ell^{(p)}_{\nu,j}\ (\underline{u})\ X^{n+p+1-\nu}\ Y^{\nu} = 0 \pmod{S^{n+p+2} + J}$$

pour $0 \le j \le 2p+2$,
où les $\ell^{(p)}_{\nu,j}\ (\underline{u})$ sont les coefficients de la matrice L_p donnée en (4.8).
Ces relations engendrent l'espace des relations entre les monômes $X^{n+p+1}\ X^{n+p}\ Y, \dots, X^{p+3}\ Y^{n-2}$.

Nous avons supposé $\Delta(\underline{\tilde{u}}) \neq 0$, donc L_p est de rang maximum 2p+3 et nous pouvons exprimer les 2p+3 monômes $X^{n+p+1},\ X^{n+p}\ Y, \dots, X^{n-p-1}\ Y^{2p+2}$ sur les suivants, ce qui prouve la partie a) du théorème 4.13.

Pour démontrer le b) du théorème 4.13, nous pouvons supposer $p \le n-4$. En effet, si $p > n-4$, alors $n+p+1 \ge 2n-2$ et nous savons déjà que sous cette hypothèse $S^{n+p+1} \subset J$ (voir (4.5)).

Posons $q = \left[\frac{n-4}{2}\right]$. Alors $2q = n-4$ si n est pair et $2q = n-5$ si n est impair.

■ n est pair. La partie a) du théorème est vraie pour $p = q$ $(2q = n-4)$ et par suite $S^{n+q+1} \subset S^{n+q+2} + J$ puisque modulo $S^{n+q+2} + J$, l'espace des monômes de degré n+q+1 est de dimension zéro.
Nous trouvons donc $S^{n+q+2} \subset S^{n+q+3} + J$ et donc :

$$S^{n+q+1} \subset S^{n+q+3} + J \quad .$$

En réappliquant suffisamment de fois ce raisonnement, nous arrivons à $S^{n+q+1} \subset J$ (puisque les puissances assez grandes de S sont dans J) et par suite

$$S^{n+p+1} \subset J \quad \text{pour } p \ge q \text{ et } 2p \ge n-4 \quad .$$

■ n est impair. En appliquant la partie a) du théorème 4.13 pour $p = q$ $(2q = n-5 < n-4)$ nous trouvons cette fois

$$S^{n+q+1} \subset (X^{q+3}\, Y^{n-2},\ S^{n+q+2} + J) \tag{4.15}$$

ce qui donne

$$S^{n+q+2} \subset (X^{q+3}\, Y^{n-1},\ X^{q+4}\, Y^{n-2},\ S^{n+q+3} + J) \quad .$$

Mais comme $Y^{n-1} \subset S^{n} + J$ (4.2)

$$S^{n+q+2} \subset (X^{q+4}\, Y^{n-2},\ S^{n+q+3} + J) \quad .$$

Par (4.15) nous obtenons :

$$X^{q+4}\, Y^{n-3} \subset (X^{q+3}\, Y^{n-2},\ S^{n+q+2} + J)$$

puis :

$$X^{q+4}\, Y^{n-2} \subset (X^{q+3}\, Y^{n-1},\ S^{n+q+3} + J)$$

enfin, à nouveau par (4.2) $(Y^{n-1} \subset S^{n} + J)$

$$X^{q+4}\, Y^{n-2} \subset S^{n+q+3} + J \quad .$$

De ceci découle que $S^{n+q+2} \subset S^{n+q+3} + J$. Comme dans le cas "n pair" nous en déduisons alors que $S^{n+q+2} \subset J$ et que $S^{n+p+1} \subset J$ pour $p \geq q+1$, (c'est-à-dire $2p \geq n-4$). Ceci achève la démonstration de 4.13.

<u>Théorème 4.16</u> : $C = C_{\underline{u}}$ étantune branche de caractéristique $(n,n+1)$ telle que $\Delta(\underline{u}) \neq 0$,

$$q'(\underline{u}) = q' = \dim_F A[[X]][Y]/J_{\underline{u}} = \frac{n(n-1)}{2} + n-1 + (n-2) + [(n-4) + (n-6) + \ldots + (n-2p-4) + \ldots]$$

soit encore $q' = \dfrac{n^2 + 3n-6}{2} + \dfrac{(n-4)(n-2)}{4}$ si n est pair

$$q' = \frac{n^2 + 3n-6}{2} + \frac{(n-3)^2}{4} \qquad \text{si n est impair.}$$

Les N monômes $X^\alpha Y^\beta$ qui apparaissent dans l'expression de $f = Y^n + X^{n+1} + f_{n+1} + \ldots$ et qui sont différents de Y^n et X^{n+1} vérifient $\frac{\alpha}{n+1} + \frac{\beta}{n} > 1$ (puisque $C_{\underline{u}} \in$ Eqs Defr C_o a même polygone de Newton que C_o) et sont tous de degré $\geq n+1$.

Puisque les monômes $X^{n-p-2}\, Y^{2p+3}, \ldots, X^{p+3}\, Y^{n-2}$ pour $0 \leq 2p \leq n-4$ sont parmi ces N monômes, nous obtenons immédiatement l'expression de la dimension q de la composante générique M, de l'espace des modules, qui est, rappelons-le (3.1), la dimension de l'espace vectoriel sur F engendré par ces N monômes.

$$q = \frac{(n-4)(n-2)}{4} \qquad \text{si n est pair}$$

$$q = \frac{(n-3)^2}{4} \qquad \text{si n est impair .}$$

Comme $N' = n(n-1)$ et $N = \frac{(n-2)(n-3)}{2}$ nous vérifions dans ce cas le résultat de Teissier :

$$N' - N = q' - q \quad .$$

Note : Pour les branches de caractéristique $(n, hn+1)$ $h > 1$, en utilisant le point de vue des représentations paramétriques, on calcule la dimension de l'espace des modules qui est alors donnée par :

$$q = \frac{(n-2)(n-4)}{4} + (h-1)\,\frac{(n-2)^2}{4} \qquad \text{si n est pair}$$

$$q = \frac{(n-3)^2}{4} + (h-1)\,\frac{(n-1)(n-3)}{4} \qquad \text{si n est impair} \quad .$$

5. Remarques et problèmes ouverts concernant la composante générique M_1 de l'espace des modules (caractérisitque $(n,n+1)$).

Si $C_{\underline{u}}$ est une branche générale, alors d'après le théorème 4.16 $q' = \dim \text{Defr } C_{\underline{u}}$ et $q = \dim \text{Eqs Defr } C_{\underline{u}}$.
Puisque les branches générales forment un ouvert dense et connexe de l'espace $\Sigma_o = \text{Eqs Defr } C_o$, pour toute branche générale $C_{\underline{u}}$, $\varphi(C_{\underline{u}}) \in M_1$ si φ est la surjection canonique $\Sigma_o \to M_1$ (thm 3.2).
Nous avons également une application rationnelle dominante $\varphi^* : \Sigma_o \to M_1$.
Par un raisonnement analogue à celui de la démonstration du théorème 3.2

on prouve que la restriction $\varphi^*_{\underline{u}}$ de φ^* à $\Sigma_{\underline{u}}$ = Eqs Defr $C_{\underline{u}}$ induit une application rationnelle dominante $\Sigma_{\underline{u}} \to M_1$.
Cependant puisque $\Sigma_{\underline{u}}$ est un espace affine de dimension q alors que M_1 est une variété irréductible quasi-compacte (ch. III, 2.3) $\varphi^*_{\underline{u}}$ n'est pas surjective.
Nous allons construire maintenant un espace $\widetilde{\Sigma}$ de branches qui sera un espace projectif de dimension q sur lequel φ^* induira une application $\widetilde{\Sigma} \to M_1$ surjective. M_1 sera alors nécessairement le quotient de $\widetilde{\Sigma}$ par un groupe algébrique fini. Nous obtiendrons ainsi une forme canonique de l'équation d'une branche représentée par un point de M_1.
Les mineurs Δ_p, $0 \le 2p \le n-4$, ne dépendent que de $u_1, u_2, \dots, u_{n-3}$: nous pouvons donc choisir une branche générale $C_{\underline{\widetilde{u}}}$ vérifiant
$\widetilde{u}_{n-2} = \widetilde{u}_{n-1} = \dots = \widetilde{u}_N = 0$.
Soit l'ensemble des monômes $\{s_{i(1)}, s_{i(2)}, \dots, s_{i(q+1)}\}$ définis par

$$s_{i(1)} = X^{n-1}\, Y^2$$

$$\{s_{i(2)} \dots s_{i(q+1)}\} = \bigcup_{0 \le 2p \le n-4} \{X^{n-p+2}\, Y^{2p+3}, \dots, X^{p+3}\, Y^{n-2}\} .$$

D'une façon générale, par le théorème 4.13 nous avons pour toute branche générale $C_{\underline{\widetilde{u}}}$

$$\Sigma_{\underline{\widetilde{u}}} = \text{Eqs Defr } C_{\underline{\widetilde{u}}} = \{f_{\underline{\widetilde{u}}} + \sum_{\nu=2}^{q+1} u_{i(\nu)}\, s_{i(\nu)} = 0\}$$

avec $u_{i(\nu)} \in \mathbb{C}$ $\forall\, \nu \in \{2,3,\dots,q+1\}$.
D'après notre choix de la branche générale $C_{\underline{\widetilde{u}}}$, $\widetilde{u}_i = 0$ $\forall$ $i \ge n-2$ donc

$$\Sigma_{\underline{\widetilde{u}}} = \{Y^n + X^{n+1} + \widetilde{u}_1\, s_1(X,Y) + \sum_{i=2}^{n-3} (u_i + \widetilde{u}_i) s_i(X,Y) + \sum_{\nu=n-2}^{q+1} u_\nu\, s_\nu(X,Y) .$$

Le système $\widetilde{\Sigma}$ est obtenu en deux étapes :

<u>1ère étape</u> : posons $u_i + \widetilde{u}_i = v_i$ pour $2 \le i \le n-3$, et $\widetilde{u}_1 = v_1$. On obtient alors

$$\Sigma : \{C_{\underline{u}}\, Y^n + X^{n+1} + \sum_{i=1}^{q+1} v_\nu\, s_\nu(X,Y) = 0\} .$$

<u>2ème étape</u> : soit $s_\nu(X,Y) = X^{\alpha_\nu} Y^{\beta_\nu}$ $1 \le \nu \le q+1$.
5.1 La transformation linéaire $X \to \rho^n X$, $Y \to \rho^{n+1} Y$ est un isomorphisme

analytique qui transforme la branche $\underline{C_v}$ en la branche $\underline{C_{v'}}$ d'équation

$$Y^n + X^{n+1} + \sum_{v=1}^{q+1} v'_v s_v(X,Y) = 0$$

avec $v'_v = v_v \rho^{\alpha_v n + \beta_v (n+1) - n(n+1)}$.

Puisque $C_v \in$ Eqs Defr C_o, $\underline{C_v}$ a même polygone de Newton que C_o et $\alpha_v n + \beta_v (n+1) > n(n+1)$.

Nous pouvons alors donner le poids $w_v = \alpha_v n + \beta_v (n+1) - n(n+1)$ à v_v. Ceci suggère naturellement d'introduire les nouveaux paramètres définis par :

$$v_v = t_v^{\alpha_v n + \beta_v (n+1) - n(m+1)} = t_v^{w_v} .$$

La transformation décrite en 5.1 se réduit maintenant à une homothétie de rapport ρ sur les coefficients t_v. En passant au quotient par cette homothétie nous obtenons un système $\tilde{\Sigma}$ qui est un espace projectif de dimension q.

Nous allons montrer que l'application naturelle $\varphi : \Sigma_o \to L$ induit une application surjective $\tilde{\varphi} : \tilde{\Sigma} \to M_1$. Il est clair que pour presque tous les points $\tilde{P} \in M_1$, la fibre $\tilde{\varphi}^{-1}(\tilde{P})$ est finie (voir dém. du thm. 3.2).
Mais sur $\tilde{\Sigma}$ il existe un groupe fini qui agit et dont l'action conserve le type analytique d'une branche : c'est le groupe défini par :

$$t_v \to t_v \varepsilon_v \qquad \forall v \in \{1,2,\dots,q+1\}$$

où ε_v est une racine w_v-ième de l'unité.

Problème 5.2 : Ce qui n'est pas évident et demanderait une démonstration, c'est que M_1 est le quotient de $\tilde{\Sigma}$ par ce groupe fini.

Dans les exposés oraux, c'est une autre approche de la question qui a été utilisée : nous avons considéré les représentations paramétriqes des branches et nous avons montré que M_1 représente l'ensemble de toutes les branches C qui ont une représentation paramétrique de la forme :

$$x = t^n$$

$$y = t^{n+1} + \sum_{i=1}^{n-3} a_{n+2+i}^{i+1} t^{n+2+i} + \sum_{i=1}^{n-6} a_{2n+5+i}^{n+4+i} t^{2n+5+i} + \dots$$

$$+ \sum_{i=1}^{n-2p-2} a_{pn+2p+1+i}^{(p-1)n+2p+i} t^{pn+2p+1+i} + \dots$$

soit encore pour y :

$$(5.3)\quad y = t^{n+1} + \sum_{i=1}^{n-3} a_{n+2+i}^{i+1}\ t^{n+2+i} + \sum_{p=2}^{\left[\frac{n-4}{2}\right]} \sum_{i=1}^{n-2p-2} a_{pn+2p+1+i}^{(p-1)n+2p+i}\ t^{pn+2p+i+1}$$

M_1 est alors le quotient de l'espace projectif $\mathbb{P}^q$ (où les a_ν sont des coordonnées homogènes) par le groupe fini engendré par les transformations :

$$a_{pn+2p+i+1} \longrightarrow \varepsilon_{(p-1)n+2p+i}\ a_{pn+2p+i+1}$$

où $\varepsilon_{(p-1)n+2p+i}$ est une racine $(p-1)n+2p+i$ de l'unité. Il serait intéressant de vérifier directement l'identité entre l'ensemble $\tilde{\Sigma}$ et l'ensemble des branches de la forme (5.3).

6. Une approche du problème du point de vue des représentations paramétriques.

Soit C une branche de la caractéristique $(n,n+1)$, de semi-groupe Γ. Pour tout entier $p \in \{1,2,\dots,n-2\}$ nous appelons L_p l'ensemble des entiers consécutifs, supérieurs ou égaux à pn et qui appartiennent à Γ.

Nous avons $L_p = pn, pn+1, \dots, pn+p$.

Soit $\overline{L}_p$ l'ensemble des entiers consécutifs supérieurs à $pn+p$ et qui n'appartiennent pas à Γ. Nous avons

$$\overline{L}_p = \{pn+p+1, pn+p+2, \dots, (p+1)n-1\}\ .$$

Le nombre d'éléments de L_p est $p+1$, nous noterons $\bar{p}+1$ celui de $\overline{L}_p$: $\bar{p} = n-p-2 \geq 0$.

Définissons alors p' par la formule $p' = \inf(p,\bar{p})$.

Notons que pour $p = n-2$, $\bar{p} = 0$ et $\overline{L}_{n-2}$ est réduit à $\{n^2-n-1\} = \{c-1\}$ puisque $c = n(m-1)$. Puisque Γ contient tous les entiers supérieurs ou égaux à c nous poserons $L_{n-1} = \{k \in \mathbb{N},\ k \geq c\}$.

D'après le lemme 2.6, ch. IV, nous pouvons mettre la représentation paramétrique de C sous la forme

$$\begin{cases} x = t^n \\ y = t^{n+1} + A_{n+3}\ t^{n+3} + \dots\ . \end{cases}$$

(En effet n+2 vérifie $(n+2)+n = 2(n+1)$).

<u>Théorème 6.1</u> : Pour tout entier $p \in \{2,3,\ldots,n-2\}$ il existe un polynôme non nul $F_p \in \mathbb{Z}[a_{n+3},a_{n+4},\ldots,a_{n+2p'+1}]$ tel que toute branche C définie par

$$C \left\{ \begin{array}{l} x = t^n \\ y = t^{n+1} + a_{n+3}\, t^{n+3} + \ldots + a_{2n-1}\, t^{2n-1} + \sum\limits_{\substack{\nu > 2n-1 \\ \nu \notin \Gamma}} a_\nu t^\nu \end{array} \right.$$

avec $F_p(a_{n+3},\ldots,a_{n+2p'+1}) \neq 0$,
est analytiquement isomorphe à une branche $\overline{C}$ dont la représentation paramétrique

$$\overline{C} \left\{ \begin{array}{l} x = t^n \\ y = t^{n+1} + \bar{a}_{n+3}\, t^{n+3} + \ldots + \bar{a}_{2n-1}\, t^{2n-1} + \sum\limits_{\substack{\nu > 2n-1 \\ \nu \notin \Gamma}} \bar{a}_\nu t^\nu \end{array} \right.$$

vérifie : a) $\bar{a}_\nu = a_\nu \quad \nu \le pn-1$

b) Si ν est un des $p'+1$ premiers éléments de $\overline{L}_p$, $\bar{a}_\nu = 0$.

En particulier si $p' = \bar{p}$ (i.e. si $2p \ge n-2$) tous les coefficients $\bar{a}_\nu$ tels que $\nu \in \overline{L}_p$ sont nuls.

<u>Remarque</u> : $2p' \le n-3$ sauf si $2p = n-2$. Nous avons donc $n+2p'+1 \le 2n-2$ sauf si $2p' = 2p = n-2$ auquel cas $a_{n+2p'+1} = a_{2n-1}$.
F_p est donc toujours un élément de $\mathbb{Z}[a_{n+3},a_{n+4},\ldots,a_{2n-1}]$.

<u>Démonstration</u> : Nous introduisons un nouveau paramètre $\bar{t}$ défini par la relation :

$$\bar{t}^n = t^n - n(b_o x^{p'} y^{p-p'} + b_1 x^{p'-1} y^{p-p'+1} + \ldots + b_{p'} y^p)$$

où $b_o, b_1, \ldots, b_{p'}$ sont des constantes à déterminer. Ecrivons

$$(6.2) \qquad \bar{t}^n = t^n - n \sum_{j=0}^{2p'+1} B_j\, t^{pn+p-p'+j} + \text{termes d'ordre supérieur à } pn+p+p'+1 \ .$$

Les B_j sont des formes linéaires des $b_o \ldots b_{p'}$ dont les coefficients sont a priori des polynômes de $\mathbb{Z}[a_{n+3},\ldots,a_{c-1}]$.
En fait les coefficients des B_j ne dépendent que de $a_{n+3}, a_{n+4},\ldots,a_{n+2+2p'+2}$ si $p > p'$ (i.e. si $p > \bar{p}$) (resp. ne dépendent que des $a_{n+3},\ldots,a_{n+2p'+1}$ si $p = p' = \bar{p}$).
Pour le voir il suffit de montrer que si t^h est la plus petite puissance de t qui apparaît dans le développement de $\bar{t}^n$ avec un coefficient fonction d'un a_ν d'indice strictement supérieur à $n+2p'+2$ (si $p > p'$) (resp. strictement supérieur à $n+2p'+1$ si $p = p'$).

□ Si $p > p'$, il est suffisant de montrer que c'est déjà vrai lorsque $\bar{t}^n = t^n - nt^{np'}[y(t)]^{p-p'}$; en effet :

$$x^{p'-i}y^{p-p'+i} = x^{p'}y^{p-p'}\left(\frac{y}{x}\right)^i \quad \text{et} \quad \frac{y}{x} \in \mathbb{C}[[t]] \quad .$$

La puissance de t en question est alors

$$t^{np'}(p-p')t^{(n+1)(p-p'-1)}a_\nu t^\nu \quad .$$

Nous avons donc : $h = np' + (n+1)(p-p'-1) + \nu$, puisque nous avons supposé $\nu > n+2p'+2$, $h > np+p+p'+1$ comme demandé.

□ Si $p = p'$ nous devons considérer les termes $-nt^{n(p-1)}[y(t)]^{p-p'+1}$ qui donnent une puissance de t d'exposant

$$h = n(p'-1) + (n+1)(p-p') + \nu = np + p - p' - n + \nu$$

comme $\nu > n+2p'+1$, $h > np+p+p'+1$. <u>cqfd</u>

Plus précisément encore.

□ Si $p > p'$ nous avons $B_o = b_o$; $B_1 = b_1$ et pour $j \geq 2$, B_j est une forme linéaire à coefficients dans $\mathbb{Z}[a_{n+3},\ldots,a_{n+j+1}]$.

□ Si $p = p'$ $B_o = b_o$; $B_1 = b_1$; $B_2 = b_2$ et pour $j \geq 3$, B_j est une forme linéaire à coefficients dans $\mathbb{Z}[a_{n+3},\ldots,a_{n+j}]$.

Si nous appliquons maintenant le lemme (3.4), ch. IV, de la relation :

$$\bar{t}^n = t^n - n\sum_{j=0}^{2p'+1} B_j\, t^{pn+p-p'+j} + \text{termes d'ordre} > pn+p+p'+1 \ ,$$

nous tirons

$$t = \bar{t} + \sum_{j=0}^{2p'+1} B_j \, \bar{t}^{(p-1)n+p-p'+1+j} + \text{termes d'ordre} > (p-1)n+p+p'+2 \quad .$$

En substituant cette expression de t dans $y = y(t)$ nous trouvons :

$$y = \bar{t}^{n+1} + a_{n+3}\,\bar{t}^{n+3} + \dots + a_{2n-1}\,\bar{t}^{2n-1} + \sum_{\nu \in \bigcup_{q=2}^{p-1} \overline{L_q}} a_\nu \bar{t}^\nu$$

$$+ \sum_{j=0}^{2p'+1} C_j \, \bar{t}^{pn+p-p'+1+j} + \text{termes d'ordre} > pn+p+p'+2 \quad ,$$

où les C_j sont des fonctions affines de $b_o, b_1, \dots, b_{p'}$ dont les coefficients sont des polynômes de $\mathbb{Z}[a_{n+3}, a_{n+4}, \dots, a_{n+2p'+2}]$.
Plus précisément nous avons, pour $j \in \{0,1,\dots,2p'+1\}$,

$$(6.3) \qquad C_j = (n+j+1)a_{n+j+1}B_o + (n+j)a_{n+j}B_1 + \dots + (n+3)a_{n+3}B_{j-2}$$

$$+ (n+1)B_j + a_{pn+p-p'+j+1}$$

avec $a_{pn+p-p'+j+1} = 0$ pour $0 \leq j \leq p'-1$ puisque $pn+p-p'+j+1 \in L_p$.
Les coefficients des B_k $(0 \leq k \leq j)$ dans l'expression de C_j sont donc des éléments de $\mathbb{Z}[a_{n+3}, \dots, a_{n+j+1}]$.
Posons alors

$$(6.4) \qquad \eta = \sum_{j=0}^{2p'+1} C_j \, \bar{t}^{pn+p-p'+1+j} + \text{termes d'ordre} > pn+p+p'+2$$

$$\bar{x} = \bar{t}^n \quad .$$

Les p' premiers termes de η ont pour exposants $pn+p-p'+1, pn+p-p'+2, \dots, pn+p$ qui sont donc dans L_p. Il est facile de voir qu'il existe un et un seul élément $\zeta \in \mathcal{O}$ de la forme

$$\zeta = \bar{b}_1 \bar{x}^{p'-1} y^{p-p'+1} + \bar{b}_2 \bar{x}^{p'-2} y^{p-p'+2} + \dots + \bar{b}_{p'} y^p$$

tel que la série (en $\bar{t}$) $\eta - \zeta$ soit d'ordre $\geq pn+p+1$.

Montrons d'abord l'unicité :

$$\text{soit } \zeta' = \sum_{i=1}^{p'} \bar{b}'_i \bar{x}^{p'-i} y^{p-p'+i} \text{ ayant la même vertu.}$$

Alors $\zeta-\zeta'$ est d'ordre $\geq pn+p+1$. Puisque la forme initiale de $\zeta-\zeta'$ est $(\bar{b}_1 - \bar{b}'_1)\bar{t}^{np+p-p'+1}$ et que $np+p-p'+1 < np+p+1$, nous avons $\bar{b}_i = \bar{b}'_i$. En raisonnant par récurrence et en supposant $\bar{b}_i = \bar{b}'_i$ pour $1 \leq i \leq k-1$, la forme initiale de $\zeta-\zeta'$ est alors $(\bar{b}_k - \bar{b}'_k)\bar{t}^{np+p-p'+k}$ avec $np+p-p'+k < np+p+1$ puisque $k < p'$. Nous obtenons donc $\bar{b}_k = \bar{b}_{k'}$, et par suite $\zeta = \zeta'$.

Pour l'existence de ζ notons que

$$\eta - C_o \bar{x}^{p'-1} y^{p-p'+1} = \sum_{j=1}^{2p'+1} C_{j,1} \bar{t}^{pn+p-p'+1+j} + \text{termes d'ordre } > pn+p+p'+2 ,$$

où les $C_{j,1}$ sont encore des fonctions affines des $b_o,\ldots,b_{p'}$. Les coefficients des $b_o,\ldots,b_{p'}$ sont dans $\mathbb{Z}[a_{n+3},a_{n+4},\ldots,a_{n+j+1}]$ $(1 \leq j \leq 2p'+1)$.

Nous obtenons ensuite :

$$\eta - C_o \bar{x}^{p'-1} y^{p-p'+1} - C_{1,1} \bar{x}^{p'-2} y^{p-p'+2} = \sum_{j=2}^{2p'+1} C_{j,2} \bar{t}^{pn+p-p'+1+j} + \text{termes d'ordre } > pn+p+p'+2 .$$

Il est facile de vérifier que les coefficients des b_k $(0 \leq k \leq j)$ dans $C_{j,2}$ sont dans $\mathbb{Z}[a_{n+3},\ldots,a_{n+j+1}]$ $(1 \leq j \leq 2p'+1)$.

En continuant de cette manière nous montrons que

$$\eta - (C_o \bar{x}^{p'-1} y^{p-p'+1} + C_{1,1} \bar{x}^{p'-2} y^{p-p'+2} + \ldots + C_{p'-1,p'-1} y^{p}) = \eta - \zeta$$

est d'ordre $\geq pn+p+1$.

Si nous posons alors $\bar{y} = y-\zeta$, la branche $\overline{C}$ dont la représentation paramétrique est donnée par

$$\overline{C} \begin{cases} \bar{x} = \bar{t}^{n} \\ \bar{y} = \bar{y}(\bar{t}) = \bar{t}^{n+1} + a_{n+3}\bar{t}^{n+3} + \ldots + a_{2n-1}\bar{t}^{2n-1} + \displaystyle\sum_{\substack{\nu > 2n-1 \\ \nu \in \bigcup_{q=2}^{p-1} \overline{L_q}}} a_\nu \bar{t}^{\nu} \end{cases}$$

$$+ \sum_{j=p'}^{2p'+1} C_{j,p'} \bar{t}^{np+p-p'+1+j} + \text{termes d'ordre } > pn+p+p'+2$$

est analytiquement isomorphe à C.

De plus les $C_{j,p'}$ sont des fonctions affines des $b_o,b_1,\dots,b_{p'}$. Les coefficients des $b_o,\dots,b_{p'}$ appartiennent à $\mathbb{Z}[a_{n+3},\dots,a_{n+j+1}]$. Soit F_p le déterminant des coefficients des $b_o,b_1,\dots,b_{p'}$ dans les expressions de $C_{p',p'},C_{p'+1,p'},\dots,C_{2p',p'}$, F_p est donc un élément de $\mathbb{Z}[a_{n+3},\dots,a_{n+2p'+1}]$.

Le théorème 6.1 sera prouvé si nous montrons que ce déterminant n'est pas identiquement nul : en effet les équations $C_{p'+i}$, $p=0$ $(0\le i\le p')$ pourront être résolues en $b_o,b_1,\dots,b_{p'}$ et la branche $\bar{C}$ ainsi obtenue vérifiera les conditions 6.1.

Pour montrer que $F_p(a_{n+3},a_{n+4},\dots,a_{n+2p'+1})$ n'est pas identiquement nul, il suffit de prouver qu'en faisant les substitutions

$$\begin{cases} a_{n+3} = a_{n+4} = \dots = a_{n+p'} = 0 \\ a_{n+p'+1} = 1 \\ a_{n+p'+2} = a_{n+p'+3} = \dots = a_{n+2p'+1} = 0 \end{cases},$$

la valeur obtenue est différente de zéro. Pour cela nous considérons donc la branche C définie par

$$C \begin{cases} x = t^n \\ y = t^{n+1} + t^{n+p'+1} + t^{np+p+p'+1} \end{cases}.$$

En utilisant la relation (6.2) nous trouvons les expressions des coefficients $B_o,B_1,\dots,B_{2p'+1}$

$$B_i = b_i \qquad 0\le i\le p'-1$$

$$B_{p'} = (p-p')b_o + b_{p'}$$

$$B_{p'+i} = (p-p'+i)b_i \qquad 1\le i\le p'-1$$

$$B_{2p'} = \binom{p-p'}{2} b_o + pb_{p'}$$

$$B_{2p'+1} = \binom{p-p'+1}{2} b_1$$

D'après (6.3), il vient pour les C_j $(0 \le j \le 2p')$

$$C_i = (n+1)b_i \qquad 0 \le i \le p'-1$$

$$C_{p'} = [n(p-p'+1) + p+1]b_o + (n+1)b_{p'}$$

$$C_{p'+i} = n(p-p'+1+i)b_i \qquad 1 \le i \le p'-1$$

$$C_{2p'} = [\binom{p-p'+1}{2}(n+1) + p'(p-p')]b_o + [(n+1)p + (n+p'+1)]b_{p'} \quad .$$

La somme des p' premiers termes de la série η (voir (6.4)) est alors égale à :

$$\sum_{i=0}^{p'-1} C_i \, \bar{t}^{pn+p-p'+1+i} = (n+1) \sum_{i=0}^{p'-1} b_i \, \bar{t}^{pn+p-p'+1+i}$$

$$= (n+1)[b_o \, \bar{t}^{pn+p-p'+1} + b_1 \, \bar{t}^{pn+p-p'+2} + \dots + b_{p'-1} \, \bar{t}^{pn+p}] \quad .$$

D'autre part d'après (6.2)

$$b_o \bar{x}^{p'} y^{p-p'} + \dots + b_{p'} y^p = b_o \, \bar{t}^{np+p-p'} + b_1 \, \bar{t}^{np+p-p'+1} + \dots$$

$$(6.5) \qquad + b_{p'-1} \, \bar{t}^{np+p-1} + [(p-p')b_o + b_{p'}]\bar{t}^{np+p}$$

$$+ \text{ termes d'ordre} > np+p \quad .$$

Si dans (6.5) nous faisons maintenant $b_o = 0$, $b_1 = \bar{b}_o$, $b_2 = \bar{b}_1, \dots, \bar{b}_p = \bar{b}_{p'-1}$, nous trouvons

$$(n+1)[\bar{b}_o \bar{x}^{p'-1} y^{p-p'+1} + \dots + \bar{b}_{p'-1} y^p] =$$

$$= [\bar{b}_o \, \bar{t}^{np+p-p'+1} + \dots + \bar{b}_{p'-1} \, \bar{t}^{np+p}] + \text{ termes d'ordre} > np+p$$

$$= (n+1) \sum_{i=0}^{p'-1} \bar{b}_i \, \bar{t}^{np+p-p'+i+1} + \text{ termes d'ordre} > np+p$$

et dans ce cas nous montrons que

$$\sum_{i=0}^{p'-1} C_i \, \bar{t}^{pn+p-p'+1+i} - (n+1) \sum_{i=0}^{p'-1} \bar{b}_i \, x^{p'-i-1} y^{p-p'+i+1} \text{ est d'ordre} > np+p \, .$$

En comparant cette dernière expression à (6.2) et en utilisant le calcul déjà fait à cet endroit-là on obtient

$$(n+1)\sum_{i=0}^{p'-1} \bar{b}_i\, x^{p'-i-1} y^{p-p'+i+1}$$

$$= (n+1)\sum_{i=0}^{p'-1} \bar{b}_i\, \bar{t}^{pn+p-p'+i+1} + (n+1)\sum_{i=0}^{p'-1} (p-p'+i+1)\bar{b}_i\, \bar{t}^{pn+p+i+1}$$

$$+ (n+1)\binom{p-p'+1}{2}\bar{b}_o\, t^{pn+p+p'+1} + \text{termes d'ordre} > pn+p+p'+1 \ .$$

En conséquence nous trouvons que les $C_{p',p'}, C_{p'+1,p'}, \ldots, C_{2p',p'}$ sont égaux dans ce cas à

$$C_{p',p'} = p'\bar{b}_o + (n+1)\bar{b}_{p'}$$

$$C_{p'+i,p'} = p'\bar{b}_i \qquad 1 \le i \le p'-1$$

$$C_{2p',p'} = p'(p-p')\bar{b}_o + [(p+1)n+p+p'+1]\bar{b}_{p'} + 1 \ .$$

Le déterminant F_p des coefficients est égal à $p'^{p'}[(p'+1)n+2p'+1]$ et donc nul. Ceci achève la démonstration du théorème 6.1.

Lemme 6.6 : Lorsqu'on donne à l'indéterminé a_ν $(n+3 \le \nu \le 2p'+1)$ le poids $\nu-n-1$, le poids F_p est homogène de poids $p'(p'+1)$.

Démonstration : Posons $B_j = \sum_{i=0}^{p'} B_j^i(a) b_i$ $\quad 0 \le j \le 2p'+1$. Montrons d'abord que

(6.7) $\quad B_j^i$ est homogène de poids $j-i$ si $j \ge i$, $B_j^i = 0$ si $j < i$.

□ Si $j < i$, $B_j^i = 0$ d'après la définition même des B_j.

□ Si $j \ge i$, évaluons $B_j(a_{n+3}\rho^2, a_{n+4}\rho^3, \ldots)$: c'est le coefficient de $t^{pn+p-p'+j}$ dans la série :

$$b_o x^{p'}\left[\frac{y(\rho t)}{\rho^{n+1}}\right]^{p-p'} + b_1 x^{p'-1}\left[\frac{y(\rho t)}{\rho^{n+1}}\right]^{p-p'+1} + \ldots + b_{p'}\left[\frac{y(\rho t)}{\rho^{n+1}}\right]^{p}$$

qui peut être réécrite sous la forme suivante :

(6.8) $$b'_o(\rho^n t^n)^{p'}[y(\rho t)]^{p-p'} + \ldots + b'_{p'}[y(\rho t)]^{p}$$

si l'on a posé $b'_i = b_i / \rho^{np+p-p'+i}$ $(0 \le i \le p')$. D'après la définition de B_j la série (6.8) est encore égale à (voir 6.2)

$$\sum_{j=0}^{2p'+1} B_j(b'_o,\ldots,b'_{p'},a_{n+3},\ldots,)(\rho t)^{pn+p-p'+j}$$

$$+ \text{ termes d'ordre} > pn+p+p'+1 \quad .$$

Nous avons donc en identifiant les coefficients des termes en $t^{pn+p-p'+j}$:

$$B_j(b_o,\ldots,b_{p'},a_{n+3}\rho^2,\ \ldots) = \rho^{pn+p+p'+j} B_j(b'_o \ldots b'_{p'},\ a_{n+3}\ldots) \quad .$$

Soit en revenant à la définition des B^i_j :

$$B^i_j(a_{n+3}\rho^2,a_{n+4}\rho^3,\ldots) = \rho^{pn+p-p'+j}\ B^i_j(a_{n+3},a_{n+4},\ldots)/\rho^{pn+p-p'+i}$$

ce qui termine la démonstration de (6.7).

Si nous appelons C^i_j le coefficient de b_i dans C_j nous avons d'après (6.3)

$$C^i_j = 0 \quad \text{si } j < i$$

$$C^i_j = (n+j-1)a_{n+j+1-i}\,B^i_i + (n+j-i)\,a_{n+j-i}\,B^i_{i+1} + \ldots$$

$$+ (n+3)\,a_{n+3}\,B^i_{j-2} + (n+1)\,B^i_j$$

C^i_j est donc homogène de poids j-i.

Par définition $C_{j,1} = C_j - C_o\,a_{n+j+1}$ $(1 \le j \le 2p'+1)$. Les coefficients $C^i_{j,1}$ des b_i $(0 \le i \le p')$ dans $C_{j,1}$ sont donc homogènes de poids j-i pour $j \ge i$ et nuls si $j < i$.

De la même façon (puisque les relations de récurrence qui donnent les $C_{j,k}$ $(1 \le k \le p')$ sont homogènes) les coefficients $C^i_{p'+k,p'}$ $(0 \le i \le p',$ $0 \le k \le p')$ des b_i $(0 \le i \le p')$ dans $C_{p',p'},C_{p'+1,p'},\ldots,C_{2p',p'}$ sont homogènes de poids p'+k-i. Les $C^i_{p'+k,p'}$ $(0 \le i \le p',\ 0 \le k \le p')$ sont les coefficients de la matrice dont F_p est le déterminant.

Un terme de F_p est obtenu en faisant le produit $\varepsilon(\sigma)C^{\sigma(o)}_{p',p'}\ C^{\sigma(1)}_{p'+1,p'} \ldots C^{\sigma(p')}_{2p',p'}$ où σ est une permutation de $(0,1,\ldots,p')$.

Son poids est donc

$$\sum_{k=0}^{p'} p' + k - \sigma(k) = p'(p'+1) \quad .$$

F_p est donc homogène de poids $p'(p'+1)$. Le lemme (6.6) est démontré.

6.9 Remarquons que si $p = n-2$, alors $\bar{p} = p' = 0$ et F_{n-2} est indépendant des quantités $a_{n+3}, a_{n+4}, \ldots, a_{2n-1}$: c'est donc une constante non nulle. D'ailleurs $L_{\bar{p}}$ est alors réduit au seul entier n^2-n-1 et puisque $(n^2-n-1)+n$ est divisible par $n+1$ nous savons (ch. III 2.5 et 2.6) que a_{n^2-n-1} peut être éliminé.

Nous n'avons pas considéré le cas p=1 dans le théorème 6.1. Cependant le résultat est aussi vrai dans ce cas. Si $p = 1$, alors $p = p' = 1$ et les deux premiers éléments de $\overline{L}_1$ sont $n+2$ et $n+3$. Nous avons vu que a_{n+2} pouvait toujours être éliminé ; $F_{\bar{1}} = a_{n+3}$ $(= a_{n+2p'+1}$ avec $p'=1)$.
Si $p = n-3$ alors à nouveau $p' = \bar{p} = 1$, tandis que $L_{\bar{p}}$ est réduit à $\{n^2-2n-2,\ n^2-2n-1\}$. a_{n^2-2n-2} peut toujours être éliminé puisque $(n^2-2n-2)+n$ est divisible par $n+1$, tandis que a_{n^2-2n-1} peut être éliminé si $a_{n+3} \neq 0$ puisque $(n^2-2n-1)-(n+3)$ est divisible par $n+1$.
F_{n-3} est donc égal à a_{n+3} à une constante multiplicative (non nulle) près*.

Plus généralement, remarquons que pour $0 \leq p \leq n-2$, F_p et $F_{\bar{p}} = F_{n-2-p}$ dépendent des mêmes coefficients $a_{n+3}, a_{n+4}, \ldots, a_{n+2p'+1}$ avec $p' = \inf(p, \bar{p})$. Nous posons la question suivante (vérifiée pour $p = 0,1$) : <u>F_p et $F_{\bar{p}}$ sont-ils proportionnels</u> ?

<u>Définition 6.10</u> : Nous dirons qu'une branche C admet une représentation paramétrique <u>canonique</u> si elle peut être définie par :

$$C \left\{ \begin{array}{l} x = t^n \\ y = t^{n+1} + a_{n+3}\, t^{n+3} + \ldots + a_{2n-1}\, t^{2n-1} + \displaystyle\sum_{\nu \in \bigcup_{p=2}^{n-4} \overline{L_p}} a_\nu\, t^\nu \end{array} \right.$$

* Si $p = n-3$, $p' = 1$, F_{n-3} est donc homogène de poids 2. Le seul monôme de poids 2 est a_{n+3}.

avec $a_\nu = 0$ dès que ν est l'un des $p'+1$ premiers éléments de l'ensemble $\overline{L_p}$.

<u>Remarque 6.11</u> : Si $p \geq \frac{n-2}{2}$ alors $\bar{p} = n-2-p \leq \frac{n-2}{2}$, $p' = p$ et $\overline{L_p}$ a exactement $p'+1$ éléments. Si la représentation est canonique nous avons donc :

$$\forall\ \nu \in \overline{L_p} \quad \left(p \geq \frac{n-2}{2}\right) \qquad a_\nu = 0 \ .$$

Si nous posons $q = \left[\frac{n-4}{2}\right]$, une représentation canonique s'écrit alors :

$$\begin{cases} x = t^n \\ y = t^{n+1} + a_{n+3}\, t^{n+3} + \ldots + a_{2n-1}\, t^{2n-1} + \displaystyle\sum_{\nu \in \bigcup_{p=2}^{q} \overline{L_p}} a_\nu\, t^\nu \ . \end{cases}$$

Le théorème 6.1 dit que toute branche générique (i.e. vérifiant $a_{n+3} = F_1 \neq 0$, $F_p(a_{n+3},\ldots,a_{n+2p'+1}) \neq 0$ $2 \leq p \leq n-4$) admet une représentation canonique. Nous allons maintenant montrer le résultat suivant :

<u>Théorème 6.12</u> : Soit $n \geq 5$ et soient C et C' deux branches <u>génériques</u> admettant des représentations <u>canoniques</u> données par :

$$C \begin{cases} x = t^n \\ y = t^{n+1} + a_{n+3}\, t^{n+3} + \ldots + a_{2n-1}\, t^{2n-1} + \displaystyle\sum_{\nu \in \bigcup_{p=2}^{q} \overline{L_p}} a_\nu\, t^\nu \end{cases}$$

$$C' \begin{cases} x' = t^n \\ y' = t^{n+1} + a'_{n+3}\, t^{n+3} + \ldots + a'_{2n-1}\, t^{2n-1} + \displaystyle\sum_{\nu \in \bigcup_{p=2}^{q} \overline{L_p}} a'_\nu\, t^\nu \ . \end{cases}$$

Si C et C' sont analytiquement isomorphes il existe une constante non nulle ρ telle que :

$$a_\nu = a'_\nu\, \rho^{\nu-(n+1)} \quad ; \quad (n+3 \leq \nu) \ .$$

(De façon équivalente il existe un automorphisme φ de $\mathbb{C}[[t]]$ défini par $\varphi(t) = \rho t$; $\rho \neq 0$ tel que $\varphi(\mathcal{O}(C')) = \mathcal{O}(C)$. $\mathcal{O}(C')$ et $\mathcal{O}(C)$ sont les anneaux locaux de C' et C).

<u>Remarque 6.13</u> : Les cas $n = 2,3,4$ qui ne sont pas donnés par le théorème sont triviaux.

□ $n = 2,3$: L'espace des modules a un seul point, et il existe une seule représentation paramétrique canonique $x = t^2$; $y = t^3$ (resp. $x = t^3$; $y = t^4$) cf. 1 ch. V.

□ $n = 4$: L'espace des modules a deux points P_o correspondant à la représentation canonique $x = t^4$; $y = t^5$, P_1 représentant les branches non isomorphes à C_o et associé aux représentations canoniques

$$x = t^4 \quad ; \quad y = t^5 + at^7 \quad (a \neq 0) \quad .$$

Le théorème est vrai dans ce cas, sans restriction de <u>généricité</u>.

<u>Remarque 6.14</u> : Au chapitre V, nous avons prouvé le théorème 6.12, sans restriction de généricité, pour les classes d'équisingularité (5.6) (§ 4) et (6.7) (§ 5 théorèmes 5.4 et 5.5).

Nous posons alors la question suivante : <u>Le théorème 6.12 est-il vrai sans hypothèse de généricité sur C et C'</u> ?

<u>Démonstration du théorème 6.12</u> : Soit $\varphi(t) = c_1 t + c_2 t^2 + \dots \quad (c_1 \neq 0)$ un $\mathbb{C}$-automorphisme de $\mathbb{C}[[t]]$ qui transforme l'anneau local $\mathcal{O}(C')$ en l'anneau local $\mathcal{O}(C)$. Soient ψ et φ_1 les deux automorphismes définis par

$$\psi(t) = c_1 t \quad \text{et} \quad \varphi = \varphi_1 \circ \psi$$

on a donc
$$\varphi_1(t) = t + \frac{c_2}{c_1} t^2 + \frac{c_3}{c_1} t^3 + \dots$$

Soit $\psi(C') = C'_1$. Les équations paramétriques de C'_1 sont

$$\begin{cases} x'_1 = t^n \\ y'_1 = t^{n+1} + c_1^2 a_{n+3} t^{n+3} + \dots + c_1^{n-2} a_{2n-1} t^{2n-1} + \displaystyle\sum_{\nu \in \bigcup_{p=2}^{q} \overline{L_p}} c_1^{\nu-n-1} a'_\nu t^\nu . \end{cases}$$

Cette représentation est canonique. De plus, puisque les F_p sont homogènes (lemme 6.6), C'_1 est générique comme C'. Nous pouvons donc supposer dans le théorème 6.12 que nous avons $c_1 = 1$ ab initio.

Nous pouvons supposer que φ n'est pas l'identité. Soit $\varphi(t) = t + c_h t^h + c_{h+1} t^{h+1} + \ldots \quad h \geq 2 \quad c_h \neq 0$.
Montrons d'abord que $\underline{h > 2}$. Supposons $h = 2$. Alors $\varphi(y') = y + (n+1)c_2 t^{n+2}$ + termes d'ordre $> n+2$ (puisque $a_{n+2} = a'_{n+2} = 0$). Mais $\varphi(y') - y$ est alors de valuation $n+2 \notin \Gamma$ ce qui est en contradiction avec le fait $\varphi(y') - y \in \mathcal{O}(C)$.
Remarquons ensuite que $\varphi(x') - x = nc_h t^{n+h-1}$ + termes d'ordre $> n+h-1$.
Puisque $\varphi(x') - x \in \mathcal{O}(C)$ nous devons avoir

$$(6.15) \qquad n + h - 1 \in \Gamma$$

et par suite $h \geq n+1$ puisque $h \geq 3$ implique $n+h-1 \geq n+2$ et donc $n+h-1 \geq 2n$ puisque Γ ne contient aucun entier compris strictement entre $n+1$ et $2n$.

La différence $\varphi(y') - y$ s'écrit maintenant

$$\varphi(y') - y = \sum_{\nu \geq n+3} (a'_\nu - a_\nu)t^\nu + (n+1)c_h t^{n+h} + \text{termes d'ordre} > n+h \quad .$$

$\varphi(y') - y \in \mathcal{O}(C)$ donc $v[\varphi(y') - y] \in \Gamma$. Si $a'_\nu - a_\nu \neq 0$ l'un de deux coefficients a_ν ou a'_ν n'est pas nul et par suite $\nu \notin \Gamma$. Finalement nous obtenons

$$(6.16) \qquad \begin{cases} v[\varphi(y') - y] = n + h \in \Gamma \\ \forall \; \nu < n+h \; : \; a_\nu = a'_\nu \quad . \end{cases}$$

Puisque $h \geq n+1$, $n+h \geq 2n+1$ et $n+h$ appartient donc à l'un des L_p pour $p \geq 2$.

□ $p \geq \frac{n-2}{2}$. Nous savons déjà que, dans ce cas, (remarque 6.11) $a_\nu = a'_\nu = 0$ pour tous les $\nu \in \overline{L_s}$ $s \geq \frac{n-2}{2}$.
Si $s < \frac{n-2}{2}$, alors $s < p$.
$\forall\, k \in \overline{L_s}$, $k < pn$, en particulier $k < n+h$ (puisque $n+h \in L_p$). Pour tous les entiers $\nu \in \overline{L_s}$ nous avons encore $a_\nu = a'_\nu$ par 6.16.
Nous avons donc prouvé que $C = C'$.

□ $p < \frac{n-2}{2}$. Nous avons alors $p = p' = \inf(p, n-2-p)$. D'après 6.15 et 6.16

les deux entiers $n+h-1$ et $n+h$ appartiennent à Γ. Puisque $n+h \in L_p$, $n+h-1 \in L_p$. Mais $n+h-1 = v(\varphi(x') - x) = v[(\varphi(t))^n - t^n] \in L_p$. Nous pouvons donc écrire

$$(6.17) \quad (\varphi(t))^n - t^n = -n(b_o x^p + b_1 x^{p-1} y + \dots + b_p y^p) + \text{termes d'ordre supérieur à } p+1 \text{ en } x \text{ et } y$$

où $b_o, b_1, \dots, b_p$ ne sont pas tous nuls.
En comparant (6.17) à (6.2) et en remarquant que $v(x^{p+1}) = (p+1)n > pn+2p+1 = pn+p+p'+1$ puisque $p = p'$, nous obtenons :

$$(\varphi(t))^n = t^n - n \sum_{j=0}^{2p+1} B_j \, t^{pn+j} + \text{termes d'ordre} > pn+2p+1$$

où les B_j $(0 \leq j \leq 2p+1)$ sont les formes linéaires en les $b_o \dots b_p$ introduits dans la démonstration de 6.1.
En suivant la démonstration de 6.1 nous trouvons cette expression de t au moyen de $\varphi(t) = \bar{t}$:

$$(6.18) \qquad t = \bar{t} + \sum_{j=0}^{2p+1} B_j \, \bar{t}^{(p-1)n+j+1} + \text{termes d'ordre} > (p-1)n+2p+2$$

puis, toujours d'après 6.1 :

$$y = \bar{t}^{n+1} + a_{n+3} \, \bar{t}^{n+3} + \dots + a_{2n-1} \, \bar{t}^{2n-1} + \sum_{\nu \in \bigcup_{p=2}^{q} \overline{L_p}} a_\nu \, t^\nu$$

$$+ \sum_{j=1}^{2p+1} C_j \, t^{pn+j+1} + \text{termes d'ordre} > pn+2p+2 \quad .$$

D'autre part $y - \varphi(y') = \xi \in \mathcal{O}(C)$, $v(\xi) = n+h$. Comme $n+h-1$ est aussi dans L_p, nous pouvons affirmer que, si $\bar{x} = \bar{t}^n = \varphi(x)$

$$n+h \in \{v(\bar{x}^{p-1}y), v(\bar{x}^{p-2}y^2), \dots, v(y^p)\} \quad .$$

Il existe donc p constantes $\bar{b}_1, \bar{b}_2, \dots, \bar{b}_p$, non toutes nulles telles que

$$\xi = \bar{b}_1 \bar{x}^{p-1} y + \bar{b}_2 \bar{x}^{p-2} y^2 + \dots + \bar{b}_p y^p + \text{termes d'ordre} > n(p+1) \quad .$$

En effet $\xi - (\bar{b}_1 \bar{x}^{p-1} y + \dots + \bar{b}_p y^p) \in \mathcal{O}(C)$.

Finalement

$$y-(\bar{b}_1\bar{x}^{p-1}y+\bar{b}_2\bar{x}^{p-2}y^2+\ldots+\bar{b}_p y_p)=$$

$$\bar{t}^{n+1}+a'_{n+3}\bar{t}^{n+3}+\ldots+a'_{2n-1}\bar{t}^{2n-1}+\sum_{\nu\in\bigcup_{h=2}^{q}\overline{L_h}} a'_\nu\,\bar{t}^\nu+$$

$$+\text{ termes d'ordre} > (n+1)p \quad .$$

Mais, comme $p>\frac{n-2}{2}$ $pn+n > pn+2p+2$. L'égalité précédente est donc vraie aussi modulo des termes d'ordre supérieur à $pn+2p+2$.
Le membre de droite de l'égalité précédente ne contient pas de termes d'ordre égal à l'un des $p+1$ premiers éléments de $\overline{L_p}$. En effet la représentation paramétrique de C' est mise sous forme canonique.

A partir de la représentation de C nous avons effectué les opérations suivantes :

- changement de paramètre défini par (6.18)
- changement de variable $\bar{y}=y-(b_1\bar{x}^{p-1}y+\ldots+b_p y^p)$
  $\bar{x}=\bar{t}^n$.

Nous obtenons alors une représentation canonique de C. Cependant, comme C est générique, le théorème 6.1 nous dit que le système des $b_o, b_1,\ldots,b_p$ est unique. Comme le système $b_o=b_1=\ldots=b_p=0$ convient, nous obtenons là une contradiction qui achève la démonstration du théorème 6.12.

***

Appendice

par B. TEISSIER

C O N T E N U

* * *

Introduction

Dans l'étude de l'espace des modules des branches planes ayant une seule paire caractéristique $(\bar{\beta}_o,\bar{\beta}_1)$, un point important [cf. chap. VI du cours de Zariski, où $(\bar{\beta}_o,\bar{\beta}_1)$ est noté (n,m)] est que toute branche plane ayant pour caractéristique $(\bar{\beta}_o,\bar{\beta}_1)$ est déformation de la branche $C_o : Y^{\bar{\beta}_o} - X^{\bar{\beta}_1} = 0$, et que l'on obtient ainsi une application surjective

$$m : \mathbb{C}^N \longrightarrow M$$

où $\mathbb{C}^N$ est la base de la déformation miniverselle équisingulière (Eqs Defr C_o du chap. VI) de C_o, et M l'espace des modules de Zariski correspondant à $(\bar{\beta}_o,\bar{\beta}_1)$, et m possède la propriété que sa restriction à tout voisinage de 0 est surjective (cours, chap. VI, 2.4).

Or, un théorème général ["d'économie" des déformations miniverselles, cf. Annexe, 2.7] permet d'affirmer que $\mathbb{C}^N$ mérite le nom d'espace des modules locaux pour C_o, et donc nous sommes dans la situation très agréable où notre espace des modules (globaux) est quotient d'un espace des modules locaux. On peut alors appliquer les théorèmes généraux sur les déformations miniverselles, et en particulier le Théorème de décomposition en produit [Annexe, 2.1] pour étudier l'application m, et donc M. [Comparer au cours, chap. VI, 2.5 à 2.7.] Le théorème de décomposition en produit est une version implicite et imprécise, mais générale, des théorèmes permettant d'éliminer certains coefficients des développements de Puiseux sans changer le type analytique, dus à Zariski (cf. chap. IV, § 3 du cours).

Le but initial de cet appendice était de bien dégager ces deux théorèmes, d'économie et de décomposition en produit, et leur utilisation dans le cours. Cependant ils ne se trouvent qu'au chapitre III (Annexe) de cet appendice car je me suis laissé entraîner à construire au chapitre I un espace des modules locaux dont l'espace des modules des branches (planes ou non) ayant un semi-groupe Γ donné est un quotient, et à utiliser cette construction pour l'étude de cet espace des modules au chapitre II. [Souvenons-nous que deux branches planes sont équisingulières si et seulement si elles ont même semi-groupe, (cf. chapitre II du cours) et donc le fait d'avoir même semi-groupe est une généralisation possible de l'équisingularité aux branches non planes.] Ceci éclaire me semble-t-il les constructions du chapitre VI du cours et l'utilisation des deux théorèmes cités plus haut. De plus, on obtient ainsi une compactification naturelle de l'espace des modules de branches planes ayant une caractéristique donnée.

Le point fondamental est que le rôle tenu par $C_o : Y^{\bar\beta_o} - X^{\bar\beta_1} = 0$ dans le chapitre VI du cours est maintenant tenu par la courbe monômiale $C^\Gamma \subset \mathbb{C}^{g+1}$ donnée paramétriquement par : $u_i = t^{\bar\beta_i}$ $(0 \le i \le g)$, où les $\bar\beta_i$ forment un système minimal de générateurs du semi-groupe Γ associé à la classe d'équisingularité envisagée (cf. chap. II du cours) ; ce point est établi, et quelques conséquences en sont tirées, au chapitre I. Au chapitre II, j'utilise le fait que deux branches planes sont équisingulières si et seulement si elles ont même semi-groupe Γ pour montrer que l'espace des modules de Zariski est un ouvert dense d'un quotient quasi-compact de l'espace des modules locaux D_Γ de C^Γ et, au paragraphe 3, qui est la motivation de tout ceci, j'utilise le fait que D_Γ est lisse pour montrer comment l'on peut définir la composante générique de l'espace des modules par des considérations de semi-continuité, sans obtenir, malheureusement, de renseignements sur la dimension de cette composante générique. Enfin, je montre comment ce travail-ci est relié au travail de Pinkham [Pi], qui m'a été utile.

De nombreuses conversations avec M. Merle m'ont été d'une grande aide, en plus bien sûr de la stimulation du cours de Zariski lui-même. J'espère que ce travail sera utile pour des calculs effectifs de dimension des composantes génériques d'espaces de modules.

Les références telles que (VI, 3.2) renvoient au cours de Zariski, chap. VI, § 3, No 2, et celles comme [Pi] renvoient à la bibliographie placée à la fin de cet appendice. Enfin, (App., chap. I, 2.11) est une référence au chap. I de cet appendice.

Je me suis efforcé de rendre la rédaction assez autonome, ce qui excuse peut-être un peu sa longueur.

*
* *

Chapitre I:

La courbe monomiale C^Γ et ses déformations

1. La courbe monomiale C^Γ.

1.1. Soit $\mathcal{O}$ ($=\mathcal{O}_{C,0}$) l'algèbre analytique d'un germe analytiquement irréductible de courbe (= d'une branche) $(C,0)\subset(\mathbb{C}^k,0)$. Le morphisme de normalisation de $\mathcal{O}$ peut s'écrire par une injection $\mathcal{O}\overset{i}{\hookrightarrow}\mathbb{C}\{t\}$, et s'interprète géométriquement comme paramétrisation de C au voisinage de 0. On notera v la valuation (t)-adique de $\mathbb{C}\{t\}$, et $\Gamma\subset\mathbb{Z}_+$ le semi-groupe attaché à $\mathcal{O}$:

$$\Gamma=\{v(\xi)\ ;\ \xi\in\mathcal{O}\}\quad .$$

Je dirai aussi que la branche (C,0) a pour semi-groupe Γ.

Puisque $\mathcal{O}$ est une algèbre analytique, $\mathbb{C}\{t\}$ est en fait un $\mathcal{O}$-module de type fini, contenu dans le corps des fractions de $\mathcal{O}$, comme dans le cas des branches planes (II, § 1) et il existe un plus petit entier c, le conducteur, tel que $t^c.\mathbb{C}\{t\}\subset\mathcal{O}$. Ainsi Γ contient tous les entiers $\geq c$, et donc $\mathbb{Z}_+-\Gamma$ est fini. [On peut, pour vérifier ceci, montrer qu'une projection linéaire $\mathbb{C}^k\to\mathbb{C}^2$ "suffisamment générale" envoie C sur une branche plane $(C',0)\subset(\mathbb{C}^2,0)$ dont l'algèbre $\mathcal{O}'$ est une sous-algèbre de $\mathcal{O}$ ayant même corps de fractions, et appliquer alors II, § 2 à C'].

Je noterai $\mathfrak{M}$ l'idéal maximal de $\mathcal{O}$, et $\overline{\overline{\mathfrak{M}}}^i$ l'idéal des éléments de $\mathcal{O}$ de valuation (t)-adique $\geq$ i :

$$\overline{\overline{\mathfrak{M}}}^i=\{\xi\in\mathcal{O}\ /\ v(\xi)\geq i\}\quad .$$

On obtient ainsi une filtration de $\mathcal{O}$:

$$\mathcal{O}=\overline{\overline{\mathfrak{M}}}^0\supsetneq\overline{\overline{\mathfrak{M}}}^1\supseteq\ldots\supseteq\overline{\overline{\mathfrak{M}}}^i\supseteq\overline{\overline{\mathfrak{M}}}^{i+1}\supseteq\ldots$$

1.1.1. Je rappelle qu'une filtration $\mathfrak{J}$ d'un anneau $\mathcal{O}$ est la donnée d'une suite décroissante (au sens large) de sous-groupes additifs de $\mathcal{O}$:

$$\mathfrak{J} : \mathcal{O} = \mathfrak{J}_o \supseteq \mathfrak{J}_1 \supseteq \cdots \supseteq \mathfrak{J}_i \supseteq \mathfrak{J}_{i+1} \supseteq \cdots$$

vérifiant $\mathfrak{J}_i \cdot \mathfrak{J}_j \subseteq \mathfrak{J}_{i+j}$. Si $\bigcap_{i \in \mathbb{Z}_+} \mathfrak{J}_i = 0$ on dit que la filtration est séparée. On supposera $\mathfrak{J}_1 \neq \mathcal{O}$.
On remarque que puisque $\mathfrak{J}_o = \mathcal{O}$, $\mathfrak{J}_i$ est en fait un idéal de $\mathcal{O}$. Si $\xi \in \mathfrak{J}_i - \mathfrak{J}_{i+1}$, on dit que ξ est d'ordre i , et l'on note $\nu_{\mathfrak{J}}(\xi) = i$, et $in_{\mathfrak{J}}\xi$ (forme initiale de ξ relative à $\mathfrak{J}$) l'image de ξ dans $\mathfrak{J}_i / \mathfrak{J}_{i+1}$. En fait la multiplication de $\mathcal{O}$ induit sur $gr_{\mathfrak{J}}\mathcal{O} = \bigoplus_{i \in \mathbb{Z}_+} \mathfrak{J}_i / \mathfrak{J}_{i+1}$ une structure d'algèbre graduée "gradué associé à l'anneau filtré $(\mathcal{O},\mathfrak{J})$" et $in_{\mathfrak{J}}\xi$ est un élément de degré égal à l'ordre de ξ.
(Je suppose connu [Bourbaki, Alg. Comm. chap. III, §§ 1, 2, surtout § 2 No 4]).

1.1.2. Par ailleurs, $\mathbb{Z}_+ - \Gamma$ étant fini, on peut trouver un système minimal de générateurs $(\bar{\beta}_o,\ldots,\bar{\beta}_g)$ [minimal en ce sens qu'aucun des $\bar{\beta}_i$ n'appartient au semi-groupe engendré sur $\mathbb{Z}_+$ par les autres] tel que $0 < \bar{\beta}_o < \ldots < \bar{\beta}_g$, et le p.g.c.d. des $\bar{\beta}_i$ est 1. De plus, ce système de générateurs est uniquement déterminé par Γ. [J'ai repris les notations de II, § 3, à ceci près que $\bar{\beta}_o$ y est noté n].
Pour fixer les notations, je rappelle que l'on définit par récurrence $\bar{\beta}_i$ comme le plus petit élément non nul de Γ n'appartenant pas au semi-groupe engendré par $\bar{\beta}_o,\ldots,\bar{\beta}_{i-1}$ (qui sera noté $<\bar{\beta}_o,\ldots,\bar{\beta}_{i-1}>$), et aussi une suite d'entiers $e_i = (e_{i-1},\bar{\beta}_i)$ $(e_o = \bar{\beta}_o)$ et enfin une suite d'entiers n_i par : $e_{i-1} = n_i . e_i$. On a donc :

$$\bar{\beta}_o = n_1 \ldots . n_g \quad .$$

1.2. Soit donc $\Gamma = <\bar{\beta}_o,\ldots,\bar{\beta}_g>$ un semi-groupe tel que $\mathbb{Z}_+ - \Gamma$ soit fini, i.e. $(\bar{\beta}_o,\ldots,\bar{\beta}_g) = 1$. Considérons la courbe affine $C^\Gamma \subset \mathbb{C}^{g+1}$ définie par la représentation paramétrique :

$$\underline{C^\Gamma : u_i = t^{\bar{\beta}_i} \qquad 0 \leq i \leq g} \quad .$$

On peut faire les remarques suivantes :

<u>1.2.1.</u> L'algèbre affine $\mathbb{C}[C^{\Gamma}]$ de C^{Γ} est l'image dans $\mathbb{C}[t]$ du morphisme $\varphi : \mathbb{C}[u_o,\dots,u_g] \to \mathbb{C}[t]$ défini par $\varphi(u_i) = t^{\bar\beta_i}$. C'est dire que :
$\mathbb{C}[C^{\Gamma}] = \mathbb{C}[t^h ; h \in \Gamma] = \mathbb{C}[t^{\bar\beta_o},\dots,t^{\bar\beta_g}] \subset \mathbb{C}[t]$ est de façon naturelle une sous-algèbre graduée de $\mathbb{C}[t]$.

<u>1.2.2.</u> C^{Γ} est irréductible, et même, son germe (au sens analytique) en 0 est analytiquement irréductible, puisque $(\bar\beta_o,\dots,\bar\beta_g) = 1$, et de plus $(C^{\Gamma},0)$, considéré comme branche, a pour semi-groupe Γ (1.1). En effet :

$$\mathcal{O}_{C^{\Gamma},0} = \mathbb{C}\{t^{\bar\beta_o},\dots,t^{\bar\beta_g}\} \hookrightarrow \mathbb{C}\{t\}$$

a clairement pous semi-groupe Γ. Ceci montre qu'un tel Γ est le semi-groupe d'au moins une branche.

<u>1.2.3.</u> L'algèbre graduée, notée $\overline{gr_{\mathfrak{M}}\mathcal{O}}$, associée à l'algèbre analytique $\mathcal{O}$ d'une branche ayant pour semi-groupe Γ et à la filtration par les $\overline{\mathfrak{M}}^i$ (1.1) est isomorphe en tant qu'algèbre graduée à $\mathbb{C}[C^{\Gamma}]$.
[Ceci a été démontré pour la première fois par Monique Lejeune-Jalabert, pour des branches planes, voir [L.T$_2$]. $\overline{gr_{\mathfrak{M}}\mathcal{O}}$ est un cas particulier des gradués étudiés systématiquement dans [L.T$_2$].]

<u>Preuve de 1.2.3</u> : Remarquons tout d'abord que $\overline{gr_{\mathfrak{M}}\mathcal{O}}$ est intègre, puisque $v(\xi.\eta) = v(\xi) + v(\eta)$. Par ailleurs, d'après la définition de Γ et des $\bar\beta_i$, il existe des éléments $\xi_i \in \mathcal{O}$ $(0 \le i \le g)$ tels que l'on ait dans $\mathbb{C}\{t\}$:

$$\xi_i = t^{\bar\beta_i} + \sum_{j>\bar\beta_i} \gamma_{i,j}\, t^j \qquad (\gamma_{i,j} \in \mathbb{C}) \quad .$$

Le fait que la filtration par les $\overline{\mathfrak{M}}_i$ de $\mathcal{O}$ soit induite via $i : \mathcal{O} \hookrightarrow \mathbb{C}\{t\}$ par la filtration par les $(t)^i$ de $\mathbb{C}\{t\}$ nous donne un morphisme :

$$gr_{(t)}i : \overline{gr_{\mathfrak{M}}\mathcal{O}} \longrightarrow gr_{(t)}\mathbb{C}\{t\} = \mathbb{C}[t]$$

dont on voit immédiatement qu'il est injectif. Ainsi, $\overline{gr_{\mathfrak{M}}\mathcal{O}}$ est un sous-anneau gradué de $\mathbb{C}[t]$, qui bien sûr contient les $t^{\bar\beta_i} = \mathrm{in}_{\overline{\mathfrak{M}}}\xi_i$. On a donc :

$$\mathbb{C}[C^{\Gamma}] = \mathbb{C}[t^{\bar\beta_o},\dots,t^{\bar\beta_g}] \overset{j}{\hookrightarrow} \overline{gr_{\mathfrak{M}}\mathcal{O}} \subset \mathbb{C}[t] \quad .$$

Il reste à voir que j est surjectif. Ceci résulte du fait que les $\bar\beta_i$ engendrent Γ, comme suit : soit $\text{in}_{\overline{\mathfrak{M}}}\xi \in \overline{\text{gr}}_{\mathfrak{M}}\mathcal{O}$ la forme initiale de $\xi \in \mathcal{O}$. Par définition de Γ, $v(\xi) \in \Gamma$ et donc $v(\xi) = \sum_{i=0}^{g} a_i\bar\beta_i$, $a_i \in \mathbb{Z}_+$. Il existe donc $c \in \mathbb{C}^*$ tel que $v(\xi - c\,\xi_o^{a_o}\dots\xi_g^{a_g}) > v(\xi)$, donc

$$\text{in}_{\overline{\mathfrak{M}}}\xi = \text{in}_{\overline{\mathfrak{M}}}c.\xi_o^{a_o}\dots\xi_g^{a_g} = c.t^{a_o\bar\beta_o}\dots\dots t^{a_g\bar\beta_g} \in \mathbb{C}[t^{\bar\beta_o},\dots,t^{\bar\beta_g}]$$

ce qui montre la surjectivité de j, et achève la preuve de 1.2.3.

__1.2.4. Corollaire__ [L.T_2] : L'algèbre graduée $\overline{\text{gr}}_{\mathfrak{M}}\mathcal{O}$ de l'algèbre $\mathcal{O}$ d'une branche (C,0) (par rapport à la filtration par les $\overline{\mathfrak{M}}^i$) ne dépend que du semi-groupe Γ de (C,0) (et le détermine).
En particulier, deux branches planes sont équisingulières si et seulement si les algèbres graduées correspondantes sont isomorphes en tant qu'algèbres graduées.
[En effet, deux branches planes sont équisingulières si et seulement si elles ont même semi-groupe Γ (II, § 3).]

__1.3.__ __Théorème 1__ : Toute branche (C,0) ayant pour semi-groupe Γ apparaît, à isomorphisme près, comme fibre générique d'une déformation analytique complexe à un paramètre de $(C^\Gamma,0)$.
Remarquons que la fibre générique d'une déformation n'est pas en général définie sur $\mathbb{C}$, ou analytique complexe, et l'énoncé ci-dessus est une abréviation pour l'énoncé que voici : Il existe une déformation $p : (X,0) \to (\mathbb{D},0)$ de $(C^\Gamma,0)$ [= germe de morphisme plat, où $\mathbb{D} = \{v \in \mathbb{C} / |v| < 1\}$, et $(p^{-1}(0),0)$ est analytiquement isomorphe à $(C^\Gamma,0)$] munie d'une section σ telle que pour tout $v \in \mathbb{D} - \{0\}$ $(p^{-1}(v),\sigma(v))$ soit analytiquement isomorphe à (C,0), pour tout représentant assez petit du germe de morphisme p.

Je vais donner deux démonstration de 1.3. La première est formelle, et repose sur 1.2.3. La seconde est élémentaire, et plus courte (1.10). Le théorème 1 généralise (VI, 2.1).

__1.4.__ Soit $\mathcal{O} = \mathfrak{J}_o \supseteq \mathfrak{J}_1 \supseteq \dots \supseteq \mathfrak{J}_i \supseteq \mathfrak{J}_{i+1} \supseteq \dots$ un anneau (commutatif unitaire) filtré. Etendons la définition des $\mathfrak{J}_i$ à $i \le 0$ en posant $\mathfrak{J}_i = \mathcal{O}$ pour $i \le 0$ (seule possibilité pour respecter $\mathfrak{J}_{i+1} \subset \mathfrak{J}_i$) et considérons l'algèbre graduée de type $\mathbb{Z}$:

$$A = \bigoplus_{i \in \mathbb{Z}} \mathfrak{J}_i \,.\, v^{-i} \subset \mathcal{O}[v, v^{-1}] \;.$$

On peut faire les observations suivantes :

<u>1.4.1.</u> Il existe un homomorphisme gradué

$$\Phi : A \to gr_{\mathfrak{J}}\mathcal{O} = \bigoplus_{i \geq 0} \mathfrak{J}_i / \mathfrak{J}_{i+1}$$

défini comme suit :

$$\Phi(\Sigma\, \zeta_i \,.\, v^{-i}) = \Sigma\, in_{\mathfrak{J}} \zeta_i$$

en effet, dire que $\Sigma\, \zeta_i . v^{-i} \in A$, c'est dire que $\zeta_i \in \mathfrak{J}_i$ pour tout i, et $in_{\mathfrak{J}} \zeta_i \in \mathfrak{J}_i / \mathfrak{J}_{i+1}$. Φ est donc bien défini, si l'on remarque que $\mathfrak{J}_i / \mathfrak{J}_{i+1} = 0$ pour $i < 0$.
De plus, par raison d'homogénéité, $\Phi(\Sigma\, \zeta_i . v^{-i}) = 0$ si et seulement si $in_{\mathfrak{J}} \zeta_i = (0)$ pour tout i, i.e. $\zeta_i \in \mathfrak{J}_{i+1}$, ce qui signifie encore que $\Sigma\, \zeta_i . v^{-i-1} \in A$, donc que en fait $\Sigma\, \zeta_i . v^{-i} \in v.A$, et réciproquement. Ceci signifie que $\mathrm{Ker}\, \Phi = v.A$. Comme par ailleurs Φ est évidemment surjectif, Φ induit un isomorphisme d'algèbres graduées :

$$\underline{\bar{\Phi} : A/v.A \xrightarrow{\sim} gr_{\mathfrak{J}}\mathcal{O}} \;.$$

<u>1.4.2.</u> $A \supset \mathcal{O}[v]$, et en fait $\mathcal{O}[v]$ est l'ensemble des éléments de degré ≤ 0 de A.
Nous considèrerons désormais A comme $\mathcal{O}[v]$-algèbre.

<u>1.4.3.</u> Tout élément du $\mathcal{O}[v]$-module $A/\mathcal{O}[v]$ est annulé par une puissance de v.
En effet, si $\alpha = \sum_{i=i_0}^{i=i_1} \zeta_i . v^{-i}$, $v^{i_1} . \alpha \in \mathcal{O}[v]$.

<u>1.4.4.</u> Si la $\mathcal{O}$-algèbre graduée $\bigoplus_{i \geq 0} \mathfrak{J}_i$ est de type (resp. de présentation) fini(e), il en est de même de la $\mathcal{O}[v]$-algèbre A.
En effet, l'hypothèse signifie que l'on peut trouver une surjection graduée de $\mathcal{O}$-algèbres graduées

$$\mathcal{O}[T_1, \ldots, T_N] \xrightarrow{\pi} \bigoplus_{i \geq 0} \mathfrak{J}_i \,.\, v^{-i}$$

(resp. dont le noyau I est de type fini).
Alors, le morphisme de $\mathcal{O}$-algèbres :

$$\mathcal{O}[v,T_1,\ldots,T_N] \xrightarrow{\tilde{\pi}} A$$

défini par : $\tilde{\pi}(T_i) = \pi(T_i)$; $\tilde{\pi}(v) = v$ est aussi gradué surjectif, ce qui montre que A est de type fini comme $\mathcal{O}$-algèbre en fait. De plus, le noyau de $\tilde{\pi}$ est engendré par I, ce qui décide de la présentation finie.

1.4.5. A tout élément $v_o \in \mathcal{O}^*$ (élément inversible de $\mathcal{O}$) on peut associer un morphisme : $e_{v_o} : A \to \mathcal{O}$ défini par : $e_{v_o}(\Sigma\, \zeta_i . v^{-i}) = \Sigma\, \zeta_i . v_o^{-i} \in \mathcal{O}$, dont on voit que le noyau est $(v - v_o).A$, et qui est bien sûr surjectif, fournissant un isomorphisme :

$$\bar{e}_{v_o} : A/(v-v_o)A \xrightarrow{\sim} \mathcal{O} .$$

1.5. Plus particulièrement, supposons que $\mathcal{O}$ contienne un corps k. On peut alors considérer A comme k[v]-algèbre via l'inclusion naturelle $k[v] \subset \mathcal{O}[v]$. A étant sans k[v]-torsion, comme il est apparent, on en déduit [S.G.A. I 1960-61 (I.H.E.S.)] que A est un k[v]-module plat, ou, géométriquement, que le morphisme :

$$F : \mathrm{Spec}\ A \longrightarrow \mathbb{A}^1(k) = \mathrm{Spec}\ k[v] \qquad \text{(droite affine)}$$

correspondant à $k[v] \subset A$, est plat. De plus, d'après 1.4.5, pour tout $v_o \in k^* \subseteq \mathbb{A}^1(k) - \{0\}$, on a un isomorphisme

$$\begin{cases} F^{-1}(v_o) \simeq \mathrm{Spec}\ \mathcal{O} \ , & \text{tandis que d'après 1.4.1} \\ F^{-1}(0) \simeq \mathrm{Spec}\ \mathrm{gr}_{\mathfrak{I}}\mathcal{O} \ , & \text{où } 0 \in \mathbb{A}^1(k) \text{ est l'origine} \ . \end{cases}$$

1.6. Supposons de plus que $\mathcal{O}$ soit un anneau local d'idéal maximal $\mathfrak{M}$, dont $k \subset \mathcal{O}$ est un corps de représentants. (i.e. le composé $k \hookrightarrow \mathcal{O} \to \mathcal{O}/\mathfrak{M}$ est l'identité de k).
Notant S l'idéal de A engendré par :

$$\left(\sum_{i \geq 1} \mathfrak{I}_i . v^{-i} \ , \ \sum_{i \leq 0} \mathfrak{M} . v^{-i} \right)$$

on peut vérifier que l'application $\sigma^*: A \to k[v]$ définie par :

$$\sigma^*\left(\sum_{i=i_o}^{i=i_1} \zeta_i . v^{-i}\right) = \sum_{\substack{i=i_o \\ i\leq 0}}^{i=i_1} \overline{\zeta}_i . v^{-i}$$

(où $\overline{\zeta}_i$ est l'image de ζ_i dans $\mathcal{O}/\mathfrak{M} = k$) est en fait un homomorphisme d'anneaux, parce que $\mathfrak{F}_i \subseteq \mathfrak{M}$ pour $i \geq 1$, $\mathfrak{F}_i$ étant un idéal non trivial de $\mathcal{O}$. On vérifie aussi sans difficulté que σ^* est surjective, de noyau S, et que le morphisme composé :

$$k[v] \subset \mathcal{O}[v] \subset A \xrightarrow{\sigma^*} k[v]$$

est l'identité.

Géométriquement, σ^* correspond à une section σ du morphisme $F : \mathrm{Spec}\ A \to \mathbb{A}^1(k)$ de 1.5. Ainsi, nous disposons de

$$F : \mathrm{Spec}\ A \overset{\sigma}{\rightleftarrows} \mathbb{A}^1(k)$$

où F est plat, et pour tout $v_o \in k^* \subseteq \mathbb{A}^1(k) - \{0\}$ l'anneau local de $F^{-1}(v_o)$ au point $\sigma(v_o)$ est $\mathcal{O}$, d'après 1.4.5, et le fait que $e_{v_o}(S) = \mathfrak{M} \subset \mathcal{O}$, pour tout $v_o \in k^*$. Si k est algébriquement clos $k^* = \mathbb{A}^1(k) - \{0\}$. En fait, nous pouvons bien nous ramener à ce cas en faisant subir à F le changement de base $\mathrm{Spec}\ \bar{k}[v] \to \mathrm{Spec}\ k[v] = \mathbb{A}^1(k)$.

<u>1.7.</u> En résumé nous avons montré que :

"Tout anneau contenant un corps est déformation de son gradué par rapport à n'importe quelle filtration".

Plus précisément, en combinant divers résultats de 1.4 :

<u>1.7.1.</u> <u>Théorème 2</u>* : Etant donnés un anneau commutatif unitaire $\mathcal{O}$ contenant un corps k, et une filtration $\mathfrak{F} : \mathcal{O} = \mathfrak{F}_0 \supseteq \dots \supseteq \mathfrak{F}_i \supseteq \mathfrak{F}_{i+1} \supseteq \cdots$ de $\mathcal{O}$, il existe un morphisme plat :

---

* Pendant la rédaction, j'ai appris de D. Eisenbud et S. Kleiman qu'un tel résultat n'était pas nouveau. S. Kleiman m'a communiqué la référence suivante : M. Gerstenhaber, On the deformations of rings and algebras, Ann. of Math., Vol. 79 No 1 (1964). Le point de vue de cet article est cependant très différent de celui qui est le mien ici.

$$F : \mathrm{Spec}\ A \longrightarrow \mathbb{A}^1(k)$$

tel que pour tout $v_o \in k^* \subseteq \mathbb{A}^1(k) - \{0\}$,

$$F^{-1}(u_o) \simeq \mathrm{Spec}\ \mathcal{O} \quad , \quad \text{et que}$$

$$F^{-1}(0) \simeq \mathrm{Spec}\ gr_{\mathfrak{F}}\mathcal{O} \ .$$

Et d'une part 1.4.4 nous montre que si $\mathcal{O}$ est une k-algèbre de type fini (i.e. "géométrique sur k") il en est de même de A, et d'autre part, 1.6 précise les conditions d'existence d'une section de F. Enfin, 1.4.3 exprime ce qui est vrai même si $\mathcal{O}$ ne contient pas de corps, i.e. $A \underset{\mathcal{O}[v]}{\otimes} \mathcal{O}(v) \simeq \mathcal{O}(v)$.

<u>1.7.2.</u> <u>Remarque</u> : Le lecteur verra tout de suite que la commutativité n'a été utilisée que pour simplifier l'écriture.

<u>1.8.</u> En particulier, si $\mathcal{O}$ est une algèbre analytique, correspondant à un germe d'espace analytique (W,w), et si $\mathfrak{F}$ est une filtration de présentation finie au sens de 1.4.4, l'argument de 1.4.4, et l'existence de Specan (Séminaire Cartan 60-61, exposés de Houzel, Publ. de l'I.H.P.) montrent que l'on peut construire un morphisme d'espaces analytiques complexes

$$\mathrm{Specan}_{W\times\mathbb{C}}\ A \longrightarrow W \times \mathbb{C}$$

pour un représentant W assez petit de (W,w), et munir par 1.6 le morphisme composé $F : \mathrm{Specan}_{W\times\mathbb{C}}\ A \longrightarrow W\times\mathbb{C} \xrightarrow{pr_2} \mathbb{C}$ d'une section σ, de telle façon que

1) $F : (\mathrm{Specan}_{W\times\mathbb{C}}\ A, 0) \overset{\sigma}{\leftrightarrows} (\mathbb{C},0)$ soit plat

2) $(F^{-1}(v_o), \sigma(v_o)) \xrightarrow{\sim} (W,w)$ pour tout $v_o \in \mathbb{C} - \{0\}$ (dans un représentant assez petit du germe de F)

3) $(F^{-1}(0), \sigma(0))$ est l'espace analytique associé au germe en 0 de l'espace "algébrique affine au-dessus de W" $\mathrm{Specan}_W\, gr_{\mathfrak{F}}\mathcal{O}$.

Je rappelle que $gr_{\mathfrak{F}}\mathcal{O}$ est une $\mathcal{O}$-algèbre graduée de présentation finie.puisque $\mathfrak{F}$ est de présentation finie par hypothèse, et que $gr_{\mathfrak{F}}\mathcal{O}$ est un quotient de $\bigoplus_{i\geq 0} \mathfrak{F}_i \underset{\mathcal{O}}{\otimes} \mathcal{O}/\mathfrak{F}_1$.

<u>1.8.1.</u> <u>Remarque</u> : L'extension de 1.4 aux faisceaux d'algèbres filtrés permet par exemple de construire une déformation d'immersions dont la fibre générique est une immersion donnée $Y \hookrightarrow X$ définie par un $\mathcal{O}_X$-Idéal $\mathfrak{J}$, et la fibre spéciale $Y \hookrightarrow C_{X,Y}$, où $C_{X,Y} = \mathrm{Spec}_{\mathcal{O}_Y}(\bigoplus_{\nu\geq 0} \mathfrak{J}^\nu/\mathfrak{J}^{\nu+1})$ est le <u>cône normal</u> de Y dans X.

1.9. Pour achever la démonstration du théorème 1, il nous suffit maintenant de faire apparaître la courbe monomiale C^{Γ} comme gradué associé à l'algèbre analytique $\mathcal{O}$ d'une branche ayant pour semi-groupe Γ. C'est précisément ce qui est fait en 1.2.3.

Ceci achève la première démonstration du théorème 1.

1.10. Deuxième démonstration du théorème 1.

Nous allons, encouragés par le résultat abstrait, construire une déformation encore plus explicite de $(C^{\Gamma},0)$, dont la fibre générique est $(C,0)$. Cette preuve-ci est vraiment la généralisation de (VI, 2.1). Supposons $(C,0)$ donnée paramétriquement dans $(\mathbb{C}^k,0)$ par : $z_i = \varphi_i(t)$ $1 \leq i \leq k$, $\varphi_i(t) \in \mathbb{C}\{t\}$. Ainsi, $\mathcal{O} = \mathcal{O}_{C,0} = \mathbb{C}\{\varphi_1(t),\dots,\varphi_k(t)\} \to \mathbb{C}\{t\}$. Nous pouvons bien sûr écrire, au prix d'un changement du paramètre t et des coordonnées z_i : $\varphi_1 = t^n$, $\varphi_i = t^{a_i} + \sum_{j>a_i} \rho_{ij} t^j$ $(2 \leq i \leq k)$ où n est la multiplicité de $(C,0)$, et $a_i > n$.
Remarquons que bien sûr, si Γ est le semi-groupe de $(C,0)$, $a_i \in \Gamma$, ainsi que n, et qu'en fait $n = \bar{\beta}_o$, avec les notations de 1.1.2. Par ailleurs, la définition de Γ et des $\bar{\beta}_i$ (1.1.2) nous assure de l'existence d'éléments $\xi_i \in \mathcal{O}$ $(0 \leq i \leq g)$ tels que :

$$\xi_i = t^{\bar{\beta}_i} + \sum_{j>\bar{\beta}_i} \gamma_{ij}\, t^j \quad ,$$

et l'on peut bien sûr prendre $\xi_o = \varphi_1 = t^n$.
Considérons maintenant la famille, paramétrée par v, de courbes de $\mathbb{C}^{g+k}$, décrite par la représentation paramétrique suivante :

$$C_v \left\{ \begin{array}{l} Z_o = t^n \\ Z_1 = t^{\bar{\beta}_1} + \sum_{j>\bar{\beta}_1} \gamma_{1,j}\, v^{j-\bar{\beta}_1} . t^j \\ \vdots \qquad \vdots \\ Z_g = t^{\bar{\beta}_g} + \sum_{j>\bar{\beta}_g} \gamma_{g,j}\, v^{j-\bar{\beta}_g} . t^j \\ Z_{g+1} = t^{a_2} + \sum_{j>a_2} \rho_{2,j}\, v^{j-a_2} . t^j \\ \vdots \qquad \vdots \\ Z_{g+k-1} = t^{a_k} + \sum_{j>a_k} \rho_{k,j}\, v^{j-a_k} . t^j \end{array} \right. .$$

Il nous faut vérifier que $(C_o,0) \simeq (C^\Gamma,0)$, et que pour $v \neq 0$, $(C_v,0) \simeq (C,0)$. Or, si $v = v_o \neq 0$, on peut considérer la courbe C'_{v_o} déduite de C_{v_o} par l'isomorphisme décrit par : $t = v_o.t'$, $Z_i = v_o^{-\bar\beta_i}.Z'_i$ si $1 \leq i \leq g$, et $Z_i = v_o^{-a_i}.Z'_i$ si $g+1 \leq i \leq g+k-1$. Il apparaît que C'_{v_o} a pour algèbre $\mathbb{C}\{t^n,\varphi_2(t),\ldots,\varphi_k(t),\xi_1(t),\ldots,\xi_g(t)\}$, qui est égale à $\mathbb{C}\{t^n,\varphi_2(t),\ldots,\varphi_k(t)\} = \mathcal{O}$, puisque $\xi_i \in \mathcal{O}$ $(1 \leq i \leq g)$. Si l'on préfère, ξ_i est une série en t^n, $\varphi_2(t),\ldots,\varphi_k(t)$ et le changement des variables $\underline{Z}$ correspondant fournit un isomorphisme de $(C'_{v_o},0)$ sur $(C,0)$. Ceci montre que pour $v_o \neq 0$, $C_{v_o} \simeq (C,0)$. Par ailleurs, pour $v_o = 0$, $(C_o,0)$ a la représentation paramétrique : $Z_i = t^{\bar\beta_i}$ $(0 \leq i \leq g)$, $Z_i = t^{a_i}$ $(g+1 \leq i \leq g+k-1)$. Mais puisque $a_i \in \Gamma$, qui est engendré par les $\bar\beta_i$, $a_i = \sum_{j=0}^{g} b_{ij}.\bar\beta_j$, $b_{ij} \in \mathbb{Z}_+$, et $(C_o,0)$ est donc contenue dans les hypersurfaces non singulières $Z_i - Z_o^{b_{io}} \ldots Z_g^{b_{ig}} = 0$ $(g+1 \leq i \leq g+k-1)$. Le changement des variables Z_i correspondant : $Z_i = Z'_i + Z_o^{b_{io}} \ldots Z_g^{b_{ig}}$ nous fournit un isomorphisme de $(C_o,0)$ sur $(C^\Gamma,0)$.

Ceci achève la seconde démonstration du théorème 1 (1.3).

<u>1.11.</u> <u>Remarque</u> : On peut toujours à isomorphisme près supposer qu'aucun exposant $j \geq c$ (conducteur, cf. 1.1) n'apparaît dans le développement des ξ_i et φ_i. 1.10 nous fournit donc en fait, si nous voulons, une déformation de <u>courbes affines</u> reliant une courbe affine dont le germe en 0 est isomorphe à la branche $(C,0)$ donnée, à la courbe affine C^Γ.

2. La déformation miniverselle à semi-groupe constant de C^Γ.

[A partir d'ici j'utilise librement des notations et résultats relatifs aux déformations miniverselles, rappelés en Annexe.]

<u>2.1.</u> Dans le cas où Γ est le semi-groupe d'une branche plane, (et plus généralement quand C^Γ est intersection complète) je vais maintenant montrer, dans la base $(S,0)$ de la déformation miniverselle

$$G : (X,C^\Gamma) \longrightarrow (S,0)$$

de C^{Γ}, un (**germe** de) sous-espace <u>non singulier</u> $(D_{\Gamma},0) \subset (S,0)$ tel que la déformation obtenue par restriction de G à D_{Γ} (i.e. $X_{\Gamma} = X \times_S D_{\Gamma}$)

$$\begin{array}{ccc} (X_{\Gamma}, C^{\Gamma}) & \hookrightarrow & (X, C^{\Gamma}) \\ G_{\Gamma} \downarrow & \square & \downarrow G \\ (D_{\Gamma}, 0) & \hookrightarrow & (S,0) \end{array}$$

soit miniverselle pour les déformations à base réduite de C^{Γ} dont toutes les fibres ont un point singulier irréductible de semi-groupe Γ, déformations que j'appellerai "à semi-groupe constant". Parmi ces déformations se trouvent en particulier celles que nous avons construites au paragraphe précédent (1.9 et 1.10), d'après 1.2.2.

<u>2.2.</u> <u>Proposition</u> [Monique Lejeune-Jalabert (non publié - voir [L.T_2)] : Si Γ est le semi-groupe d'une branche plane, la courbe affine $C^{\Gamma} \subset \mathbb{C}^{g+1}$ est intersection complète, et donc aussi la branche $(C^{\Gamma},0)$.

La démonstration utilise :

<u>2.2.1.</u> <u>Lemme</u> (Azevedo [Az] et Merle [Me]) : Si $\Gamma = \langle \bar{\beta}_o, \ldots, \bar{\beta}_g \rangle$ est le semi-groupe d'une branche plane, on a (notations de 1.1.2)

$$n_i \cdot \bar{\beta}_i \in \langle \bar{\beta}_o, \ldots, \bar{\beta}_{i-1} \rangle \qquad 1 \leq i \leq g \quad .$$

<u>Preuve</u> : En reprenant notations et résultats de II, 3.11 :

(*) $$\bar{\beta}_q = n_{q-1} \cdot \bar{\beta}_{q-1} - \beta_{q-1} + \beta_q \qquad (1 \leq q \leq g)$$

où les β_q sont les exposants caractéristiques de Puiseux de la branche plane. Par définition des entiers m_q (II,3.11) ceci s'écrit :

$$\bar{\beta}_q = n_{q-1} \cdot \bar{\beta}_{q-1} - m_{q-1} \cdot e_{q-1} + m_q \cdot e_q \quad ,$$

d'où $$n_q \cdot \bar{\beta}_q = n_q \cdot n_{q-1} \bar{\beta}_{q-1} + (m_q - n_q \cdot m_{q-1}) e_{q-1} \quad .$$

Remarquons maintenant que l'interprétation des $\beta_q = \dfrac{m_q}{n_1 \ldots n_q} \cdot \bar{\beta}_o$ comme exposants caractéristiques nous donne : $\beta_{q-1} < \beta_q$, i.e. : $m_q - n_q \cdot m_{q-1} > 0$.

Ecrivant encore :

$$n_q\bar{\beta}_q = (n_q - 1)n_{q-1}\bar{\beta}_{q-1} + n_{q-1}\bar{\beta}_{q-1} + (m_q - n_q.m_{q-1})e_{q-1}$$

on voit que pour vérifier que $n_q.\bar{\beta}_q \in <\bar{\beta}_o,\ldots,\bar{\beta}_{q-1}>$, il suffit de vérifier la même inclusion pour $n_{q-1}.\bar{\beta}_{q-1} + h.e_{q-1}$, $h \in \mathbb{Z}_+$, ce que nous allons maintenant faire par récurrence sur q. Pour $q = 1$, il vient ($n_o = 1$ par convention) $\bar{\beta}_o + h.e_o = (h+1)\bar{\beta}_o$, qui est bien dans $<\bar{\beta}_o>$. Par ailleurs, par les définitions, et (*) :

$$e_{q-1} = (e_{q-2},\bar{\beta}_{q-1}) = (e_{q-2},\bar{\beta}_{q-1}) = (e_{q-2},m_{q-1}.e_{q-1})$$

et on peut donc écrire pour tout entier $h \in \mathbb{Z}_+$:

$$h.e_{q-1} = \lambda.m_{q-1}.e_{q-1} + \mu.e_{q-2} \qquad (\lambda,\mu \in \mathbb{Z}) ,$$

et puisque $n_{q-1}.e_{q-1} = e_{q-2}$, on peut choisir λ tel que $0 > \lambda > -n_{q-1}$. On récrit alors [(*) pour q-1] :

$$n_{q-1}\bar{\beta}_{q-1} + h.e_{q-1} = (n_{q-1} + \lambda)\bar{\beta}_{q-1} - \lambda(n_{q-2}.\bar{\beta}_{q-2} - m_{q-2}.e_{q-2} + m_{q-1}.e_{q-1})$$

$$+ \lambda\, m_{q-1}.e_{q-1} + \mu.e_{q-2}$$

$$= (n_{q-1} + \lambda)\bar{\beta}_{q-1} - \lambda.n_{q-2}.\bar{\beta}_{q-2} + (\lambda.m_{q-2} + \mu)e_{q-2} \quad .$$

Or, notre choix de λ implique que $n_{q-1}+\lambda > 0$ d'un part, $-\lambda > 0$ d'autre part, et enfin $\lambda m_{q-2}+\mu > 0$ car $n_{q-1}(\lambda m_{q-2}+\mu) = \lambda.n_{q-1}.m_{q-2} + \mu.m_{q-1} > \lambda.m_{q-1} + \mu.n_{q-1} = h \geq 0$ (par hypothèse sur h), en utilisant le fait que $\lambda < 0$, et à nouveau que $m_{q-1} > n_{q-1}.m_{q-2}$.

Ainsi, tous les coefficients apparaissant au second membre de l'égalité ci-dessus sont positifs. Or, notre hypothèse de récurrence : $n_{q-2}\bar{\beta}_{q-2} + h'e_{q-2} \in <\bar{\beta}_o,\ldots,\bar{\beta}_{q-2}>$ pour tout $h' \in \mathbb{Z}_+$, implique que :

$$-\lambda.n_{q-2}.\bar{\beta}_{q-2} + (\lambda.m_{q-2} + \mu)e_{q-2} \in <\bar{\beta}_o,\ldots,\bar{\beta}_{q-2}>$$

puisque $-\lambda$ et $\lambda m_{q-2}+\mu$ sont positifs. Enfin puisque $n_{q-1}+\lambda > 0$ il vient bien :

$$n_{q-1}.\bar{\beta}_{q-1} + h.e_{q-1} \in <\bar{\beta}_o,\ldots,\bar{\beta}_{q-1}> \quad .$$

Ceci achève la démonstration de 2.2.1.

2.2.2. Remarque : L'hypothèse que Γ est le semi-groupe d'une branche plane nous a servi d'une part par la formule (*) et d'autre part par l'inégalité $\beta_q > \beta_{q-1}$. Le semi-groupe $\Gamma = <\bar{\beta}_o, \ldots, \bar{\beta}_g>$ d'une branche plane satisfait donc : [d'après 2.2.1]

(1) $$n_q . \bar{\beta}_q \in <\bar{\beta}_o, \ldots, \bar{\beta}_{q-1}>$$

et

(2) $$n_q . \bar{\beta}_q < \bar{\beta}_{q+1} \qquad (0 \leq q \leq g-1)$$ [se déduit immédiatement de (*) et $\beta_{q-1} < \beta_q$].

Je montrerai plus bas, comme corollaire du théorème 3, que les propriétés (1) et (2) caractérisent en fait les semi-groupes des branches planes, en construisant explicitement une branche plane de semi-groupe Γ, si Γ satisfait (1) et (2) (cf. § 3, 2.1).

2.2.3. Fin de la preuve de 2.2 : Le lemme 2.2.1 nous permet d'écrire, pour tout i, $1 \leq i \leq g$:

$$n_i . \bar{\beta}_i = \ell_o^{(i)} . \bar{\beta}_o + \ldots + \ell_{i-1}^{(i)} . \bar{\beta}_{i-1} \quad , \quad \ell_j^{(i)} \in \mathbb{Z}_+ \quad .$$

Ceci implique que notre courbe monomiale C^Γ donnée par : $u_i = t^{\bar{\beta}_i}$ $(0 \leq i \leq g)$ satisfait les équations suivantes :

$$f_i = u_i^{n_i} - u_o^{\ell_o^{(i)}} . u_1^{\ell_1^{(i)}} \ldots u_{i-1}^{\ell_{i-1}^{(i)}} = 0 \qquad (1 \leq i \leq g) \quad .$$

Par ailleurs, la suite des $\bar{\beta}_i$ étant croissante, $n_i < \sum_{j=0}^{i-1} \ell_j^{(i)}$ $(1 \leq i \leq g)$ et donc le terme de plus bas degré (au sens ordinaire) de f_i est $u_i^{n_i}$. Soit $I \subset \mathbb{C}\{u_o, \ldots, u_g\}$ l'idéal engendré par les f_i $(1 \leq i \leq g)$ et soient C' le sous-espace de $(\mathbb{C}^{g+1}, 0)$ défini par I, et enfin $\mathcal{O}' = \mathcal{O}_{C',0} = \mathbb{C}\{u_o, \ldots, u_g\}/I$. Nous avons $(C^\Gamma, 0) \subset (C', 0)$. Donc la multiplicité en 0 de C' est au moins égale à celle de C^Γ, qui est $\bar{\beta}_o$. Par ailleurs, le théorème 2 nous fournit une déformation dont la "fibre générique" est $\mathcal{O}'$ et la fibre spéciale le cône tangent à C' en 0, $\operatorname{Spec} gr_{\mathfrak{M}} \mathcal{O}'$, où $gr_{\mathfrak{M}} \mathcal{O}'$ est le gradué associé à la filtration de $\mathcal{O}'$ par les puissances de son idéal maximal. Un calcul direct montre que, puisque $(u_1^{n_1}, \ldots, u_g^{n_g})$ forment une suite régulière, définissant

un sous-espace irréductible, on a $gr_{\mathfrak{M}}\mathcal{O}' = \mathbb{C}[U_o,\ldots,U_g]/(U_1^{n_1},\ldots,U_g^{n_g})$ où $U_i = in_{\mathfrak{M}} u_i$, forme initiale de u_i dans le gradué associé à la filtration de $\mathbb{C}\{u_o,\ldots,u_g\}$ par les puissances de son idéal maximal.
Par ailleurs, la multiplicité de C' (ainsi que sa dimension, bien sûr) est celle de son cône tangent. Ceci montre que C' est une branche intersection complète, de multiplicité $n_1 \ldots . n_g = \bar{\beta}_o$. En effet après le théorème 2, C' est déformation de son cône tangent, qui est l'intersection complète de multiplicité $\bar{\beta}_o = n_1 \ldots n_g$: $\mathrm{Spec}(gr_{\mathfrak{M}}\mathcal{O}')$ (= axe des u_o compté $n_1 \ldots n_g$ fois) et la propriété d'être intersection complète est conservée par déformation plate. De plus elle contient C^Γ qui est irréductible, et aussi de multiplicité $\bar{\beta}_o$. On en déduit $C^\Gamma = C'$, donc que C^Γ est une intersection complète, ce qui achève la preuve de 2.2.

<u>2.3.</u> <u>Corollaire</u> : Toute branche (C,0) dont le semi-groupe Γ est égal au semi-groupe d'une branche plane est une intersection complète.

<u>Preuve</u> : D'après le théorème 1, (C,0) est une déformation de $(C^\Gamma,0)$, qui est intersection complète d'après 2.2. Or la propriété d'être intersection complète est conservée par déformation plate (cf. [Tj], [S]).

<u>2.4.</u> <u>Remarques</u> :
<u>2.4.1.</u> La preuve de 2.3, et la fin de celle de 2.2 sont un exemple d'application du théorème 2 du type suivant : si l'on parvient à exhiber une filtration $\mathfrak{F}$ d'un anneau $\mathcal{O}$ telle que $gr_{\mathfrak{F}}\mathcal{O}$ possède une propriété stable par déformation plate (par exemple être régulier, localement intersection complète, Cohen-Macaulay, à singularités isolées, réduit ...), $\mathcal{O}$ lui-même possède cette propriété.

<u>2.4.2.</u> J'ignore si les semi-groupes des branches intersections complètes ont en général la propriété du lemme 2.2.1 (cf. 2.2.2).
Dans ce qui suit, je ferai souvent l'hypothèse que Γ est le semi-groupe d'une branche plane, car c'est le cadre de travail ici, mais j'utiliserai seulement le fait que C^Γ est intersection complète, qui est une hypothèse a priori moins restrictive (a posteriori aussi, cf. § 3, 3.2.3).

<u>2.5.</u> <u>Corollaire (de 2.2)</u> (cf. Pinkham, [Pi] chap. I, 2.3) : Si Γ est le semi-groupe d'une branche plane, on peut construire une déformation miniverselle $G : (X,C^\Gamma) \to (S,0)$ de C^Γ (comme courbe affine) telle que le groupe multiplicatif $\mathbb{C}^*$ agisse sur X et S de façon compatible avec G

(i.e. G est équivariant relativement à ces actions : $G(\lambda.x) = \lambda.G(x)$ $\forall \lambda \in \mathbb{C}^*$) et que l'action de $\mathbb{C}^*$ sur $C^\Gamma \simeq G^{-1}(0)$ qui en résulte soit l'action naturelle de $\mathbb{C}^*$ sur C^Γ (donnée par $t \mapsto \lambda.t$, $\lambda \in \mathbb{C}^*$). De plus, S est lisse, parce que C^Γ est intersection complète ([Tj], [S]).

Démonstration : Tout d'abord, souvenons-nous que :

2.5.1. L'algèbre affine $\mathbb{C}[C^\Gamma]$ de $C^\Gamma \subset \mathbb{C}^{g+1}$ est isomorphe en tant qu'algèbre graduée à l'algèbre : (notations de 2.2.3) $\mathbb{C}[u_o,\ldots,u_g]/(f_1,\ldots,f_g)$ munie de la graduation quotient de l'unique graduation de $\mathbb{C}[u_o,\ldots,u_g]$ qui donne à u_i le degré $\bar{\beta}_i$. Cette graduation quotient existe parce que $f_i = u_i^{n_i} - u_o^{\ell_o^{(i)}} \ldots\ldots u_{i-1}^{\ell_{i-1}^{(i)}}$ est homogène de degré $n_i.\bar{\beta}_i$ pour la graduation de $\mathbb{C}[u_o,\ldots,u_g]$ en question (cf. 2.2.3). L'idéal engendré par les f_i est donc homogène et la graduation passe au quotient. J'insiste ici sur le fait que cette graduation quotient sur $\mathbb{C}[u_o,\ldots,u_g]/(f_1,\ldots,f_g) = \mathbb{C}[C^\Gamma] \hookrightarrow \mathbb{C}[t]$ coïncide avec la graduation induite par la graduation naturelle de $\mathbb{C}[t]$ (cf. 1.2.1).

2.5.2. Par ailleurs, on sait que puisque C^Γ est intersection complète, (cf. [S], [Tj], Annexe) la déformation miniverselle G de C^Γ peut être décrite comme restriction de la projection naturelle $\mathbb{C}^{g+1} \times \mathbb{C}^\tau \to \mathbb{C}^\tau$ au sous-espace $X \subset \mathbb{C}^{g+1} \times \mathbb{C}^\tau$ défini, dans les coordonnées $u_o,\ldots,u_g$ sur $\mathbb{C}^{g+1}$, $w_1,\ldots,w_\tau$ sur $\mathbb{C}^\tau$, par l'idéal engendré dans $\mathbb{C}[u_o,\ldots,u_g,w_1,\ldots,w_\tau]$ par $(F_1,\ldots,F_g)$ où

$$F_i = f_i(u_o,\ldots,u_i) + \sum_{j=1}^{\tau} w_j.s_{ij}(u_o,\ldots,u_g) \qquad 1 \le i \le g \quad ,$$

les vecteurs $\vec{s}_j = (s_{1,j},\ldots,s_{g,j}) \in \mathbb{C}[u_o,\ldots,u_g]^g$ étant tels que leurs images (via l'homomorphisme surjectif $\mathbb{C}[u_o,\ldots,u_g]^g \to \mathbb{C}[C^\Gamma]^g$ induit par la surjection canonique $\mathbb{C}[u_o,\ldots,u_g] \to \mathbb{C}[u_o,\ldots,u_g]/(f_1,\ldots,f_g) \simeq \mathbb{C}[C^\Gamma]$) dans $\mathbb{C}[C^\Gamma]^g/N$ en forment une base comme $\mathbb{C}$-espace vectoriel, N étant le sous-module de $\mathbb{C}[C^\Gamma]^g$ image par le même homomorphisme du sous-module de $\mathbb{C}[u_o,\ldots,u_g]^g$ engendré par les g+1 vecteurs :

$$\vec{\gamma}_o = \left(\frac{\partial f_1}{\partial u_o},\ldots,\frac{\partial f_g}{\partial u_o}\right),\ldots\ldots,\vec{\gamma}_g = \left(\frac{\partial f_1}{\partial u_g},\ldots,\frac{\partial f_g}{\partial u_g}\right) \quad .$$

($\mathbb{C}[C^\Gamma]^g/N = T^1_{C^\Gamma}$ est de dimension finie sur $\mathbb{C}$ parce que C^Γ est à singularité isolée).

On peut donner à $\mathbb{C}[u_o,\dots,u_g]^g$ (resp. $\mathbb{C}[\Gamma]^g$) une structure de $\mathbb{C}[u_o,\dots,u_g]$ (resp. $\mathbb{C}[\Gamma]$) module gradué telle que les $\vec{\gamma}_k$ (resp. leurs images dans $\mathbb{C}[\Gamma]^g$) soient homogènes, pour la graduation telle que $\deg u_i = \bar{\beta}_i$ (resp. son image dans $\mathbb{C}[C^\Gamma]$) : un vecteur $\vec{\varphi} = (\varphi_1,\dots,\varphi_g)$ est homogène de degré ν si pour tout i, $1 \le i \le g$, φ_i est homogène de degré $n_i\bar{\beta}_i + \nu$. [Ceci revient à écrire $\mathbb{C}[u_o,\dots,u_g]^g = \bigoplus_{i=1}^{g} [\mathbb{C}[u_o,\dots,u_g]](n_i\bar{\beta}_i)$ avec la notation classique de EGA, chap. II, 2.1, Publ. math. I.H.E.S. No 8]. Ainsi, $\vec{\gamma}_k$ est homogène de degré $-\bar{\beta}_k$, car $\deg \frac{\partial f_i}{\partial u_k} = n_i\bar{\beta}_i - \bar{\beta}_k$ (par l'identité d'Euler).

On peut alors choisir les vecteurs $\vec{s}_j \in \mathbb{C}[u_o,\dots,u_g]^g$ homogènes pour cette graduation, puisqu'il s'agit que leurs images forment une base d'un espace vectoriel de dimension finie, et enfin munir l'algèbre $\mathbb{C}[u_o,\dots,u_g,w_1,\dots,w_\tau]$ de $\mathbb{C}^{g+1}\times\mathbb{C}^\tau$ de l'unique graduation pour laquelle u_i est de degré $\bar{\beta}_i$, et F_i homogène de degré $n_i\bar{\beta}_i$, en posant :

$$\deg w_j = -\deg \vec{s}_j \quad .$$

En effet, par définition de $\deg \vec{s}_j$, on a alors :

$$F_i = f_i + \sum_j w_j\, s_{ij}$$

et

$$\deg w_j . s_{ij} = \deg w_j + \deg s_{ij} = n_i\bar{\beta}_i - \deg s_{ij} + \deg s_{ij} = n_i . \bar{\beta}_i \quad .$$

Ceci nous permet de définir une action de $\mathbb{C}^*$ sur $\mathbb{C}^{g+1}$ et $\mathbb{C}^\tau$ ($u_i \rightsquigarrow \lambda^{\bar{\beta}_i}.u_i$; $w_j \rightsquigarrow \lambda^{\deg w_j}.w_j$, $\lambda\in\mathbb{C}^*$) qui respecte le sous-espace $X \subset \mathbb{C}^{g+1}\times\mathbb{C}^\tau$ défini par l'idéal $(F_1,\dots,F_g)$ puisque par construction des $\deg w_j$, cet idéal est homogène. Nous avons donc ainsi une action de $\mathbb{C}^*$ sur $\mathbb{C}^\tau$ et sur $X\subset\mathbb{C}^{g+1}\times\mathbb{C}^\tau$, et il est facile de vérifier que $G : X \to \mathbb{C}^\tau$, restriction à X de la seconde projection, est équivariant. Ceci achève la démonstration de 2.5.

<u>2.6.</u> <u>Remarques</u> :

2.6.1. La déformation miniverselle de C^Γ n'est, à proprement parler, que le germe de G en C^Γ, ou même, si l'on veut la déformation miniverselle de la branche $(C^\Gamma,0)$, le germe de G en 0. Nous avons construit en 2.5.2 un représentant algébrique de ces déformations miniverselles (cf. [Pi]).

2.6.2. Dans [Pi], Pinkham montre l'existence d'une déformation miniverselle équivariante même dans le cas non intersection complète.

2.7. Proposition (Pinkham [Pi], chap. IV, 14.9) : Si C^Γ est de Gorenstein, et donc en particulier si Γ est le semi-groupe d'une courbe plane, la dimension τ de la base de la déformation miniverselle de C^Γ vaut :

$$\tau = 2.\delta(\Gamma) \quad \text{où } \delta(\Gamma) = \#(\mathbb{Z}_+ - \Gamma) \ .$$

En dehors du fait qu'il est utile pour trouver les vecteurs $\vec{s}_j$, ce résultat nous servira plus bas.

2.8. Remarque ([Pi], chap. IV, 12.5) : Dans la construction de 2.5, aucun des vecteurs $\vec{s}_j$ ne peut être choisi de degré 0 ; en conséquence, $\deg w_j \in \mathbb{Z} - \{0\}$ $1 \leq j \leq \tau$.

Preuve : Il faut montrer que tout vecteur $\vec{s} \in \mathbb{C}[C^\Gamma]^g$ qui est homogène de degré 0 appartient à N. Puisque $\mathbb{C}[C^\Gamma]^g/N$ est de dimension finie, si nous considérons $\mathbb{C}[C^\Gamma]^g$ comme sous $\mathbb{C}[C^\Gamma]$-module de $\mathbb{C}[t]^g$, grâce à l'inclusion $\mathbb{C}[C^\Gamma] \subset \mathbb{C}[t]$, nous voyons qu'en tous cas, il existe $\nu \in \mathbb{Z}_+$ tel que $t^\nu.\vec{s} \in N$ (on prend $\nu \geq c$, conducteur, pour que $t^\nu \in \mathbb{C}[C^\Gamma]$). Or, $\deg \vec{s} = 0$ signifie, en écrivant $\vec{s} = (s_1, \ldots, s_g)$ que $\deg s_i = n_i\bar{\beta}_i$, et donc $s_i = \alpha_i.t^{n_i.\bar{\beta}_i}$, $\alpha_i \in \mathbb{C}^*$ $(1 \leq i \leq g)$. Le fait que $t^\nu.\vec{s} \in N$ s'écrit donc : $(0 \leq i \leq g)$

$$\alpha_i.t^{\nu + n_i\bar{\beta}_i} = \sum_{j=0}^{g} a_{ij}\left(\overline{\frac{\partial f_i}{\partial u_j}}\right) ,$$

où $\left(\overline{\frac{\partial f_i}{\partial u_j}}\right)$ est l'image de $\frac{\partial f_i}{\partial u_j}$ dans $\mathbb{C}[C^\Gamma]$. (2.5.1., 2.5.2). Or, dans $\mathbb{C}[t]$, $\left(\overline{\frac{\partial f_i}{\partial u_j}}\right)$ est homogène de degré $n_i.\bar{\beta}_i - \bar{\beta}_j$ et vaut donc $\beta_{ij}.t^{n_i\bar{\beta}_i - \bar{\beta}_j}$ $(\beta_{ij} \in \mathbb{C}^*)$.

Par homogénéité, il vient donc : $\alpha_{ij} = \gamma_{ij}\ t^{\nu + \bar{\beta}_j}$ $(\gamma_{ij} \in \mathbb{C}^*)$ et donc, divisant par t^ν,

$$s_i = \alpha_i.t^{n_i\bar{\beta}_i} = \sum_{j=0}^{g} \gamma_{ij}.t^{\bar{\beta}_j}\left(\overline{\frac{\partial f_i}{\partial u_j}}\right) .$$

Mais puisque en fait $t^{\bar{\beta}_j} \in \mathbb{C}[C^\Gamma]$, la même égalité vaut en fait dans $\mathbb{C}[C^\Gamma]$, ce qui montre que $\vec{s} \in N$.

<u>2.9.</u> <u>Corollaire</u> : Fixons une fois pour toutes un choix de $\vec{s}_j$ homogènes, et donc d'une déformation miniverselle équivariante de C^Γ comme en 2.5. Nous pouvons définir une partition de $\{1,\dots,\tau\}$:

$$\{1,\dots,\tau\} = P_+ \coprod P_- \quad ,$$

où $P_+ = \{j \in \{1,\dots,\tau\} / \deg w_j > 0\}$, $P_- = \{j \in \{1,\dots,\tau\} / \deg w_j < 0\}$. Posant $\tau_\pm = \# P_\pm$, on en déduit donc une décomposition $\mathbb{C}^\tau \simeq \mathbb{C}^{\tau-} \times \mathbb{C}^{\tau+}$.

<u>2.10.</u> <u>Théorème 3</u> : Dans la situation de 2.5, 2.9, la déformation de C^Γ obtenue de la déformation miniverselle $G : (X,C^\Gamma) \to (\mathbb{C}^\tau,0)$ de C^Γ par le changement de base $\mathbb{C}^{\tau-} \times \{0\} \subset \mathbb{C}^\tau$ est une déformation miniverselle à semi-groupe constant de C^Γ, i.e. est miniverselle pour les déformations de C^Γ, de base réduite, dont toutes les fibres présentent un point singulier de semi-groupe Γ. [Ceci vaut que nous déformions la courbe affine C^Γ comme courbe affine, ou la branche $(C^\Gamma,0)$.]

$$\begin{array}{ccc}
(X_\Gamma, C^\Gamma) & \hookrightarrow & (X, C^\Gamma) \\
G_\Gamma \downarrow \uparrow \Sigma_\Gamma & \square & \downarrow G \\
(D_\Gamma,0) \overset{\text{def.}}{=} (\mathbb{C}^{\tau-} \times \{0\},0) & \hookrightarrow & (\mathbb{C}^\tau,0) = (S,0)
\end{array}$$

[En écrivant D_Γ pour $\mathbb{C}^{\tau-} \times \{0\}$, c'est le résultat annoncé en 2.1.] De plus, on peut définir une section Σ_Γ de G_Γ telle que $G_\Gamma | X_\Gamma - \Sigma_\Gamma(D_\Gamma)$ soit lisse (i.e. Σ_Γ pique l'unique point singulier de chaque fibre, qui est alors un point singulier de semi-groupe Γ).

<u>2.11.</u> <u>Démonstration</u> : Montrons d'abord que toute déformation plate $H : (Z,C^\Gamma) \to (Y,0)$ de C^Γ dont la base est réduite et dont toutes les fibres (pour un représentant assez petit de H) ont un point singulier en lequel elles sont irréductible et ont pour semi-groupe Γ, possède la propriété que dans un carré cartésien :

$$\begin{array}{ccc}
(Z,C^\Gamma) & \longrightarrow & (X,C^\Gamma) \\
H \downarrow & \square & \downarrow G \\
(Y,0) & \xrightarrow{\varphi} & (S,0)
\end{array} \quad ,$$

dû à la versalité de G, on a : $\varphi(Y) \subset D_\Gamma$.

Remarquons d'abord que puisque $(D_\Gamma,0) = (\mathbb{C}^{\tau -} \times \{0\},0) \subset (\mathbb{C}^{\tau -} \times \mathbb{C}^{\tau +},0) = (S,0)$ est un (germe de) sous-espace analytique fermé, il suffit de démontrer le résultat quand $Y = \mathbb{D} = \{v \in \mathbb{C} / |v| < 1\}$. En effet, les déformations obtenues de H par des changements de base $(\mathbb{D},0) \to (Y,0)$ sont encore à semi-groupe constant si H l'est, et pour montrer $\varphi(Y) \subset D_\Gamma$, il suffit puisque D_Γ est fermée dans S de montrer que tous les morphismes composés $(\mathbb{D},0) \to (Y,0) \to (S,0)$ ont leur image dans D_Γ, car si $\varphi^{-1}(D_\Gamma) \neq Y$, on peut trouver un chemin $k : (\mathbb{D},0) \to (Y,0)$ tel que $k(\mathbb{D} - \{0\}) \subset Y - \varphi^{-1}(D_\Gamma)$. (Toujours pour des représentants assez petits de G, H, k ...)

Maintenant, si $\mathcal{O}$ est l'algèbre analytique d'une branche $(C,0)$, et $\overline{\mathcal{O}} (\simeq \mathbb{C}\{t\})$ sa normalisée (1.1), on peut définir un entier $\delta(C,0) = \delta(\mathcal{O}) = \dim_{\mathbb{C}} \overline{\mathcal{O}}/\mathcal{O}$, invariant du type analytique de $(C,0)$.

<u>2.11.1.</u> <u>Lemme</u> : $\delta(C,0) = \delta(\Gamma)$ $(= \#(\mathbb{Z}_+ - \Gamma))$, où Γ est le semi-groupe de $(C,0)$.

<u>Preuve</u> : Soient $i_1,\dots,i_\delta$ les éléments de $\mathbb{Z}_+ - \Gamma$. Identifiant $\overline{\mathcal{O}}$ à $\mathbb{C}\{t\}$, on voit que $t^{i_1},\dots,t^{i_\delta}$ sont linéairement indépendants modulo $\mathcal{O}$ car pour tout choix des $\alpha_i \in \mathbb{C}$, $v(\sum_{k=1}^{\delta} \alpha_k t^{i_k}) = i_{k_0}$ où $k_0 = \min\{k/a_k \neq 0\}$. Donc, comme $i_{k_0} \notin \Gamma$, $\sum_{i=1}^{\delta} \alpha_k t^{i_k} \in \mathcal{O} \Rightarrow a_k = 0$, $1 \leq k \leq \delta$. Par ailleurs, si $\varphi(t) \in \mathbb{C}\{t\} - \mathcal{O}$, on peut, si $v(\varphi(t)) \in \Gamma$, trouver un élément $\eta_0 \in \mathcal{O}$ tel que $v(\varphi(t) - \eta_0) > v(\varphi(t))$; si $v(\varphi(t) - \eta_0) \in \Gamma$, on trouve $\eta_1 \in \mathcal{O}$ tel que $v(\varphi - \eta_0 - \eta_1) > v(\varphi - \eta_0) > v(\varphi)$, et ainsi puisque $\mathbb{Z}_+ - \Gamma$ est fini, après un nombre fini de pas, ou bien on a construit $\zeta_0 = \Sigma\, \eta_i \in \mathcal{O}$ tel que $v(\varphi - \zeta_0) \notin \Gamma$, ou bien on a dépassé le conducteur c de Γ, i.e. $\varphi - \zeta_0 \in \mathcal{O}$ donc $\varphi \in \mathcal{O}$, en contradiction avec l'hypothèse.

Donc $v(\varphi - \zeta_0) = i_k \notin \Gamma$. Donc on peut trouver $\alpha \in \mathbb{C}^*$ tel que $v(\varphi - \zeta_0 - \alpha\, t^{i_k}) > v(\varphi - \zeta_0)$. A nouveau, on peut trouver $\zeta_1 \in \mathcal{O}$ tel que $v(\varphi - \zeta_0 - \zeta_1 - a_k\, t^{i_k}) \notin \Gamma$ et comme la valuation augmente strictement à chaque étape, on construit ainsi par récurrence une suite finie d'éléments $\zeta_i \in \mathcal{O}$, et $a_k \in \mathbb{C}$ tels que

$$v(\varphi - \Sigma\, \zeta_i - \sum_{k=1}^{\delta} \alpha_k\, t^{i_k}) > c \quad ,$$

conducteur de Γ (1.1), donc

$$\varphi = \sum_{k=1}^{\delta} \alpha_k t^{i_k} \text{ modulo } \mathcal{O} \quad ,$$

ce qu'il fallait pour montrer que les images des t^{i_k} $1 \leq k \leq \delta$ engendrent $\overline{\mathcal{O}}/\mathcal{O}$, et nous avons vu au début de la preuve qu'elles étaient $\mathbb{C}$-indépendantes. Ceci achève de prouver 2.11.

2.11.2. Application : Toute déformation $H : (Z,C^{\Gamma}) \to (Y,0)$ à semi-groupe constant est aussi "δ constant" en ce sens que chaque fibre Z_y contient un point singulier $z(y)$ tel que $\delta(Z_y,z(y)) = \delta(\Gamma) = \delta(C^{\Gamma},0)$.
Or, je peux citer :

2.11.3. Théorème ([T_3], théorème 1') : Parmi toutes les déformation de base $\mathbb{D}$ d'une courbe affine réduite $C \subset \mathbb{C}^N$ (resp. d'un germe de courbe analytique réduite $(C,0) \subset (\mathbb{C}^N,0)$, celles qui sont obtenues par déformation de la paramétrisation, i.e. du morphisme $\overline{C} \to \mathbb{C}^N$ dont C est l'image (où $\overline{C}$ est la normalisation de C,donc est non singulière) sont caractérisées par la condition que la somme des invariants δ des fibres soit constante.

2.11.4. Dans le cas qui m'intéresse ici, celui des germes irréductibles de courbes, et plus particulièrement de C^{Γ}, ceci implique qu'une déformation $H : (Z,C^{\Gamma}) \to (\mathbb{D},0)$ de C^{Γ} telle que pour tout représentant suffisamment petit de H, $\sum_i \delta(Z_y,z_i(y))$ soit constante $(= \delta(C^{\Gamma},0) = \delta(\Gamma))$, où $z_i(y)$ sont les points singuliers de la fibre Z_y, est obtenue par déformation du paramétrage $u_i = t^{\overline{\beta}_i}$ de $C^{\Gamma} \subset \mathbb{C}^{g+1}$, i.e. est isomorphe à la restriction de la 2ème projection $\mathbb{C}^{g+1} \times \mathbb{D} \to \mathbb{D}$ à $Z' \subset \mathbb{C}^{g+1} \times \mathbb{D}$, où Z' est l'image d'une déformation de la paramétrisation, i.e. d'un morphisme $\mathbb{C} \times \mathbb{D} \to \mathbb{C}^{g+1} \times \mathbb{D}$ décrit par :

$$(H.A)' \quad \begin{cases} u_i = u_i(t,v) = t^{\overline{\beta}_i} + \sum_j a_{ij}(v).t^j \qquad 0 \leq i \leq g, \; a_{ij}(v) \in v.\mathbb{C}\{v\} \\ \\ v = v \quad . \end{cases}$$

De plus, d'après ([T_3], § 2) la somme des invariants δ des fibres est une fonction semi-continue supérieurement (au sens analytique) de v. Donc, si chaque fibre Z_v possède un point singulier de semi-groupe Γ, donc ayant même invariant δ que la fibre spéciale $(C^{\Gamma},0)$, ce point est nécessairement l'unique point singulier de Z_v , et même (loc. cit.) le lieu critique de $H : (Z,C^{\Gamma}) \to (\mathbb{D},0)$ est analytiquement isomorphe à $\mathbb{D}$, au voisinage de 0, i.e. pour un représentant assez petit de H. C'est dire que l'ensemble des

points de Z qui sont singuliers dans leur fibre est l'image d'une section $c : \mathbb{D} \to Z$ de H. On peut donc, au prix d'un changement des variables u_i dépendant de v, supposer que l'unique point singulier de la courbe fibre Z_v est l'origine $u_i = 0$ $(0 \le i \le g)$ de $\mathbb{C}^{g+1}$ $(= \mathbb{C}^{g+1} \times \{v\})$.
Ainsi, on peut supposer dans l'écriture (H.A) de H : $a_{i,o} = 0$ $(0 \le i \le g)$.
Mais bien mieux, puisque nous supposons la déformation à semi-groupe constant, i.e. que toutes les courbes décrites paramétriquement par $u_i = u_i(t, v_o)$, $|v_o| < \varepsilon$ ont pour semi-groupe Γ, et puisque la valuation en t de $u_i(t, v_o)$ est au plus $\bar{\beta}_i$, pour $|v_o|$ assez petit, et qu'enfin les $\bar{\beta}_i$ forment un système minimal de générateur de Γ, il faut bien que, après éventuellement un changement des coordonnées u_i dépendant de v, on ait $v(u_i(t, v_o)) = \bar{\beta}_i$ $(0 \le i \le g)$ et donc $a_{ij}(v) = 0$ pour $j < \bar{\beta}_i$; enfin, au prix d'un dernier changement des variables u_i $(u_i = u_i' + a_{i,\bar{\beta}_i}(v).t^{\bar{\beta}_i})$ on peut supposer $a_{i,\bar{\beta}_i} = 0$, i.e. $a_{ij}(v) = 0$ $j \le \bar{\beta}_i$, $0 \le i \le g$, et écrire

$$(\text{H.A}) \quad \begin{cases} u_i = u_i(t,v) = t^{\bar{\beta}_i} + \sum\limits_{j > \bar{\beta}_i} a_{ij}(v).t^j & 0 \le i \le g \\ \\ v = v & a_{ij}(v) \in v.\mathbb{C}\{v\} \end{cases} .$$

<u>2.11.5.</u> Maintenant, souvenons-nous du fait que notre déformation H provient par changement de base de la déformation miniverselle G, par définition de cette dernière ; c'est dire que l'on peut décrire H comme restriction de la seconde projection au sous-espace X^h de $\mathbb{C}^{g+1} \times \mathbb{D}$ défini par l'idéal $(F_1^h, \ldots, F_g^h) \subset \mathbb{C}\{v\}[u_o, \ldots, u_g]$ où

$$(\text{H.B}) \qquad F_i^h = f_i(u_o, \ldots, u_i) + \sum_{j=1}^{\tau} w_j(v).s_{ij}(u_o, \ldots, u_g) \qquad (1 \le i \le g) \quad ;$$

$w_j(v) \in \mathbb{C}\{v\}$ $(1 \le i \le \tau)$ décrivant le changement de base $h : (\mathbb{D}, 0) \to (\mathbb{C}^\tau, 0)$, et ce que nous voulons démontrer est que, puisque H est à semi-groupe constant, $w_j(v) = 0$ si $j \in P_+$ (2.9).

<u>2.11.6.</u> Or, (H.A) et (H.B) nous fournissent deux écritures de l'algèbre de Z : (convenons que nous déformons la branche $(C^\Gamma, 0)$, et écrivons donc l'algèbre analytique de la déformation Z, et non l'algèbre "affine au-dessus de $\mathbb{D}$" $\mathbb{C}\{v\}[Z]$).

(A) $$\mathcal{O}_{Z,0} \simeq \mathbb{C}\{v\}\{u_o(t,v),\ldots,u_g(t,v)\} \subset \mathbb{C}\{t,v\}$$

où les u_i sont ceux de (H.A)

(B) $$\mathcal{O}_{Z,0} \simeq \mathbb{C}\{v,u_o,\ldots,u_g\}\Big/(F_1^h,\ldots,F_g^h)$$

où les F_i^h sont ceux de (H.B).

L'écriture (A) nous donne une filtration $\mathcal{F}$ de $\mathcal{O}_{Z,0}$, restriction à $\mathcal{O}_{Z,0}$ de la filtration (t)-adique de $\mathbb{C}\{t,v\}$: $\mathcal{F}_i = (t^i).\mathbb{C}\{t,v\} \cap \mathcal{O}_{Z,0}$.

L'écriture (B) nous donne une filtration $\mathcal{G}$ de $\mathcal{O}_{Z,0}$: l'image par la surjection canonique $\mathbb{C}\{v,u_o,\ldots,u_g\} \to \mathcal{O}_{Z,0}$ de la filtration $\widetilde{\mathcal{G}}$ de $\mathbb{C}\{v,u_o,\ldots,u_g\}$ où $\widetilde{\mathcal{G}}_i$ est l'idéal engendré par les monômes $\{u_o^{\alpha_o}\ldots u_g^{\alpha_g} \big/ \sum_0^g \alpha_k\bar{\beta}_k \geq i\}$. Un élément $\xi \in \mathcal{O}_{Z,0}$ appartient à $\mathcal{G}_i$ si et seulement si il existe $\widetilde{\xi} \in \widetilde{\mathcal{G}}_i$ dont l'image est ξ.

Or, on peut faire les observations suivantes :

<u>2.11.7.</u> $\mathcal{G}_i \subseteq \mathcal{F}_i$ pour tout i, parce que $u_i(t,v) \in t^{\bar{\beta}_i}.\mathbb{C}\{t,v\}$, et donc nous avons un morphisme gradué d'algèbres graduées :

$$g : gr_{\mathcal{G}}\, \mathcal{O}_{Z,0} \longrightarrow gr_{\mathcal{F}}\, \mathcal{O}_{Z,0} .$$

<u>2.11.8.</u> $gr_{\mathcal{F}}\, \mathcal{O}_{Z,0} = \mathbb{C}\{v\}[t^{\bar{\beta}_o},\ldots,t^{\bar{\beta}_g}]$
(même preuve qu'en 1.2.3, le point étant que la valuation t-adique des $u_i(t,v)$ est la même pour $v=0$, et $v \neq 0$).

<u>2.11.9.</u> <u>**Lemme**</u> : **g est un ($\mathbb{C}\{v\}$-) isomorphisme gradué.**

<u>**Preuve**</u> : Tout d'abord montrons :

<u>2.11.10.</u> <u>**Lemme**</u> : **Soient $\mathcal{O}$ un anneau, $\mathcal{F}$ et $\mathcal{G}$ deux filtrations de $\mathcal{O}$. Supposons que pour tout i, $\mathcal{G}_i \subseteq \mathcal{F}_i$, et soit $g : gr_{\mathcal{G}}\, \mathcal{O} \to gr_{\mathcal{F}}\, \mathcal{O}$ l'homomorphisme (gradué) des gradués correspondant.**

α) Si g est injectif, g est un isomorphisme.

β) Si le complété de $\mathcal{O}$ par rapport à $\mathcal{F}$ et à $\mathcal{G}$ est le même, et si $\bigcap_i \mathcal{F}_i = (0)$, (donc $\bigcap_i \mathcal{G}_i = (0)$), g surjectif $\Rightarrow$ g est un isomorphisme.

Preuve de α) : Soit $\bar{\xi}\in \mathcal{F}_i/\mathcal{F}_{i+1}-\{0\}$. Il faut trouver $\xi\in \mathcal{G}_i/\mathcal{G}_{i+1}$ tel que $g(\check{\xi})=\bar{\xi}$. Or, prenons $\xi\in\mathcal{F}_i-\mathcal{F}_{i+1}$ dont la $\mathcal{F}$-forme initiale est $\bar{\xi}$. Si $\xi\notin\mathcal{G}_i$, $g(in_{\mathcal{G}}\,\xi)=0$, contredisant l'injectivité de g. Donc $\xi\in\mathcal{G}_i$ et $g(in_{\mathcal{G}}\,\xi)=\bar{\xi}$, ce qu'il fallait.

Preuve de β) : D'après l'hypothèse, on peut supposer $\mathcal{O}$ séparé et complet pour la filtration $\mathcal{F}$, car le passage au complété ne change pas le gradué associé (cf. [Bourbaki, ref. de 1.1.1]). Il nous faut montrer que g est injectif : soit donc $\check{\xi}\in\mathcal{G}_i/\mathcal{G}_{i+1}$ tel que $g(\xi)=0$. Il existe donc $\xi\in\mathcal{G}_i$ tel que $\check{\xi}=in_{\mathcal{G}}\,\xi$ et $\xi\in\mathcal{F}_{i+1}$. Puisque g est surjectif par hypothèse, il existe $\eta_1\in\mathcal{G}_{i+1}$ tel que $\xi-\eta_1\in\mathcal{F}_{i+2}$, et aussi $\eta_2\in\mathcal{G}_{i+2}$ tel que $\xi-\eta_1-\eta_2\in\mathcal{F}_{i+3}$, etc... On construit par récurrence une suite d'éléments $\eta_k\in\mathcal{G}_{i+k}\subset\mathcal{F}_{i+k}$ tels que pour tout ℓ, $\xi-\sum_1^{\ell}\eta_k\in\mathcal{F}_{i+\ell+1}$. Puisque $\mathcal{O}$ est complet pour $\mathcal{F}$, $\sum_1^{\infty}\eta_k\in\mathcal{O}$, et puisque $\mathcal{F}$ est séparée, $\xi=\sum_1^{\infty}\eta_k\in\mathcal{G}_{i+1}$, ce qui montre $\check{\xi}=0$, et prouve β).

Fin de la preuve de 2.11.9 : Montrons d'abord que g est surjectif : tout élément $\xi\in\mathcal{O}_{Z,0}$ de valuation (t)-adique i est l'image d'un élément $a(v)u_o^{\alpha_o}\ldots.u_g^{\alpha_g}$ avec $\sum_0^g\alpha_k\bar{\beta}_k=i$. Soit en effet $\xi=a(v)t^i+b(t,v)t^{i+1}\in\mathcal{O}_{Z,0}$. Certainement $i\in\Gamma$, donc $i=\sum_{k=0}^{g}\alpha_k\bar{\beta}_k$; $\alpha_k\in\mathbb{Z}_+$. La forme des $u_i(t,v)$ (2.11.4) nous permet alors d'écrire :

$$\xi=a(v)u_o(t,v)^{\alpha_o}\ldots.\,u_g(t,v)^{\alpha_g}\bmod\mathcal{F}_{i+1}\quad,$$

ce qui suffit à montrer la surjectivité de g.

Par ailleurs, ceci montre en même temps que $\mathcal{F}_i\subseteq\mathfrak{M}^{[i/\bar{\beta}_g]}$ où $\mathfrak{M}=(u_o,\ldots,u_g).\mathcal{O}_{Z,0}$. Comme par ailleurs un élément de $\mathfrak{M}^{[i/\bar{\beta}_o]+1}$ est sûrement dans $\mathcal{G}_i$, on a :

$$\mathfrak{M}^{[i/\bar{\beta}_o]+1}\subseteq\mathcal{G}_i\subseteq\mathcal{F}_i\subseteq\mathfrak{M}^{[i/\bar{\beta}_g]}\quad,$$

ce qui montre que $\mathcal{F}$ et $\mathcal{G}$ définissent la même topologie que la filtration $\mathfrak{M}$-adique de $\mathcal{O}_{Z,0}$.

2.11.10 montre alors que g est un isomorphisme.

2.11.11. En revenant aux notations de 2.11.6, nous obtenons donc un isomorphisme gradué

$$g : \mathbb{C}\{v\}[u_o,\dots,u_g]/in(F_1^h,\dots,F_g^h) \xrightarrow{\sim} \mathbb{C}\{v\}[t^{\bar\beta_o},\dots,t^{\bar\beta_g}] \ .$$

où $\mathbb{C}\{v\}[u_o,\dots,u_g] = gr_{\tilde{\mathcal{G}}}\mathbb{C}\{v,u_o,\dots,u_g\}$, et $in(F_1^h,\dots,F_g^h)$ est l'idéal engendré par les $\tilde{\mathcal{G}}$-formes initiales des éléments de l'idéal $(F_1^h,\dots,F_g^h)\mathbb{C}\{v,u_o,\dots,u_g\}$. On en déduit sans peine en regardant les fibres au-dessus de 0, et en utilisant le fait que les $f_i(u_o,\dots,u_i)$ forment une suite régulière, comme en 2.3, que les in F_i^h $(1 \le i \le g)$ engendrent $in(F_1^h,\dots,F_g^h)$. Comme le quotient doit être $\mathbb{C}\{v\}[t^{\bar\beta_o},\dots,t^{\bar\beta_g}]$, on voit que dans F_i^h ne peut apparaître aucun terme de degré $< n_i.\bar\beta_i$. Après 2.8, on peut donc conclure $in\,F_i^h = f_i(u_o,\dots,u_i)$, ce qui signifie précisément, par définition de la filtration $\tilde{\mathcal{G}}$, que $w_j(v) = 0$ si $j \in P_+$.

2.11.12. Pour achever la démonstration du théorème 3 (2.10), il nous faut vérifier que la déformation G_Γ de 2.10 est à semi-groupe constant. Or, G_Γ peut être décrite comme restriction à $X^- \subset \mathbb{C}^{g+1}\times\mathbb{C}^{\tau-}$ de la seconde projection $\mathbb{C}^{g+1}\times\mathbb{C}^{\tau-}\to\mathbb{C}^{\tau-}$, où X^- est défini par l'idéal de $\mathbb{C}\{u_o,\dots,u_g\,;\,w_j|j\in P_-\}$ engendré par les

$$F_i^- = f_i(u_o,\dots,u_i) + \sum_{j\in P_-} w_j.s_{ij}(u_o,\dots,u_g) \ ,\ 1\le i\le g.$$

Définissant à nouveau la filtration $\tilde{\mathcal{G}}$ sur $\mathbb{C}\{u_o,\dots,u_g\,;\,w_j|j\in P_-\}$ en décidant que $\tilde{\mathcal{G}}_i$ est l'idéal endendré par les $\{u_o^{\alpha_o}\dots u_g^{\alpha_g} / \sum_{k=0}^{g}\alpha_k\bar\beta_k \ge i\}$, on voit que par définition de P_-, (et 2.8) :

$$in_{\tilde{\mathcal{G}}}\,F_i^- = f_i(u_o,\dots,u_i)$$

et donc que pour tout point $\underline{w}\in\mathbb{C}^{\tau-}$ de coordonnées $(\underline{w}_j)$, la filtration quotient $\mathcal{G}_{\underline{w}}$ de la filtration $\tilde{\mathcal{G}}$ dans l'algèbre $\mathcal{O}_{X_{\underline{w}},0}$ de la fibre $G_\Gamma^{-1}(\underline{w})$ a pour gradué associé (on utilise toujours le fait que $(f_1,\dots,f_g)$ est une suite régulière)

$$gr_{\mathcal{G}_{\underline{w}}}\mathcal{O}_{X_{\underline{w}},0} \cong \mathbb{C}[u_o,\dots,u_g]/(f_1,\dots,f_g) = \mathbb{C}[C^\Gamma] \ .$$

Ainsi, le gradué de $\mathcal{O}_{X_{\underline{w}},0}$ par rapport à la filtration $\mathcal{G}_{\underline{w}}$ est intègre. Ceci implique que $\mathcal{O}_{X_{\underline{w}},0}$ est intègre et surtout que la fonction $\xi\to\nu_{\mathcal{G}_{\underline{w}}}(\xi)$ (cf. 1.1.1)

est une valuation (discrète) de $\mathcal{O}_{X_{\underline{w}},0}$. L'anneau $V \subset \mathrm{Tot}(\mathcal{O}_{X_{\underline{w}},0})$ (corps de fractions de $\mathcal{O}_{X_{\underline{w}},0}$) de cette valuation ne peut donc être que le normalisé de $\mathcal{O}_{X_{\underline{w}},0}$, et donc $\mathcal{F}_{\underline{w}}$ doit coïncider avec la filtration par les $\overline{\mathfrak{M}}^i$ de 1.1.
Donc $\overline{\mathrm{gr}}_{\mathfrak{M}}\, \mathcal{O}_{X_{\underline{w}},0} = \mathbb{C}[C^{\Gamma}]$, ce qui montre que $(X_{\underline{w}}, 0)$ a pour semi-groupe Γ.
Enfin il est clair que la section $\widetilde{\Sigma}$ de $\mathbb{C}^{g+1} \times \mathbb{C}^{\tau-} \to \mathbb{C}^{\tau-}$ donnée par $\widetilde{\Sigma}(\underline{w}) = \{0\} \times \underline{w}$ a en fait son image dans X^-, puisque si $j \in P_-$, $s_{ij}(u_o, \ldots, u_g)$ de degré $> n_i . \bar{\beta}_i$ ne peut être constant ; $\widetilde{\Sigma}$ induit donc une section $\Sigma : \mathbb{C}^{\tau-} \to X^-$ de G_{Γ}, qui, d'après 2.11.12, a la propriété voulue : $\Sigma(\underline{w})$ est l'unique point singulier de $X_{\underline{w}}$, et a pour semi-groupe Γ.
Ceci achève la démonstration de 2.10.

3. Premières applications.

3.1. Déformations miniverselles équisingulières.

3.1.1. Corollaire 1 (de 2.10) : Toute branche $(C,0)$, plane ou non, dont le semi-groupe Γ est tel que C^{Γ} soit intersection complète, possède une déformation à semi-groupe constant miniverselle dont la base est non singulière. En particulier :

3.1.2. Corollaire 2 (J. Wahl [Wa], voir aussi [T_1] exp. II, [T_2] ch. III) : Toute branche plane possède une déformation miniverselle équisingulière $G_E : X_E \overset{\Sigma_E}{\rightleftarrows} S_E$ dont la base S_E est lisse, munie d'une section Σ_E piquant l'unique point singulier de chaque fibre.

Preuve de 3.1.1 et 3.1.2 : Il suffit d'appliquer l'ouverture de la versalité sous la forme du théorème de décomposition en produit (Annexe 2.1) pour vérifier que la base de la déformation miniverselle à semi-groupe constant d'une branche $(C,0)$ ayant pour semi-groupe Γ apparaît, multipliée par un espace lisse de dimension $2.\delta(\Gamma) - \tau(C,0)$, [où $\tau(C,0)$ est la dimension de la base de la déformation miniverselle de $(C,0)$, et d'après 2.7, $2\delta(\Gamma) = \tau(C^{\Gamma},0)$] comme germe de $\mathbb{C}^{\tau-}$ aux points $\underline{w}$ de $\mathbb{C}^{\tau-}$ tels que $(G_{\Gamma}^{-1}(\underline{w}), \Sigma(\underline{w})) \approx (C,0)$, points qui existent après le théorème 1. Ceci montre 3.1.1, et 3.1.2 en résulte après (II, § 3) puisque deux branches planes sont équisingulières si et seulement si elles ont même semi-groupe Γ.

3.1.3. Remarque : L'écriture de $G_\Gamma : X_\Gamma \to D_\Gamma$, donnée en 2.11.12, ne fait intervenir que des termes linéaires en les w_j ($j \in P$). Ceci est à comparer au théorème 8.2 de [Wa] qui manifeste, du point de vue introduit ici, une certaine non-linéarité intrinsèque dans le théorème de décomposition en produit.

3.1.4. Remarque : Soit $D \subset \mathbb{C}^\tau$ le discriminant (cf. Annexe) de la déformation miniverselle $X \to \mathbb{C}^\tau$ de C^Γ, où Γ est le semi-groupe d'une branche plane. Tout d'abord $\mathbb{C}^{\tau-} = D_\Gamma \subset D$. En un point $\underline{w}$ de $\mathbb{C}^{\tau-}$ tel que $(X_{\underline{w}},\Sigma(\underline{w}))$ soit une branche plane, la multiplicité de D (comme hypersurface) est égale au nombre de Milnor de $(X_{\underline{w}},\Sigma(\underline{w}))$, et ce nombre de Milnor est égal à $2.\delta(\Gamma)$ ([Mi], [Ri]). Comme la dimension d'immersion des fibres, ainsi que la multiplicité, sont semi-continues, et que D_Γ est lisse, on voit que, puisque d'après $[T_3]$ th. 2 la constance du nombre de Milnor dans une déformation de branches planes entraîne son équisingularité,

$$\underline{D_\Gamma = \overline{D_\mu}} \quad ,$$

où $\overline{D_\mu}$ désigne l'ensemble des points $s \in D$ tels que la multiplicité de D en s soit $\geq \mu$, où $\mu = 2\delta(\Gamma)$ est le nombre de Milnor de $(X_{\underline{w}},\Sigma(\underline{w}))$, branche plane de semi-groupe Γ (cf. II, No 2, et $[T_2]$). (Comparer à $[T_2]$chap. III.)

3.2. Caractérisation des semi-groupes des branches planes.

3.2.1. Proposition : Soit $\Gamma = \langle\bar\beta_0,\ldots,\bar\beta_g\rangle$ un semi-groupe tel que $\mathbb{Z}_+ - \Gamma$ soit fini, et satisfaisant (cf. 2.2.2)

(1) $n_i.\bar\beta_i \in \langle\bar\beta_0,\ldots,\bar\beta_{i-1}\rangle$ $\quad (1 \leq i \leq g)$

$(2)_\ell$ ℓ des indices i, $1 \leq i \leq g-1$ sont tels que $n_i.\bar\beta_i < \bar\beta_{i+1}$.

Alors il existe une branche $(C,0) \subset (\mathbb{C}^{g+1-\ell},0)$ telle que Γ soit le semi-groupe de $(C,0)$.

En particulier, si tous les indices i ($1 \leq i \leq g-1$) sont tels que $n_i.\bar\beta_i < \bar\beta_{i+1}$, Γ est le semi-groupe d'une branche plane (la réciproque a été vue en 2.2.2). (Ce dernier résultat* peut aussi se vérifier facilement en utilisant (*) de 2.2.1 pour définir par récurrence des β_q ($\beta_0 = \bar\beta_0$) et en vérifiant que la branche

$$x = t^{\beta_0} \quad , \quad y = t^{\beta_1} + t^{\beta_2} + \ldots + t^{\beta_g}$$

a pour semi-groupe Γ ; je préfère cependant cette preuve-ci.)

* MM. J. Bertin et Carbonne (Toulouse) viennent de m'apprendre que la caractérisation des semi-groupes de branches planes est énoncée dans : Brezinsky, Proc. A.M.S. No 2, (Avril 1972) 381.

Démonstration : Tout d'abord, on peut vérifier sans mal que les vecteurs $(u_2,\ldots,\ldots,0)$, $(0,u_3,0,0),\ldots,(0,0,\ldots,u_g,0)$ sont $\mathbb{C}$-indépendants modulo N dans $\mathbb{C}[C^\Gamma]^g$. (cf. 2.5.2). Soient $i_1,\ldots,i_\ell$ les ℓ indices mentionnés en (2). La condition (1) implique que C^Γ est une intersection complète (2.2.3), et donc que nous sommes en position d'appliquer le théorème 3 (2.10), qui nous montre que la déformation de C^Γ décrite (dans $\mathbb{C}^{g+1}\times\mathbb{C}^\ell$) par : $X'\subset\mathbb{C}^{g+1}\times\mathbb{C}^\ell$ défini par l'idéal engendré par $(F'_1,\ldots,F'_g)$ où

$$\begin{cases} F'_i = f_i(u_o,\ldots,u_i) & \text{si } i\in\{1,\ldots,g\}-\{i_1,\ldots,i_\ell\} \\ F'_i = f_i+\lambda_i.u_{i+1} & \text{si } i\in\{i_1,\ldots,i_\ell\} \end{cases}$$

(les λ_i sont parmi les w_j de 2.5.2), est à semi-groupe constant, puisque si $i\in\{i_1,\ldots,i_\ell\}$

$$\deg f_i = n_i\bar{\beta}_i < \bar{\beta}_{i+1} = \deg u_{i+1} \quad .$$

Or, si $\underline{\lambda}\in\mathbb{C}^\ell$ est tel que tous les λ_i soient $\neq 0$ $(i\in\{i_1,\ldots,i_\ell\})$ la fibre $(X_{\underline{\lambda}},0)$ est contenue dans l'intersection (transversale) des ℓ hypersurfaces lisses $F'_i=0$ $(i\in\{i_1,\ldots,i_\ell\})$ et donc à isomorphisme près $(X_{\underline{\lambda}},0)\subset(\mathbb{C}^{g+1-\ell},0)$. La déformation étant à semi-groupe constant, le semi-groupe de $(X_\lambda,0)$ est Γ. Ceci prouve 3.2.1.

3.2.2. Remarque : La méthode ci-dessus permet, par élimination des u_i $2\le i\le g$, de construire très facilement l'équation d'une branche plane ayant un semi-groupe (ou des exposants de Puiseux) donné(s).

3.2.3. Remarque : Il existe des semi-groupes Γ tels que C^Γ soit intersection complète, mais que Γ ne soit pas le semi-groupe d'une branche plane, i.e. satisfaisant (1) mais pas $(2)_{g-1}$ de 3.2.1. Par exemple $\Gamma=\langle 9,21,22\rangle$; on a $e_o=9$, $e_1=3$, $e_2=1$, $n_1=n_2=3$, et

$$n_1.\bar{\beta}_1 = 63 = 7\times 9 \in \langle 9\rangle$$

$$n_2.\bar{\beta}_2 = 66 = 5\times 9 + 21 \in \langle 9,21\rangle$$

donc C^Γ est intersection complète : (App., chap. I, 2.2.3)

$$C^{\Gamma}\begin{cases} u_1^3 - u_o^7 = 0 \\ u_2^3 - u_o^5 u_1 = 0 \end{cases}$$

mais $n_1.\bar{\beta}_1 > 22 = \bar{\beta}_2$, donc Γ n'est pas le semi-groupe d'une branche plane. (Chap. I, 2.2.2).

3.3. Sur les branches dont le module des différentielles a le maximum de torsion. (Retour sur l'article de Zariski étudiant les branches planes ayant cette propriété, [Z].)

Dans cette partie, je démontre comme application du théorème du saut de τ (Annexe 2.9) un résultat qui généralise le résultat principal de l'article cité.

3.3.1. Théorème 4 : Soit $\mathcal{O}$ l'algèbre d'une branche (C,0) dont le semi-groupe Γ est tel que C^{Γ} soit intersection complète. Soit $T \subset \Omega^1_{\mathcal{O}}$ le sous-module formé des éléments de $\mathcal{O}$-torsion du module $\Omega^1_{\mathcal{O}}$ des différentielles de $\mathcal{O}$. Alors

A/ $\dim_{\mathbb{C}} T = \tau(C,0) \leq 2.\delta(\Gamma)$

B/ $\dim_{\mathbb{C}} T = 2.\delta(\Gamma)$ si et seulement si (C,0) est isomorphe à $(C^{\Gamma},0)$,

où $\tau(C,0)$ désigne la dimension de la base de la déformation miniverselle de (C,0).

Démonstration : Puisque C^{Γ} est intersection complète par hypothèse, il en est de même de (C,0) (preuve de 2.3) et donc en particulier (C,0) est de Gorenstein. On peut donc appliquer le théorème de dualité locale pour démontrer

$$\dim_{\mathbb{C}} T = \dim_{\mathbb{C}} H^o_{\mathfrak{M}}(\Omega^1_{\mathcal{O}}) = \dim_{\mathbb{C}} \mathrm{Ext}^1_{\mathcal{O}}(\Omega^1_{\mathcal{O}},\mathcal{O}) = \tau(C,0)$$

(cf. Pinkham [Pi] chap. III, 10.4),
et il résulte du théorème de décomposition en produit (Annexe 2.1) que puisque (C,0) est déformation de $(C^{\Gamma},0)$,

$$\tau(C,0) \leq \tau(C^{\Gamma},0) = 2.\delta(\Gamma) \qquad (2.7).$$

Ceci prouve A/.

Pour prouver B/, remarquons que dans la déformation à un paramètre fournie par le théorème 1 (1.3) toutes les fibres sauf peut-être la fibre spéciale sont isomorphes à $(C,0)$. Si $(C,0) \not\cong (C^{\Gamma},0)$ on peut donc appliquer le théorème du saut de τ (Annexe 2.9), qui dit précisément que $\tau(C,0) < \tau(C^{\Gamma},0) = 2.\delta(\Gamma)$.

[On pourrait utiliser au lieu du Th. 1 le fait que dans la déformation miniverselle $G : (X,C^{\Gamma}) \to (S,0)$ de C^{Γ}, le type analytique des fibres $X_{\underline{s}}$ reste constant quand $\underline{s}$ parcourt une orbite de l'action de $\mathbb{C}^*$ sur S (2.5). Bien sûr, $X_{\underline{o}} = C^{\Gamma}$.]

Ceci achève la preuve de 3.3.1.

3.3.2. Remarque : Dans l'article de Zariski, $2.\delta(\Gamma)$ est remplacé par c, le conducteur de Γ, qui lui est égal puisque $\mathcal{O}$ est de Gorenstein, et Zariski démontre par des méthodes différentes que si $(C,0)$ est une branche plane telle que $\dim_{\mathbb{C}} T = c$, $(C,0)$ est isomorphe à une branche d'équation $Y^n - X^m = 0$. En effet, les seules courbes monomiales planes sont de ce type !

***

Chapitre II :

Application à l'étude de l'espace des modules

1. Un exemple : l'espace des modules associé à $\Gamma = \langle 4,6,2s+7\rangle$.

1.1. Je veux commencer ce chapitre par un exemple montrant comment l'on peut appliquer les résultats du chapitre précédent pour retrouver un résultat du cours (IV, § 3) ; l'espace des modules associé à la caractéristique $(4,6,2s+1)$ est réduit à un point, pour tout entier $s \geq 3$.
Fixons donc un entier $s \geq 3$. La formule (II, 3.11) nous montre que le semi-groupe d'une branche plane ayant pour caractéristique $(4,6,2s+1)$ a pour générateurs $\bar{\beta}_o = 4$, $\bar{\beta}_1 = 6$, $\bar{\beta}_2 = 2s+7$, i.e. $\Gamma = \langle 4,6,2s+7\rangle$. Donc C^Γ est la courbe de $\mathbb{C}^3$ donnée paramétriquement par :

$$C^\Gamma \begin{cases} u_o = t^4 \\ u_1 = t^6 \\ u_2 = t^{2s+7} \end{cases}$$

et le calcul de 2.2.3 (chap. I app.) nous donne les équations• :

$$C^\Gamma \begin{cases} u_1^2 - u_o^3 = 0 \\ \\ u_2^2 - u_o^{s+2}.u_1 = 0 \end{cases} .$$

Nous allons calculer la déformation miniverselle de C^Γ. Nous sommes aidés par le fait que nous savons que, si nous désignons par N le sous-module de $\mathbb{C}[C^\Gamma]^2$ engendré par les images de

• Pour $0 \leq s \leq 2$, C^Γ est encore intersection complète mais Γ n'est pas le semi-groupe d'une branche plane. Ceci fournit un exemple plus simple que (App. Chap. I, 3.2.3).

$$\vec{Y_o} = \begin{pmatrix} -3u_o^2 \\ \\ -(s+2)u_o^{s+1}u_1 \end{pmatrix}, \quad \vec{Y_1} = \begin{pmatrix} 2u_1 \\ \\ -u_o^{s+2} \end{pmatrix}, \quad \vec{Y_2} = \begin{pmatrix} 0 \\ \\ 2u_2 \end{pmatrix} \quad \text{(cf. Chap. I, 2.5.2),}$$

nous avons $\tau(C^\Gamma,0) = \dim_{\mathbb{C}} \mathbb{C}[C^\Gamma]^2 / N = 2.\delta(\Gamma)$ (App. Chap. I, 2.7). Or, ici puisque C^Γ est intersection complète et en particulier de Gorenstein, $2\delta(\Gamma)$ est égal au conducteur c de Γ (II, § 1) qui vaut 2s+10 (car Γ contient tous les entiers pairs ≥ 4, et donc tous les entiers impairs $\geq 2s+11 = \bar{\beta}_o + \bar{\beta}_2$. Donc il nous faut 2s+10 vecteurs $\mathbb{C}$-indépendants dans $\mathbb{C}[C^\Gamma]^2$ modulo N, et il n'est pas difficile de vérifier que la déformation miniverselle équivariante de C^Γ est décrite, avec les notations de (App. Chap. I, 2.5.2) par :

$$\begin{pmatrix} F_1 \\ \\ F_2 \end{pmatrix} = \begin{pmatrix} u_1^2 - u_o^3 \\ \\ u_2^2 - u_o^{s+2}u_1 \end{pmatrix} + w_1\begin{pmatrix} 1 \\ \\ 0 \end{pmatrix} + w_2\begin{pmatrix} 0 \\ \\ 1 \end{pmatrix} + w_3\begin{pmatrix} u_o \\ \\ 0 \end{pmatrix} + w_4\begin{pmatrix} 0 \\ \\ u_o \end{pmatrix} + w_5\begin{pmatrix} u_1 \\ \\ 0 \end{pmatrix}$$

$$+ w_6\begin{pmatrix} 0 \\ \\ u_1 \end{pmatrix} + w_7\begin{pmatrix} u_2 \\ \\ 0 \end{pmatrix}$$

$$+ w_8\begin{pmatrix} u_o^2 \\ \\ 0 \end{pmatrix} + w_9\begin{pmatrix} u_ou_1 \\ \\ 0 \end{pmatrix} + w_{10}\begin{pmatrix} u_ou_2 \\ \\ 0 \end{pmatrix} + w_{11}\begin{pmatrix} 0 \\ \\ u_o^2 \end{pmatrix}$$

$$+ w_{12}\begin{pmatrix} 0 \\ \\ u_ou_1 \end{pmatrix} + w_{13}\begin{pmatrix} 0 \\ \\ u_1^2 \end{pmatrix}$$

$$+ \sum_{j=4}^{s+1} w_{10+j}\begin{pmatrix} 0 \\ \\ u_o^j \end{pmatrix} + \sum_{j'=2}^{s} w_{10+s+j'}\begin{pmatrix} 0 \\ \\ u_o^{j'}.u_1 \end{pmatrix} .$$

[J'en profite pour signaler que, comme me l'a fait remarquer Merle, le calcul de déformation miniverselle fait en $[T_1]$ exp. II, Remarque 5.6, est faux. Ceci n'affecte cependant pas la validité de la remarque.]

Les seuls vecteurs $\vec{s}_j$ dont le coefficient w_j soit tel que $\deg w_j < 0$, i.e. tels que $j \in P_-$, sont, comme on le voit facilement, $\begin{pmatrix} u_2 \\ 0 \end{pmatrix}$ et $\begin{pmatrix} u_ou_2 \\ 0 \end{pmatrix}$.

En effet $j \in P_-$ signifie que chaque monôme s_{ij} apparaissant dans $\vec{s}_j$ vérifie $\deg s_{ij} > n_i.\bar{\beta}_i = \deg f_j$, où $\deg u_o = 4$, $\deg u_1 = 6$, $\deg u_2 = 2s+7$. Ici, $\deg(u_1^2 - u_o^3) = 12$, $\deg(u_2^2 - u_o^{s+2}u_1) = 4s+14$ et, par exemple, on a $\deg u_o^s = 4s$, $\deg u_o^s.u_1 = 4s+6$, qui sont $< 4s+14$, et par contre, puisque $s \geq 3$,
$\deg u_2 = 2s+7 \geq 13 > 12$.
Nous savons donc grâce au théorème 3 (App. chap. I, 2.10) écrire la déformation miniverselle à semi-groupe constant de C^Γ :

$$\begin{array}{ccc} X_\Gamma & \hookrightarrow & \mathbb{C}^3 \times \mathbb{C}^2 \\ {\scriptstyle G_\Gamma}\downarrow & \swarrow {\scriptstyle pr_2} & \\ \mathbb{C}^2 & & \end{array}$$

où $X_\Gamma \subset \mathbb{C}^3 \times \mathbb{C}^2$ $(u_o, u_1, u_2, w_7, w_{10})$ est défini par :

$$(*) \qquad \begin{cases} u_1^2 - u_o^3 + w_7 u_2 + w_{10} u_o u_2 = 0 \\ u_2^2 - u_o^{s+2}.u_1 = 0 \end{cases} .$$

Comme les fibres ont un seul point singulier, $u_o = u_1 = u_2 = 0$, celles qui sont des branches planes sont exactement celles telles que $w_7 \neq 0$, et d'après le théorème 1, toute branche plane ayant pour caractéristique $(4,6,2s+1)$ apparaît ainsi, à isomorphisme près. Un calcul facile montre que dès que $w_7 \neq 0$ on peut définir un changement de variables :

$$u'_o = (w_7 + w_{10}u_o)^{\frac{4}{2s-5}} . u_o$$

$$u'_1 = (w_7 + w_{10}u_o)^{\frac{6}{2s-5}} . u_1$$

$$u'_2 = (w_7 + w_{10}u_o)^{\frac{2s+7}{2s-5}} . u_2$$

tel que (*) devienne

$$(*') \qquad \begin{cases} {u'_1}^2 - {u'_o}^3 + u'_2 = 0 \\ {u'_2}^2 - {u'_o}^{s+2} u'_1 = 0 \end{cases} .$$

Montrant ainsi que toutes les branches planes qui apparaissent dans la déformation miniverselle à semi-groupe constant de C^{Γ}, donc toutes les branches planes de semi-groupe Γ, sont isomorphes à la branche donnée par (*'), c'est-à-dire après élimination de u_2 comme suggéré en (App., Chap. I, 3.2.2), à la branche plane d'équation : (dans $\mathbb{C}\{u_o,u_1\}$)

$$\underline{(u_1^2 - u_o^3)^2 - u_o^{s+2}\, u_1 = 0}\quad ,$$

ce qui montre bien que l'espace des modules est réduit à un point dans ce cas.

Mais nous pouvons remarquer ici de plus que, quand $w_7 = 0$, tant que $w_{10} \neq 0$ nous pouvons définir un changement de variables :

$$u'_o = w_{10}^{\frac{4}{2s-1}} \cdot u_o$$

$$u'_1 = w_{10}^{\frac{6}{2s-1}} \cdot u_1$$

$$u'_2 = w_{10}^{\frac{2s+7}{2s-1}} \cdot u_2$$

qui transforme

$$\begin{cases} u_1^2 - u_o^3 + w_{10}\, u_o\, u_2 = 0 \\ u_2^2 - u_o^{s+2}\, u_1 = 0 \end{cases}$$

en

$$\begin{cases} {u'_1}^2 - {u'_o}^3 + u'_o\, u'_2 = 0 \\ {u'_2}^2 - {u'_o}^{s+2}\, u'_1 = 0 \end{cases}$$

montrant ainsi que toutes les fibres de G_Γ telles que $w_7 = 0$, $w_{10} \neq 0$ sont des branches isomorphes.

Nous avons donc montré (puisque C^{Γ} n'est isomorphe à aucune autre fibre de G_Γ, d'après (Annexe, 2.7)) :

1.2. Proposition : L'espace quotient de $\mathbb{C}^2(w_7, w_{10})$ par la relation d'équivalence : $\underline{w} \sim \underline{w}'$ (où $\underline{w} = (\underline{w}_7, w_{10})$) si $(G_\Gamma^{-1}(\underline{w}),0) \approx (G_\Gamma^{-1}(\underline{w}'),0)$ muni de la topologie quotient, est constitué de 3 points P_I, P_{II}, et P_{III}, correspondent respectivement à $w_7 \neq 0$, $w_7 = 0$ et $w_{10} \neq 0$, et $w_7 = w_{10} = 0$ (i.e. C^Γ) et l'adhérence de $\{P_I\}$ est $\{P_I\} \cup \{P_{II}\} \cup \{P_{III}\}$, celle de $\{P_{II}\}$ est $\{P_{II}\} \cup \{P_{III}\}$ et P_{III} est le seul point fermé, P_I correspondant aux branches planes.
Nous allons étudier les autres espaces de modules de ce point de vue dans les paragraphes suivants.

2. La compactification de l'espace des modules de branches planes.

2.1. Soient $\Gamma \subset \mathbb{Z}_+$ le semi-groupe d'une branche plane, et $D_\Gamma \simeq \mathbb{C}^{\tau-}$ la base du représentant $G_\Gamma : X_\Gamma \overset{\Sigma_\Gamma}{\longleftrightarrow} D_\Gamma$ de la déformation miniverselle à semi-groupe constant de C^Γ construit en App., Chap. I, 2.10), où Σ_Γ est la section qui pique l'unique point singulier ($u_o = \ldots = u_g = 0$ avec les notations de loc. cit.) de chaque fibre. On peut définir une relation d'équivalence sur D_Γ comme suit : $\underline{w} \sim \underline{w}'$ ($\underline{w}$, $\underline{w}' \in D_\Gamma$) signifie que les germes $(G_\Gamma^{-1}(\underline{w}), \Sigma_\Gamma(\underline{w}))$ et $(G_\Gamma^{-1}(\underline{w}'), \Sigma_\Gamma(\underline{w}'))$ sont analytiquement isomorphes.

2.2. Définition : J'appellerai espace des modules associé au semi-groupe Γ, et noterai $\widetilde{M}_\Gamma$, ou seulement $\widetilde{M}$, l'espace topologique quotient $D_\Gamma/\sim$ (muni de la topologie quotient), et $m : D_\Gamma \to \widetilde{M}_\Gamma$ l'application canonique.

2.3. Théorème 5 :
1) $\widetilde{M}_\Gamma$ est (quasi)-compact (à partir d'ici, espace compact = espace non nécessairement séparé, mais quotient d'un espace compact) et connexe.
2) L'espace des modules M_Γ de branches planes correspondant à la classe d'équisingularité associée à Γ, est un ouvert dense connexe dans $\widetilde{M}_\Gamma$.
3) $M_\Gamma = \widetilde{M}_\Gamma$ si et seulement si Γ est engendré par deux éléments, i.e. $g = 1$.

Démonstration : $\widetilde{M}_\Gamma$ est un quotient de l'espace quotient de D_Γ par l'action naturelle de $\mathbb{C}^*$ (app. Chap. I, 2.5, 2.10), qui est clairement compact, grâce à 2.8 du chap. I. Si l'on préfère, l'application $m : D_\Gamma \to \widetilde{M}_\Gamma$ qui à chaque point $\underline{w}$ de D_Γ associe la classe modulo isomorphisme de sa fibre $(G^{-1}(\underline{w}), \Sigma(\underline{w}))$, possède la propriété que sa restriction à tout voisinage ouvert U de 0 dans D_Γ est surjective, d'après le théorème 1 :

$$m|U : U \longrightarrow \widetilde{M}_\Gamma \quad .$$

D_Γ étant localement compact, $\widetilde{M}_\Gamma$ est compact.

La preuve de 2) utilise la semi-continuité de la dimension de plongement des fibres d'un morphisme, qui résulte elle-même de la semi-continuité supérieure de la dimension des fibres d'un faisceau cohérent de modules, et du fait qu'il existe un faisceau cohérent de modules $P^1_{X_\Gamma/D_\Gamma}$ sur X_Γ (faisceau de jets relatifs) tel que

$$\dim_{\mathbb{C}} P^1_{X_\Gamma/D_\Gamma}(x) = \operatorname{im}\dim_x(G_\Gamma^{-1}(G_\Gamma(x)),x)$$

où $\operatorname{im}\dim_x$ désigne la dimension de plongement en x*, qui est la dimension de l'espace tangent de Zariski $(\mathfrak{M}/\mathfrak{M}^2)^*$ en x. (Pour plus de détails, voir Sém. Cartan 60-61, fasc. 2, exposés de Grothendieck, et [L.T$_1$].)
En particulier $\overline{D}_\Gamma^{(3)} = \{\underline{w} \in D_\Gamma / \operatorname{im}\dim\,(G_\Gamma^{-1}(\underline{w}),\Sigma_\Gamma(\underline{w})) \geq 3\}$ est un sous-ensemble analytique fermé de D_Γ, dont le complémentaire n'est pas vide, puisque Γ étant le semi-groupe d'une branche plane, le Théorème 1 (App. Chap. I) nous assure de l'existence de $\underline{w} \in D_\Gamma$ tel que $(G_\Gamma^{-1}(\underline{w}),\Sigma_\Gamma(\underline{w})) \subset (\mathbb{C}^2,0)$ i.e. $\operatorname{im}\dim(G_\Gamma^{-1}(\underline{w})) = 2$. Par ailleurs, toutes les fibres de G_Γ sont singulières, sauf si $\Gamma = \mathbb{Z}_+$, auquel cas $D_\Gamma = \{0\}$, et donc $\operatorname{im}\dim G_\Gamma^{-1}(\underline{w}) \geq 2 \;\; \forall\, \underline{w} \in D_\Gamma$.
Ainsi

<u>2.3.1.</u> $\quad D_\Gamma - \overline{D}_\Gamma^{(3)} = D_\Gamma^{(2)} = \{\underline{w} \in D_\Gamma / (G_\Gamma^{-1}(\underline{w}),\Sigma_\Gamma(\underline{w}))$ branche <u>plane</u>$\}$

est un ouvert analytique dense de D_Γ,
et j'affirme que l'image par m de $D_\Gamma^{(2)}$, $m(D_\Gamma^{(2)}) \subset \widetilde{M}_\Gamma$ est l'espace de modules des branches planes de semi-groupe Γ. Par ailleurs, D_Γ étant non singulier, $D_\Gamma^{(2)}$ est connexe. Ainsi, pour achever de démontrer le point 2), il suffit de vérifier que la topologie quotient sur $m(D_\Gamma^{(2)})$ coïncide avec la topologie sur l'espace M_Γ provenant des développements de Puiseux (III, 2.2).
En effet, il résulte du théorème 1 et du théorème 3 (App., chap. I, § 1 et § 2) que ensemblistement on a

$$m(D_\Gamma^{(2)}) = M_\Gamma \subset \widetilde{M}_\Gamma \quad .$$

---

* Dimension minima d'un espace lisse dans lequel se plonge le germe singulier envisagé.

L'égalité des topologies résulte de la "continuité des zéros d'un idéal définissant une déformation plate comme fonctions de ses coefficients", et du théorème cité en (App. Chap. I, 2.11, appliqué comme en 2.11.4).

2.3.2. Enfin, il résulte du fait que la dimension de plongement est un invariant analytique que $D_\Gamma^{(2)}$ et son complémentaire $\overline{D}_\Gamma^{(3)}$ sont réunions d'orbites de l'action de $\mathbb{C}^*$ sur D_Γ d'une part, et que $M_\Gamma = \widetilde{M}_\Gamma$ si et seulement si $D_\Gamma^{(2)} = D_\Gamma$, d'autre part, i.e. si et seulement si la dimension de plongement de C^Γ est 2. Or, dire que $\bar{\beta}_o,\dots,\bar{\beta}_g$ forment un système minimal de générateurs de Γ (App., Chap. I, 1.1.2) équivaut à dire que la dimension de plongement de C^Γ, qui est a priori $\leq g+1$, est en fait $g+1$ (argumenter comme : App. Chap. I, 1.10). Donc $M_\Gamma = \widetilde{M}_\Gamma \Leftrightarrow g = 1$, ce qu'il fallait.

2.4. Remarque : $\widetilde{M}_\Gamma$ est une "compactification naturelle" de l'espace des modules de branches planes M_Γ, mais n'est pas une compactification minimale ; par exemple nous avons vu au paragraphe précédent que quand $\Gamma = \langle 4,6,2s+7\rangle$, M_Γ est compact, car $M_\Gamma = \{P_I\}$, mais $M_\Gamma \neq \widetilde{M}_\Gamma$. Il a cependant été démontré dans le cours (Chap. IV) que cet exemple était le seul où M_Γ soit compact avec $g > 1$.

3. La composante générique de l'espace des modules.

3.1. Au paragraphe précédent, nous avons utilisé seulement la semi-continuité de la dimension de plongement des fibres d'un morphisme tel que $G_\Gamma : X_\Gamma \underset{\Sigma_\Gamma}{\rightleftarrows} D_\Gamma$, déformation miniverselle à semi-groupe constant de C^Γ, Γ étant le semi-groupe d'une branche plane (ou, plus généralement, tel que C^Γ soit intersection complète, auquel cas on doit remplacer M_Γ par l'espace des modules des branches de semi-groupe Γ ayant la dimension de plongement minima).

Dans ce paragraphe-ci, nous allons utiliser de plus la semi-continuité de la dimension $\tau(X_{\underline{w}},0)$ $(0 = \Sigma_\Gamma(\underline{w}))$ de la base de la déformation miniverselle des fibres. En fait, je vais reprendre dans le cadre construit jusqu'ici une partie des constructions des § 1 à 3 du chap. VI du cours. Le fait que je n'aie pas pu écrire explicitement une déformation miniverselle de C^Γ $(g>1)$ m'oblige à utiliser le langage des suites exactes, et par ailleurs, n'ayant pu, pour diverses raisons, conserver les notations de VI, je donne un tableau de concordance (3.5).

3.2. Soit Γ un semi-groupe de branche plane, et soit $G_\Gamma : X_\Gamma \xrightarrow{\Sigma_\Gamma} D_\Gamma$ la déformation miniverselle à semi-groupe constant de la courbe monomiale C^Γ. D'après (Annexe, § 2, 2.5) l'ensemble des points $\underline{w} \in D_\Gamma$ tels que $\tau(X_{\underline{w}},0)$ soit minimum (parmi les $\tau(X_{\underline{w}},0)$, $\underline{w} \in D_\Gamma$) est un ouvert analytique (en fait algébrique, puisque stable par $\mathbb{C}^*$) V_o de D_Γ. Comme par ailleurs l'ensemble $D_\Gamma^{(2)}$ des $\underline{w} \in D_\Gamma$ tels que $(X_{\underline{w}},0)$ soit une branche plane est, comme nous l'avons vu au paragraphe précédent, un ouvert analytique (en fait algébrique, bien sûr) dense de D_Γ, posant $V = V_o \cap D_\Gamma^{(2)}$ (en fait probablement $V_o \subset D_\Gamma^{(2)}$) et $\tau_{min} = \min \tau(X_{\underline{w}},0)$,

$$\underline{w} \in V \Leftrightarrow (X_{\underline{w}},0) \text{ est une branche plane et } \tau(X_{\underline{w}},0) = \tau_{min} \quad .$$

3.3. D'après le théorème de décomposition en produit on a (Annexe, § 2, 2.1) une décomposition du germe de D_Γ en un point $w \in D_\Gamma$

$$(D_\Gamma,\underline{w}) \simeq (\mathbb{C}^{\tau_o - \tau_{\underline{w}}} \times D_{\mu,\underline{w}}, 0)$$

où $\tau_{\underline{w}} = \tau(X_{\underline{w}},0)$ et $D_{\mu,\underline{w}}$ est la base de la déformation miniverselle équisingulière de la branche $(X_{\underline{w}},0)$ (équisingulière = à semi-groupe constant, ou équisingulière au sens de Zariski si $(X_{\underline{w}},0)$ est plane).
Nous poserons $q(\underline{w}) = \dim D_{\mu,\underline{w}}$ $(q(0) = \dim D_\Gamma = \tau_-$, cf. App. Chap. I, § 2).

3.4. L'isomorphisme de 3.3 donne pour les dimensions :

$$\underline{q(0) = \tau_o - \tau_{\underline{w}} + q(\underline{w})} \qquad (\tau_o = 2.\delta(\Gamma), \text{ App. Chap. I, 2.7})$$

3.5. Et c'est cette égalité qui est citée dans le cours (VI, 2.7), où C^Γ s'appelle C_o, D_Γ s'appelle Eqs Defr C_o, $\tau = \tau_o$ s'appelle N', $\tau_- = q(0)$ s'appelle N, $\tau_{\underline{w}}$ s'appelle q' quand $\underline{w} \in V$, $q(\underline{w})$ s'appelle q quand $\underline{w} \in V$. $X_{\underline{w}}$ s'y appelle $C_{\underline{v}}$, $D_{\mu,\underline{w}}$ s'y appelle Eqs Defr $C_{\underline{v}}$. (Le tout dans le cas $g = 1$, $C^\Gamma = Y^{\bar{\beta}_o} - X^{\bar{\beta}_1} = 0$).

3.6. On peut réécrire 3.4 comme ceci :

$$q(\underline{w}) = q(0) + \tau_{\underline{w}} - \tau_o$$

en particulier, quand $\underline{w} \in V$, puisque $\tau_{\underline{w}} = \tau_{min}$, $q(\underline{w})$ est indépendant de $\underline{w} \in V$, et nous poserons $q(\underline{w}) = q$ pour $\underline{w} \in V$. Ainsi

$$\underline{q = q(0) - (\tau_o - \tau_{min}) = \tau_- - (2.\delta(\Gamma) - \tau_{min})} \quad .$$

3.7. Définition : Nous dirons qu'une branche $(X_{\underline{w}},0)$ est générale si $\underline{w} \in V = D_\Gamma^{(2)} \cap V_o$.
Cette définition coïncide dans le cas $g = 1$ avec celle de (VI, § 3).

Théorème 6 : La dimension de la composante générique de l'espace des modules $\widetilde{M}_\Gamma$ des branches de semi-groupe Γ est

$$\dim M_1 = q = q(\underline{w}) \quad (\underline{w} \in V)$$

et l'intersection de cette composante générique avec $M_\Gamma \subset \widetilde{M}_\Gamma$ en est un ouvert de Zariski dense.

Théorème 7 : L'ensemble des points généraux de M_Γ (correspondant à des branches générales) est contenu dans la composante générique de M_Γ et contient un ouvert de Zariski de M_Γ.

Je veux seulement résumer la procédure de démonstration dans le langage de cet appendice (voir VI, § 3) : à l'aide du théorème de Rosenlicht (VI, § 1) on montre que l'application modulaire $m : D_\Gamma \to \widetilde{M}_\Gamma$ induit une application rationnelle dominante

$$\varphi^* : V \to M_1$$

où M_1 est la composante générique de $\widetilde{M}_\Gamma$.
Or, au voisinage d'un point $\underline{w} \in V$ où φ^* est définie et coïncide avec m, à cause toujours du théorème de décomposition en produit, mais cette fois vraiment appliqué au morphisme G_Γ, m induit une application

$$m_{\underline{w}} : D_{\mu,\underline{w}} \to M_1$$

où $D_{\mu,\underline{w}}$ est la base de la déformation miniverselle équisingulière de $(X_{\underline{w}},0)$.
Mais, puisque par définition de V, $\tau_{\underline{w}} = \tau_{min}$, on a maintenant gagné que $\tau_{\underline{w}}$ est constant ($= \tau_{min}$) le long de $D_{\mu,\underline{w}}$, et l'on est donc en mesure d'ap-

pliquer (Annexe, 2.9.2) avec $S^1 = S_{\tau_{\underline{w}}} \cap D_{\mu,\underline{w}}$ pour montrer que $\underline{w}$ est un point isolé dans sa fibre $\varphi^{*-1}(\varphi^*(\underline{w}))$, donc que $\varphi^* : D_{\mu,\underline{w}} \to M_1$ est (localement) un morphisme fini, d'où le théorème 1. Le théorème 2 s'étend de la même manière, avec la même preuve que dans (VI, § 3).

3.9. Ainsi, pour calculer la dimension de la composante générique de l'espace de modules, il suffit d'après 3.6 de calculer τ_- et τ_{min} (on considère que $2.\delta(\Gamma)$ est facile à calculer).

Dans (VI), on calcule $\tau_- = \dfrac{(\bar\beta_o - 3)(\bar\beta_1 - 3)}{2} + \dfrac{\bar\beta_1}{\bar\beta_o} - 1$ sans trop de mal dans le cas $g = 1$ (VI, § 2, calcul de N), mais le calcul de q, donc de τ_{min}, s'est avéré difficile*, même dans le cas $g = 1$, $\Gamma = <\bar\beta_o, \bar\beta_o + 1>$.
On peut cependant peut-être considérer comme encourageant le fait qu'au § 1 de ce chapitre, c'est exactement la procédure de calcul de q proposée ici qui a permis de calculer $q = 0$ quand $\Gamma = <4,6,2s+7>$. En effet, nous sommes parvenus à montrer : $\tau_- = 2$, et $\tau_o - \tau_{min} = 2$.

3.10. Les "strates à τ constant" de l'espace des modules.

Après (Annexe, 2.5), il existe une partition finie de D_Γ, $D_\Gamma = \cup D_{\Gamma,t}$, telle que $\underline{w} \in D_{\Gamma,t} \Leftrightarrow \tau(X_{\underline{w}},0) = t$, et les $D_{\Gamma,t}$ sont des sous-espaces localement fermés de D_Γ. Leurs images $M_t \subset \widetilde{M}_\Gamma$ par m ($M_t = m(D_{\Gamma,t})$) seront appelées "strates à τ constants" de $\widetilde{M}_\Gamma$.
Mumford a demandé si les M_t sont séparés (pour la topologie quotient). Je vais vérifier ici, comme application du théorème du saut de τ, un énoncé beaucoup plus faible:

3.10.1. Remarque : Chaque M_t a la propriété (T_o), c'est-à-dire qu'étant donnés 2 points $m_1, m_2 \in M_t$, $m_1 \neq m_2$, il existe un ouvert contenant m_1 et pas m_2.
Supposons en effet que tout ouvert contenant m_1 contienne m_2. Cela signifie qu'il existe dans X_t des fibres ayant le type analytique correspondant à m_2 aussi près que l'on veut d'une fibre ayant le type analytique correspondans à m_1, donc en fait qu'il existe une famille à un paramètre de branches dont la fibre générique (i.e. toutes les fibres sauf la fibre spéciale cf. App. chap. I, § 1, thm. 1) a le type analytique correspondant à m_2, la fibre spéciale ayant le type analytique correspondant à m_1. Puisque $m_1 \neq m_2$, d'après le théorème du saut de τ (Annexe, 2.9.1) on a $\tau_{m_1} > \tau_{m_2}$ d'où une

* Ce calcul a été fait dans le cas $g = 1$ par M. Ch. Delorme : "Sur la dimension d'un espace de singularité" C. R. Acad. Sc. Paris t. 280, Mai 1975, p. 1287-89.

contradiction, puisque par hypothèse $\tau_{m_1} = \tau_{m_2} = t$.

4. Lien avec l'espace des modules de courbes projectives avec points de Weierstrass de semi-groupe Γ.

4.1. Je veux seulement remarquer ici que D_Γ ($= \mathbb{C}^{\tau_-}$) est exactement la partie de la base de la déformation miniverselle $G : (X, C^\Gamma) \to (\mathbb{C}^\tau, 0)$ de C^Γ que Pinkham ([Pi], chap. IV, No 13) doit abandonner pour pouvoir appliquer la théorie des déformations "négativement homogènes". Son résultat est qu'il existe $\widetilde{G}^+ : \widetilde{X}^+ \to \{0\} \times \mathbb{C}^{\tau_+} \simeq \mathbb{C}^{\tau_+}$, $\widetilde{X}^+$ contenant comme ouvert de Zariski $X^+ = G^{-1}(0 \times \mathbb{C}^{\tau_+})$ et tel que $\widetilde{G}^+|X^+ = G|X^+$, une section $W_\Gamma : \mathbb{C}^{\tau_+} \to \widetilde{X}^+$ dont l'image est $\widetilde{X}^+ - X^+$, et un ouvert de Zariski dense $U \subset \mathbb{C}^{\tau_+}$ tel que pour tout $\underline{w} \in U$, la fibre $\widetilde{X}^+_{\underline{w}}$ soit une courbe projective non singulière, de genre $\gamma = \delta(\Gamma)$, et $W_\Gamma(\underline{w}) \in \widetilde{X}^+_{\underline{w}}$ un point de Weierstrass de semi-groupe Γ.

[4.1.1. Le semi-groupe Γ d'un point p sur une courbe projective irréductible non singulière C est l'ensemble des ordres des pôles en p des fonctions rationnelles sur C régulières sur $C - \{p\}$; le point est <u>ordinaire</u> si le plus petit élément non nul de Γ est $\gamma+1$, où γ est le genre de C, et <u>de Weierstrass</u> sinon.]

On en déduit un morphisme $U \to \mathcal{M}_{\gamma,1}$, espace des modules de courbes projectives non singulières de genre γ pointées, (où $\gamma = \delta(\Gamma)$).

Le point en question étant évidemment ici le point de Weierstrass de semi-groupe Γ.

Pinkham affirme de plus que les fibres du morphisme $U \to \mathcal{M}_{\gamma,1}$ sont exactement les orbites de l'action de $\mathbb{C}^*$ sur U de (App. chap. I, § 2).

4.2. Ceci contraste avec le fait, constaté dans l'exemple calculé au § 1 de ce chapitre, que les fibres de $m : V \to M_\Gamma$ (avec les notations du paragraphe précédent) peuvent être de dimension 2.

4.3. En tous cas, on peut constater un lien géométrique entre singularités de branches de semi-groupe Γ, et points de Weierstrass de semi-groupe Γ, dans la base de la déformation verselle $G : X \to \mathbb{C}^\tau$ de C^Γ, quand Γ est le semi-groupe d'une courbe plane; $\mathbb{C}^\tau = \mathbb{C}^{\tau_+} \times \mathbb{C}^{\tau_-}$, et :

1) $\mathbb{C}^{\tau_-}$ contient un ouvert de Zariski V tel que $X_V \underset{\Sigma_\Gamma}{\rightleftarrows} V$ ait une section, et $\Sigma_\Gamma(\underline{w})$ est une singularité de branche plane de semi-groupe Γ.
(En fait, Σ_Γ est définie sur $\mathbb{C}^{\tau_-}$ tout entier ; $\Sigma_\Gamma : \mathbb{C}^{\tau_-} \to X^-$. Cf. App., Chap. I, 2.11.12.)

D'où un morphisme $m : V \to M_\Gamma$ (cf. § 2 de ce chapitre).

2) $\mathbb{C}^{\tau_+}$ contient un ouvert de Zariski U, t.q. $X_U \to U$ puisse être complété en $\widetilde{X}_U \overset{W_\Gamma}{\rightleftarrows} U$, $W_\Gamma(\underline{w})$ point de Weierstrass de semi-groupe Γ sur $\widetilde{X}_{\underline{w}}$, lisse.

4.4. Remarque : $\delta(X_{\underline{w}},0)$ étant constant le long de $\mathbb{C}^{\tau_-} \times \{0\}$ (chap. I, 2.11 et 2.10), un argument de "géométrie du discriminant" comme dans ($[T_4]$ § 3) montre que $\tau_- < \delta(\Gamma)$, et donc $\tau_+ > \delta(\Gamma)$, (toujours quand C^Γ est intersection complète).

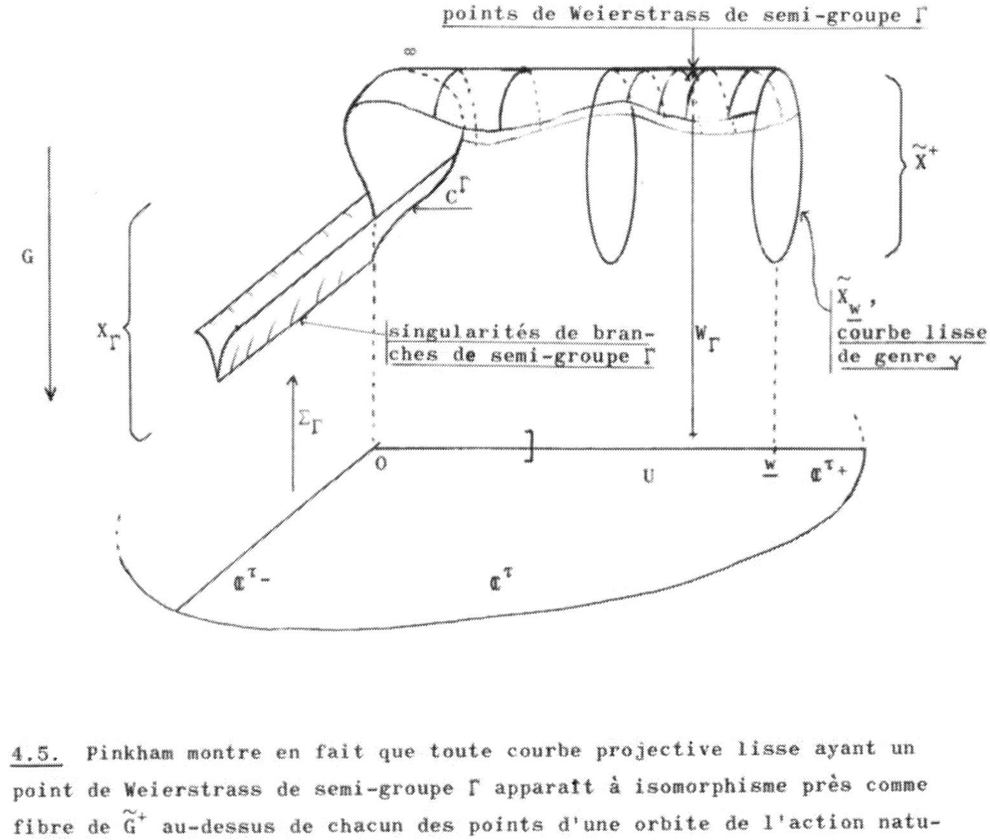

4.5. Pinkham montre en fait que toute courbe projective lisse ayant un point de Weierstrass de semi-groupe Γ apparaît à isomorphisme près comme fibre de $\widetilde{G}^+$ au-dessus de chacun des points d'une orbite de l'action naturelle de $\mathbb{C}^*$ sur $\mathbb{C}^{\tau_+}$, de telle façon que le point de Weierstrass soit piqué par W_Γ (cf. [Pi] § 13, 13.11).

<u>4.6.</u> Ce lien fourni par C^Γ entre points de Weierstrass de semi-groupe Γ et points singuliers de semi-groupe Γ n'est pas si surprenant puisque sur $\widetilde{C}^\Gamma = C^\Gamma \cup \{\infty\}$, l'origine est un point singulier de semi-groupe Γ, et ∞ un "point de Weierstrass de semi-groupe Γ" puisque les fonctions t^{β_i} ont ∞ pour seul pôle, d'ordre $\bar{\beta}_i$, et engendrent les fonctions rationnelles sur $\widetilde{C}^\Gamma$. Le point surprenant est l'exacte complémentarité des deux points de vue dans la déformation miniverselle ; une partie de tout ceci subsiste même quand C^Γ n'est pas intersection complète.

***

Chapitre III :

Annexe

Cette annexe ne contient aucun résultat nouveau mais rassemble, pour la commodité du lecteur, des résultats connus sur les déformations miniverselles, que l'on trouve dans ([G], [S], [Tj], [T_1], [T_2], ch. III), reexposés en vue de leur utilisation dans le chapitre VI du cours, et l'appendice.

§ 0. Notations et résultat d'existence.

0.1. Soit $(X_o,0)\subset(\mathbb{C}^{n+k},0)$ un germe d'espace analytique complexe à singularité isolée, de dimension n. On dispose ([Tj], [G]) d'une <u>déformation miniverselle</u> de $(X_o,0)$, c'est-à-dire d'un carré cartésien de germes d'espaces analytiques

$$\begin{array}{ccc} (X_o,0) & \hookrightarrow & (X,0) \\ \downarrow & \square & \downarrow G \\ \{0\} & \hookrightarrow & (S,0) \end{array}$$

où G est un morphisme plat, carré qui est de plus "versel" pour les déformations, c'est-à-dire tel que toute autre déformation, i.e. carré cartésien

$$\begin{array}{ccc} (X_o,0) & \hookrightarrow & (Z,0) \\ \downarrow & \square & \downarrow H \\ \{0\} & \hookrightarrow & (Y,0) \end{array}$$

où H est plat, provienne de celui-ci par un changement de base $h:(Y,0)\to(S,0)$, à isomorphisme près, (i.e. $Z\approx X\times_S Y$), et enfin on veut que l'application tangente à h soit uniquement déterminée par H, ce qui implique que la dimension de S est minima parmi les bases des déformations G qui ont cette propriété de versalité (d'où la terminologie). Nous dirons souvent, par abus, que G "est" la déformation. La déformation miniverselle est unique à isomorphisme (non unique) près.

0.2. Proposition [Tj], [S] : Si $(X_o,0) \subset (\mathbb{C}^{n+k},0)$ est un germe d'intersection complète à singularité isolée, la base $(S,0)$ de la déformation miniverselle de $(X,0)$ est non singulière , et toute déformation de $(X_o,0)$ dont la base est non singulière et qui possède la propriété de versalité est isomorphe à $G \times id(\mathbb{C}^t) : (X \times \mathbb{C}^t,0) \to (S \times \mathbb{C}^t,0)$. De plus, à toute déformation H de $(X_o,0)$ on sait associer un $\mathcal{O}_Z$-Module cohérent $T^1_{Z/Y}$ (notations de 1) et un morphisme de $\mathcal{O}_Y$-Modules cohérents $\theta_H : \Omega_Y^{1\vee} \to H_* T^1_{Z/Y}$ ayant les propriétés suivantes :

1) La construction de $T^1_{Z/Y}$ est compatible aux changements de base $h : Y' \to Y$, i.e. si $Z' = Z \underset{Y}{\times} Y' \xrightarrow{p} Z$, on a $T^1_{Z'/Y'} \simeq p^* T^1_{Z/Y}$.

2) $T^1_{Z/Y}(0) = T^1_{Z_o,0} = T^1_{X_o,0}$ est un $\mathbb{C}$-espace-vectoriel de dimension finie ("espace vectoriel des déformations infinitésimales de $(X_o,0)$"); on notera $\tau(X_o,0) = \dim_{\mathbb{C}} T^1_{X_o,0}$. Une description de $T^1_{X_o,0}$ comme $\mathcal{O}^k_{X_o,0}/N$ est utilisée dans l'appendice (chap. 1, 2.5.2). (voir [Tj]). On a aussi
$T^1_{X_o,0} \simeq \mathrm{Ext}^1_{\mathcal{O}_{X_o,0}}\left(\Omega^1_{\mathcal{O}_{X_o,0}}, \mathcal{O}_{X_o,0}\right)$.

3) $(X_o,0)$ étant intersection complète, une déformation $G : (X,0) \to (S,0)$ de base lisse est verselle (resp. miniverselle) si et seulement si $\theta_G(0) : E_{S,0} \to T^1_{X_o,0}$ est surjective (resp. un isomorphisme), où $E_{S,0}$ est l'espace tangent (de Zariski) à S en 0.

0.2.1. Remarque : Dans le cas particulier où $k = 1$, i.e. $(X_o,0) \subset (\mathbb{C}^{n+1},0)$, hypersurface à singularité isolée, $T^1_{X_o,0}$ n'est autre que l'espace vectoriel sous-jacent à l'algèbre analytique du sous-espace singulier de $(X_o,0)$, c'est-à-dire $T^1_{X_o,0} \simeq \mathcal{O}_{X_o,0}/j' \cdot \mathcal{O}_{X_o,0}$, où j' est le n-ième idéal de Fitting (cf. [T_2], ch. III) du module des différentielles $\Omega^1_{X_o,0}$. Il résulte en effet de la présentation classique de $\Omega^1_{X_o,0}$ comme conoyau de

$$(f)/(f^2) \xrightarrow{(d)} \Omega^1_{\mathbb{C}^{n+1}} \underset{\mathcal{O}_{\mathbb{C}^{n+1}}}{\otimes} \mathcal{O}_{X_o}$$

[où $(d)(g.f)$ = classe de $d(g.f) \in \Omega^1_{\mathbb{C}^{n+1}}$, et $f \in \mathbb{C}\{z_o,\dots,z_n\}$ est telle que $f=0$ définit $(X_o,0) \subset (\mathbb{C}^{n+1},0)$]
et de la définition des idéaux de Fitting, que

$$j' = \left(\frac{\partial f}{\partial z_o},\dots,\frac{\partial f}{\partial z_n}\right)\mathcal{O}_{X_o,0} \quad .$$

<u>0.2.2.</u> Retenons que d'après les points 2) et 3) : à une singularité isolée d'intersection complète $(X_o,0)$ on peut associer une déformation miniverselle à base lisse $G:(X,0)\to(S,0)$ et <u>dim $(S,0)=\tau(X_o,0)$</u>.
Si $(X_o,0)$ est une hypersurface $f(z_o,\dots,z_n)=0$ dans $\mathbb{C}^{n+1}$

$$\tau(X_o,0) = \dim_{\mathbb{C}} \mathbb{C}\{z_o,\dots,z_n\}\Big/\left(f,\frac{\partial f}{\partial z_o},\dots,\frac{\partial f}{\partial z_n}\right)$$

donc $\tau(X_o,0) \le \mu(X_o,0) = \dim_{\mathbb{C}} \mathbb{C}\{z_o,\dots,z_n\}\Big/\left(\frac{\partial f}{\partial z_o},\dots,\frac{\partial f}{\partial z_n}\right)$ où $\mu(X_o,0)$ est le nombre de Milnor (cf. [Mi]) [comparer avec Chap. I, 3.3 de l'appendice).

<u>§ 1. Le discriminant (cf. [T_2], chap. III) et la strate à μ constant.</u>

Soit $G:(X,0)\to(S,0)$ la déformation miniverselle d'un germe d'intersection complète à singularité isolée $(X_o,0)$.
Il existe un germe d'hypersurface $(D,0)\subset(S,0)$ réduite, possédant la propriété suivante :
Pour tout représentant suffisamment petit de G $s'\in D$ si et seulement si la fibre $X_{s'}$ a au moins un point singulier. En d'autres termes, D est l'image par G du sous-espace critique $C\subset(X,0)$ (sous-espace, défini par un idéal de Fitting, dont l'ensemble sous-jacent est l'ensemble des points qui sont singuliers dans leur fibre). Le Théorème de préparation assure que $G|C : C\to S$ est un morphisme <u>fini</u> (pour un représentant assez petit). Dans le cas où $(X_o,0)$ est une hypersurface, la multiplicité en 0 du discriminant $(D,0)$ est égale au nombre de Milnor $\mu(X_o,0)$ (0.2.2) qui est un invariant du type topologique de $(X_o,0)$, et cela m'a amené dans [T_1] exp. 2 à introduire un sous-espace analytique fermé $(D_\mu,0)\subset(D,0)$, $(D_\mu,0)=\{s'\in D/m_{s'}(D)=\mu\}$ (pour un représentant assez petit de D), où $m_{s'}(D)$ désigne la multiplicité de l'hypersurface D au point s', et à conjecturer sa lissité. Cette conjecture est prouvée dans le cas où $(X_o,0)$ est une branche plane, dans l'appendice (chap. I, 3.1) et en général pour les germes de courbes planes réduites,

en identifiant au moyen du théorème "μ constant $\Leftrightarrow$ équisingularité" ([T_3], Th. 2) le germe $(D_\mu,0)$ à un représentant analytique de la déformation miniverselle équisingulière formelle, dont la lissité est prouvée par Wahl ([Wa]).

§ 2. Résultats sur les déformations miniverselles.

2.1. Théorème (de décomposition en produit) [T_2] chap. III, § 1, 2.1) : Soit $(X_o,0)$ un germe d'intersection complète à singularité isolée. Tout représentant assez petit de la déformation miniverselle $G:(X,0)\to(S,0)$ de $(X_o,0)$ possède la propriété suivante : pour tout $s'\in S$, si $x_i(s')$ $(1\leq i\leq \ell)$ sont les points singuliers de la fibre $X_{s'}=G^{-1}(s')$, on a une décomposition en produit (non canonique) de S au voisinage de s' :

$$S \simeq S_1\times\ldots\times S_\ell\times\mathbb{C}^t \qquad \text{où } t=\tau(X_o,0)-\sum_{i=1}^{\ell}\tau(X_{s'},x_i(s'))$$

telle qu'au voisinage de $x_i(s')$, G soit isomorphe à $\mathrm{id}\,S_1\times\ldots\times\mathrm{id}\,S_{i-1}\times G_i\times\mathrm{id}\,S_{i+1}\times\ldots\times\mathrm{id}\,S_\ell\times\mathrm{id}\,\mathbb{C}^t$:

$$S_1\times\ldots\times S_{i-1}\times X_i\times S_{i+1}\times\ldots\times S_\ell\times\mathbb{C}^t\longrightarrow S_1\times\ldots\times S_{i-1}\times S_i\times S_{i+1}\times\ldots\times S_\ell\times\mathbb{C}^t$$

où $G_i:X_i\to S_i$ est la déformation miniverselle du germe d'intersection complète à singularité isolée $(X_{s'},x_i(s'))$.

2.2. Remarque : Bien sûr, cet énoncé n'a d'intérêt que si $s'\in D$, discriminant de G, sinon $t=\tau(X_o,0)$, mais il faut noter qu'il est non vide même quand $\ell=1$, puisqu'il exprime que G reste déformation verselle (mais non miniverselle) au voisinage de chaque point $x_i(s')$.

2.3. Corollaire : Si $\Sigma\subset X$ est un sous-espace analytique fermé de C défini par des conditions concentrées en chaque point singulier d'une fibre de G, posant $\Delta=G_*\Sigma$ $(\Delta\subset D)$ on a au voisinage de s' une décomposition de Δ :

$$\Delta=\bigcup_{i=1}^{\ell}\widetilde{\Delta}_i \qquad \text{où } \widetilde{\Delta}_i=S_1\times\ldots\times S_{i-1}\times\Delta_i\times S_{i+1}\times\ldots\times S_\ell\times\mathbb{C}^t$$

et $\Delta_i\subset S_i$ est l'image du sous-espace $\Sigma_i\subset X_i$ défini par les conditions définissant $\Sigma\subset X$.

[Une forme de ceci, avec la conditions "avoir pour semi-groupe Γ" a été utilisée dans l'appendice, chap. I, 3.1.]

2.4. Le résultat précédent nous incite à décomposer la base S d'(un représentant assez petit d')une déformation miniverselle en "strates à τ constant" comme suit :

2.5. Proposition : Pour tout représentant assez petit d'une déformation miniverselle d'intersection complète à singularité isolée, il existe une partition finie $S = \cup S_\tau$ de S en sous-espaces analytiques (localement fermés) telle que :

$$s' \in S_\tau \Longleftrightarrow \sum_{x \in \operatorname{Sing} X_{s'}} \tau(X_{s'}, x) = \tau \quad .$$

(Je rappelle que puisque $C \to S$ est fini, $\operatorname{Sing} X_{s'}$ est un ensemble fini.)

Preuve : En fait, il s'agit seulement de la stratification de S par la dimension des fibres du $\mathcal{O}_S$-Module cohérent $G_* T^1_{X/S}$ [Séminaire Cartan 60-61].

2.6. Dans tout ce qui suit, je noterai $\tau_0 = \tau(X_0, 0)$ et S_{τ_0} la strate de la partition de 2.5 qui contient 0. Notant τ_s pour $\sum_{x \in \operatorname{Sing} X_s} \tau(X_s, x)$, on voit (toujours par la semi-continuité de la dimension des fibres d'un faisceau cohérent) que $\tau_0 \geq \tau_s$ pour tout $s \in S$ et que S_{τ_0} est un sous-espace analytique fermé de S.

2.6.1. On remarquera donc qu'après 2.1, si $s \in S_{\tau_0}$ a la propriété que la fibre X_s a un seul point singulier $x(s)$, le germe de G en $x(s)$ est une déformation miniverselle pour $(X_s, x(s))$.

2.7. Théorème (d'"économie" des déformations miniverselles)([T_1] exp.1, § 1): Soit $(X_0, 0)$ un germe d'intersection complète à singularité isolée. Tout représentant suffisamment petit de la déformation miniverselle $G : (X,0) \to (S,0)$ de $(X_0, 0)$ a la propriété suivante :
L'ensemble des points $x' \in X$ tels que le germe $(X_{s'}, x')$ de la fibre de G passant par x' (i.e. $s' = G(x')$) soit analytiquement isomorphe à $(X_0, 0)$, est réduit à $\{0\}$.

2.8. Corollaire 1 (Seidenberg)(Démontré par Seidenberg quand $(X_o,0)$ est une courbe plane, cf. [Sg]) : Pour une déformation $H : (Z,0) \to (Y,0)$ d'un germe $(X_o,0)$ d'intersection complète à singularité isolée, les conditions suivantes sont équivalentes :

(1) Il existe un représentant de H tel que chaque fibre Z_y contienne un point $x(y)$ tel que le germe de $(Z_y,x(y))$ soit analytiquement isomorphe à $(X_o,0)$.

(2) Il existe un germe de section $\sigma : (Y,0) \to (Z,0)$ de H, et H est isomorphe à la déformation triviale $(X_o \times Y,0) \xrightarrow{pr_2} (Y,0)$ de telle façon que σ soit isomorphe à la section $\sigma(y) = 0 \times \{y\}$.

Ainsi, toute déformation de $(X_o,0)$ dont toutes les fibres sont isomorphes est localement analytiquement triviale.

2.9. Corollaire 2 : Théorème du saut de τ.

2.9.1. Première formulation : Soit $H : (Z,0) \to (Y,0)$ (un représentant d')une déformation de $(X_o,0)$, singularité isolée d'intersection complète. Supposons qu'il existe un ouvert analytique dense $V \subset Y$ tel que, pour tout $y \in V$, Z_y possède un point singulier $z(y)$ tel que tous les germes $(Z_y,z(y))$ soient analytiquement isomorphes $(y \in V)$. Alors, si $(Z_y,z(y))$ n'est pas isomorphe à $(X_o,0)$ $(y \in V)$, on a :

$$\tau(Z_y,z(y)) < \tau_o = \tau(X_o,0) \qquad (y \in V) \quad .$$

Démonstration : Clairement, il suffit de prouver le résultat quand $Y = \{v \in \mathbb{C} / |v| < 1\}$, avec $V = \mathbb{D} - \{0\}$, puisque par hypothèse, $Y - V$ est un fermé analytique nulle part dense de Y.

Notre déformation H provient par changement de base $h : (\mathbb{D},0) \to (S,0)$ de la déformation miniverselle $(X,0) \to (S,0)$ de $(X_o,0)$.

Nous supposons $\tau(Z_y,z(y)) = \tau_o$ et fabriquons une contradiction.

Tout d'abord $h(\mathbb{D}) \not= \{0\} \in S$ car sinon $(Z_y,z(y)) \simeq (X_o,0)$, ce qui est exclu par l'hypothèse. Donc $h(\mathbb{D})$ est un arc et $h(\mathbb{D}) \subset S_{\tau_o}$, strate à τ constant (2.5, 2.6), et d'après (2.6), $z(y)$ est l'unique point singulier de la fibre Z_y. Ainsi, continuant de noter Z_y la fibre $G^{-1}(h(y))$, d'après le Théorème de décomposition en produit (2.1), la déformation G est encore miniverselle au voisinage de $z(y)$. Nous pouvons donc appliquer 2.7 :

D'après 2.7, pour tout $y \in \mathbb{D} - \{0\}$, il existe un voisinage ouvert U_y de y dans $\mathbb{D} - \{0\}$ tel que pour tout $y' \in U_y$, $h(y') = h(y)$ (puisque $(Z_{y'},z(y'))$ est

isomorphe à $(Z_y, z(y))$ par notre hypothèse), i.e., $h(U_y) = \{y\}$.
Ceci est clairement incompatible avec le fait que $h : \mathbb{D} \to S$ est un arc non trivial.

2.9.2. Seconde formulation : Soit $S^1_{\tau_o} \subset S_{\tau_o}$ un sous-espace analytique tel que pour tout $s \in S^1_{\tau_o}$, la fibre X_s de la déformation miniverselle ait un seul point singulier $x(s)$ (et alors nécessairement $\tau(X_s, x(s)) = \tau_o$).
Alors :
"Le type analytique des fibres $(X_s, x(s))$ varie continûment quand s parcourt S^1_τ",
en ce sens que tout $s \in S^1_{\tau_o}$ possède un voisinage V_s tel que pour tout $s' \in V_s$ $(X_{s'}, x(s')) \not\simeq (X_s, x(s))$.
Ceci résulte directement de 2.1 et 2.7.

2.9.3. Remarque : 2.9.1 semble avoir été généralisé récemment dans le cadre de la géométrie formelle, par Washburn [Ws] ; Washburn ne suppose même plus les fibres à singularité isolée.

Question : 2.8 est-il encore vrai quand on ne suppose plus les fibres à singularité isolée ? ni intersection complète ?

***

Références

(Az) A. Azevedo. On the jacobian ideal of a plane curve, thesis, Purdue University, Lafayette, Indiana (1967).

(Be) J. Bertin et P. Carbonne. Sur la structure des demi-groupes d'entiers et applications aux branches , Comptes-rendus de l'Académie des sciences, t. 280, série A, pp. 1745-1748 (1975).

(De) C. Delorme. Sous-monoîdes d'intersection complète de N. Annales scientifiques de l'Ecole Normale Supérieure, quatrième série, t. 9, pp. 145-154 (1976).

(G) H. Grauert. Deformationen isolierter singularitäten. Inv. Math. 15, 3 (1972).

(H) H. Hironaka. On the arithmetic genus and the effective genus of algebraic curves. Memoirs College of Science, Univ. of Tokyo, series A, vol. XXX n°2 (1957).

(L.T) M. Lejeune, B. Teissier, Séminaire Ecole Polytechnique 1973-74 : Clôture intégrale des idéaux et équisingularité.

(Me) M. Merle. Idéal jacobien, courbe polaire et équisingularité, thèse de spécialité, Paris VII (1974), tirage Centre de Mathématiques Ecole Polytechnique n°M 170.0674.

(Mi) J. Milnor. Singular points of complex hypersurfaces, Princeton University Press (1968).

(Pi) H.C. Pinkham. Deformations of algebraic varieties with G_m-action, Astérisque 20, Société Mathématique de France (1974).

(S) M. Schlessinger, thesis, Harvard University (1965) (non publié).

(Sg) A. Seidenberg. Analytic products, Amer. J. of Math. 91 (1969).

(T_1) B. Teissier. Déformations à type topologique constant, in Séminaire Douady-Verdier 1971-72, Astérisque 16, Société Mathématique de France (1973).

(T_2) B. Teissier. Cycles évanescents, sections planes, et conditions de Whitney, in Singularités à Cargèse 1972, Astérisque 7-8, Société Mathématique de France (1973).

(T_3) B. Teissier. Sur diverses conditions numériques d'équisingularité des familles de courbes, tirage Centre de Mathématiques Ecole Polytechnique n° M 208.0675 (1975).

(T_4) B. Teissier. Sur la version catastrophique de la règle des phases de Gibbs, in Singularités à Cargèse, 1975 (Université de Nice).

(Tj) G.N. Tjurina. Locally semi-universal flat deformations, Izv. Akad. Nauk. SSSR Ser. Mat. t. 33 (1969).

(Wa) J. Wahl. Equisingular deformations of plane algebroid curves, Trans. of the A.M.S. (Providence, R.I.), vol. 193 (1974).

(Ws) S. Washburn. Analytically trivial families of local rings, tirage Boston University, Boston, Mass. (1974).

(Z) O. Zariski. Characterization of plane algebroid curves whose module of differentials has maximum torsion, Proceedings Nat. Acad. of Science USA vol. 56, 3 (1966).

Imprimé en France par
LIGHTNING SOURCE
www.lightningsource.fr